万物有灵

湖岸
Hu'an publication

湖岸
Hu'an

动物解放

Animal Liberation
The Definitive Classic of the Animal Movement

［澳］彼得·辛格 /著　　祖述宪 /译
Peter Singer

中信出版集团 · 北京

图书在版编目（CIP）数据

动物解放/（澳）彼得·辛格著；祖述宪译 . -- 北
京：中信出版社，2018.8
　　书名原文：Animal Liberation： The definitive
classic of the Animal Movement
　　ISBN 978-7-5086-9309-5

　　Ⅰ . ①动… Ⅱ . ①彼… ②祖… Ⅲ . ①动物保护
Ⅳ . ① S863

中国版本图书馆 CIP 数据核字〔2018〕第 166739 号

Animal Liberation by Peter Singer
Copyright © Peter Singer, 1975, 1990, 2002, 2009
简体中文著作权 © 2017 清妍景和 × 湖岸
ALL RIGHTS RESERVED
本书仅限中国大陆地区发行销售

动物解放

著　　者：[澳] 彼得·辛格
译　　者：祖述宪
出版发行：中信出版集团股份有限公司
　　　　　（北京市朝阳区惠新东街甲 4 号富盛大厦 2 座　邮编　100029）
承 印 者：北京市燕鑫印刷有限公司

开　　本：710mm×1000mm　1/16　　印　张：28　　字　数：300 千字
版　　次：2018 年 8 月第 1 版　　　印　次：2018 年 8 月第 1 次印刷
广告经营许可证：京朝工商广字第 8087 号
书　　号：ISBN 978-7-5086-9309-5
定　　价：88.00 元

谨以此书献给
理查德与玛丽、罗斯与斯坦
特别献给雷娜塔

这个修订版也献给每一位
为实现动物解放而改变自己生活的人。
你们已使世人相信，
道德的力量足以超越人类的私利。

目 录

Ⅲ
在工厂化的饲养场里

VI
当今的物种歧视
———

附录
———

致中国读者

《动物解放》的新译本终于与中国读者见面了，我非常高兴。当今，动物解放运动已不再只是发达国家的事情，在世界其他国家也开始生根。这本书不仅有欧洲绝大多数语言的译本，而且还被翻译成日文和韩文，最近巴西又出版了一个译本。像中国这样的国家，在发展的转折时期不重犯发达国家的错误，是十分重要的。要是中国沿袭欧洲在20世纪60年代至70年代建立起来的那种不利于健康、破坏生态又污染环境，同时对动物而言也很残忍的旧生产模式，必将重蹈发达国家的覆辙，那对动物和人而言都是悲剧。

例如，称为"工厂化养殖"的动物集约化监禁饲养，首先出现在欧洲和北美，并迅速传播开来，如今已造成每年数以10亿计动物的巨大痛苦。但是，现在这种生产系统已经引起关怀动物的人们的抗议，在瑞士第一次遭到挫败。如本书第三章（Ⅲ部分）所述，在那里，笼子养鸡产蛋系统在1991年年底就已成为非法的了。如今，瑞士的养鸡场为母鸡垫上秸草或其他有机物，让它们扒食，并且为它们提供有遮蔽的软底窝箱生蛋。由于瑞士的蛋业证明养鸡方法是可以改变的，反对笼子养鸡的呼声席卷整个欧洲。欧盟成员国一致同意，逐步淘汰和废除许多国家鸡蛋生产的标准工具——铁丝笼子。欧盟要求，截止到2012年，在所有的蛋鸡场，每只母鸡拥有的空间至少为750平方厘米，并且都能够得到栖木，在窝箱里生蛋。如果仍然用笼养，则笼子必须大得多，同时应提供附加装置。许多养鸡场场主会发现，改用另一种十分不同的方式养鸡更为经济。这种方式可以是大仓储式的鸡棚，设有栖木和产蛋窝箱，任母鸡自由走动和扒食，还可以到户外活动。

改善母鸡的待遇只是一个例子，是欧洲按步骤提供农场动物福利的一种方式。如我在本书第三章（III部分）里所说，特意让小肉牛贫血，不给垫草，分别监禁在狭窄的隔栏里，连转身也动弹不得，致使它们可能成为所有农场动物中最为痛苦的。这种饲养牛犊的方法，在我对本书第一版进行修订，准备1990年新版时，英国就已经禁止了。现在欧盟已做出决定，到2007年所有成员国都必须放弃这种饲养方法。1998年英国已经禁止把孕猪单独监禁在限位栏里，欧洲也将普遍禁用，但受孕头4周的母猪除外。

这些显著的改变得到欧盟各国的广泛支持，欧盟第一流的畜舍专家完全支持这些改革。事实证明，动物代言人的主张大都是正确的。当我1971年投身于反对工厂化饲养的运动时，我们仿佛在挑战巨人，除了经济上的强制措施外，也无计可施。幸而事实证明，至少在欧洲不是那回事。可是，如果中国人现在吃肉、蛋和乳制品越来越多的趋势持续下去的话，特别是这些动物产品是来自工厂化饲养的动物，那么，在欧洲取得的所有成就将会被抵消无遗。这就是中国人应当开始思考自身对待动物的方式，以及通过购买和食用动物产品来支持那种对待动物的方式是否正确这样的问题如此重要的原因。

或许有些人会说，中国人对本书所提出的伦理观念似乎很陌生，因为他们并不认同西方发起的对动物痛苦的关注。但是，我不相信这种差异的存在，即便它存在，也肯定不是一个根深蒂固的差别。其实，曾经有些伟大的中国思想家，对待动物的态度比同时代的西方思想家要先进得多。我们知道孟子就说过："君子之于禽兽也，见其生，不忍见其死，闻其声，不忍食其肉。"（《孟子·梁惠王章句上》）而庄子也不主张人们费尽心机地设计弓箭、钩网和陷阱等各种机巧工具，用来射鸟、捕鱼和猎兽，他反对给马进行火烙、剪削的手术。他还说："夫至德之世，同与禽兽居，族与万物并。"（《庄子·马蹄第九》❶）本书所提出的伦理观念具有普遍性，在中国得到的支持至少应当像这些观念已经在西方国家所获得的支持一样多。

在结束这篇序言之前，我想回到我在本书初版序言最后一段所提出的话题。很多人认为，日益膨胀的人口意味着，要养活这么多的人，我们不得不采用工厂化养殖方法。他们只看到集约化饲养场在一个不大的养殖场里圈养着大量的动物，因而想象，与传统农场在大面积土地上饲

---

❶ "上诚好知而无道，则天下大乱矣。何以知其然邪？夫弓弩毕弋机辟之知多，则鸟乱于上矣；钩饵罔罟罾笱之知多，则鱼乱于水矣；削格罗落罝罘之知多，则兽乱于泽矣……"见于《庄子·外篇·胠箧第十》。"及至伯乐，曰：'我善治马。'烧之，剔之，刻之，雒之。连之以羁馽，编之以皂栈，马之死者十二三矣……"见于《庄子·外篇·马蹄第九》。——译者注（如无特殊说明，本书脚注均为译者注）

养少量的动物相比，集约化饲养更有效率。但是，事实恰好相反。因为集约化饲养场的动物，需要大面积的土地种植谷物和大豆来喂养密集舍饲的动物，所以工厂化饲养极端缺乏效率，食物价值被浪费了90%。在1975年版序言的结尾，我说：如果我们停止饲养、屠宰和食用动物，我们可以以小得多的环境代价，生产出多得多的粮食。这话仍然千真万确。工厂化养殖方法传播到亚洲，供应日益庞大的中产阶层享受，只会使问题更加恶化。其次，还有集约化饲养导致疾病被传染到人身上的问题。由于非典型性肺炎❶流行所造成的灾难，和继之而来对禽流感❷的忧虑，中国已经有很多的教训了。

可是，还有一个环境问题，就是日益恶化的全球气候变暖。在1975年时我还没有意识到这个问题，1990年出版修订本时我才注意到。如我在第四章（IV部分）所述，农场动物集约化饲养产业对全球气候变暖造成了很不利的影响。因为生产和运输动物饲料，以及保持动物棚舍的通风，都需要消耗大量的能源。此外，动物本身特别是奶牛还会产生大量的温室气体——甲烷，它阻止地球散热的能力比二氧化碳高20倍。1990年还有人质疑这个环境问题的科学性，现在人们几乎一致地认为全球气候变暖问题确实存在。这种需要大量集约化生产的动物食品既浪费又不利于健康的饮食习惯，造成了能源的消耗、环境的污染以及地球气候的

---

❶ 非典型性肺炎（SARS），中国简称"非典"。病毒最初很可能来源于动物，与当地人捕食野生动物的陋习有关。

❷ 有些学者认为，禽流感在世界上肆意蔓延，与发展工厂化养鸡有关。

恶化。此外，还由此带来人类社会动物来源传染病的传播问题。因此，现在显然已经到了改变我们饮食习惯的时候了，这既是为了动物，也是为了我们人类自己。

最后，我要感谢祖述宪教授翻译此书，为了保证中文译本的准确妥帖，他煞费苦心。我也十分感谢新泽西城市大学的贤·赫希斯曼（Hyun Höchsmann）教授，感谢她的鼓励和慷慨的帮助，使我进一步了解了中国人关于动物的看法。

新版序

　　2008年的一天，数以千万计的美国人怀着惊恐和难以置信的心情，观看了晚间新闻节目中的一段视频：病重待宰的牛不能行走，遭到脚踢、电击、警棍戳眼，并被叉车推铲，他们的目的是把牛驱赶到"屠宰栏"去宰杀，再加工成肉制品。这段视频是在加利福尼亚州奇诺市的韦斯特兰/霍尔马克屠宰场被偷拍下来的。这是一个大型屠宰场，离洛杉矶市中心只有48公里，并不是偏远的乡村；其管理运营按说也是最为先进的，而且肉制品主要供应全美学校午餐项目❶。由于食用不能行走的奶牛的肉对健康有危害，因此这段视频引发了美国历史上最大的肉制品召回事件。

　　这类事件的曝光为本书的论述提供了戏剧性证据。对病牛的头部进行电击、鞭打，并用叉车铲牛的畜栏经理丹尼尔·乌加特·纳瓦罗，在受到虐待动物罪指控后说，他没有做错事，这"只是他的工作"。这种借口我们早就听过了，但其中也的确有着一些令人不快的实话。像乌加

---

❶　全美学校午餐项目（National School Lunch Program）是美国联邦政府在中小学里为低收入家庭子女实施的免费午餐项目。

特的卑劣行为，其中有某种伦理上和法律上的根本性谬误，支配着我们怎样对待动物。如果有人要吃有感受力的动物，就会相应发生以低价销售肉类的竞争，而这种体制就会奖励那些能满足这一需求的人。在这个意义上，乌加特只是在做他的工作。但是，若非因为他和韦斯特兰 / 霍尔马克屠宰场如此"倒霉"，美国人道主义协会❶的调查员暗地拍摄到他的劣迹，乌加特会继续为其雇主有效地争取最大化的利润。

　　由于这几段揭露虐待动物的偷拍视频激起了人们的普遍反感，表明大众只是对美国大规模的制度性虐待动物问题缺乏了解，而非漠不关心。现在媒体对动物的议题采取更为严肃的态度，无知的观点开始减少。但这是经过漫长斗争才取得的成果。本书的第一版于1975年问世，无数动物保护人士通过辛勤的工作，不仅提高了大众对虐待动物问题的认识，而且动物也得到了实在的好处。在20世纪80年代，迫于动物保护运动的压力，化妆品公司开始把钱投入寻找替代动物检测方法的研究。产品检测方法的发展不仅涉及动物，也成为科学界本身的一种推动力，动物使用数量的减少也与此有关。尽管相关产业声称"皮草又回来了"，但毛皮销售量仍然没有恢复到20世纪80年代动物保护运动开始把它作为改善目标时的水平。与此同时，宠物的主人受到更好的教育，变得更负责任。不需要的多余宠物以及被收容的流浪动物遭到人道处死的数字已经大幅下降，尽管数量仍然较大。

---

❶ 美国人道主义协会（Humane Society of the United States, HSUS）是美国影响力最大的关注动物权利与动物福利的非营利性组织，总部设在华盛顿特区，主席兼首席执行官为韦恩·帕赛尔（Wayne Pacelle）。

然而，被人类虐待的动物绝大多数是养殖场的食用动物。美国用于研究的动物数量，每年约为2 500万只，大致相当于得克萨斯州的人口数量。每年屠宰的食用家禽和家畜数量，仅美国就有上百亿只，相当于世界人口数量的一倍半。这还不包括鱼类及其他水生动物。由于这些动物大部分都是在工厂化饲养场养殖的，所以，它们整个一生都是在痛苦中度过的。

养殖场动物（福利）的第一个突破，始于欧洲。在瑞士，本书第三章（Ⅲ部分）所描述的层架式鸡笼母鸡产蛋系统，在1991年年底被宣布为非法。瑞士的鸡蛋生产商将束缚母鸡不能伸展翅膀的小型铁丝笼，换成可以展翅的鸡舍，让母鸡能在垫有麦秸或其他有机物的地板上扒食，在有遮蔽且底板柔软的窝箱里生蛋。瑞士的做法证明（农场动物的饲养条件）变化是可能的，整个欧洲都反对用层架式鸡笼养鸡。如今，拥有近5亿人口的欧盟一致同意，截至2012年逐步淘汰光秃秃的旧式铁丝笼，给母鸡较大的空间，并设有栖木和下蛋的窝箱。

进一步的改善措施继之而来。所有这些做法都得到大众的广泛赞同以及欧盟相关领域中主要的科学家和兽医专家们的支持。如本书所说的小肉牛集约化饲养法——刻意让牛犊保持贫血，不给垫草，让每头牛犊都被单独关在十分狭窄的木板隔栏里，连转身也不行——是所有农场动物饲养中最令动物痛苦的做法。在我修订此书准备1990年出版时，英国已经禁止使用这种饲养肉用牛犊的方法。第三章（Ⅲ部分）正文中仍然有这段文字。今天不仅英国禁止了小肉牛的窄栏饲养法，整个欧盟都已不准使用。养殖场的怀孕母猪的状况也得以改善，1998年英国已经禁止对单个孕猪以限位栏监禁。在欧洲其他国家，2013年开始，除了在母猪怀孕头4周可使用限位栏，其他时间也已禁止使用。

当这种辩论在欧洲进行，并且有许多国家立法做出改变时，美国国会或者美国其他地方似乎没有进行任何类似立法的迹象。第一个变化的信号出现在佛罗里达州，动物福利团体发起的2002年计划，提出在佛罗里达州禁止对怀孕母猪使用限位栏的议案。在动物福利方面，佛罗里达州远不是美国最进步的一个州，但这个提案（在公民投票中）以绝对多数通过了。4年后，亚利桑那州提出了同样的议案，同时还附加一个禁止小肉牛窄栏饲养的议案，也以超过半数通过。

亚利桑那州的结果向生产商发出了一个信号。仅仅一个月后，美国两个最大的小牛肉生产商承诺，在两三年内取消小肉牛的窄栏饲养。接着，美国和加拿大两家最大的养猪场宣布，它们将在未来的10年里，逐步淘汰孕猪的限位栏。美国肉品生产商史密斯菲尔德公司，在解释这一举措时说，这是客户的意见，麦当劳是它最大的客户。麦当劳曾连续多年与动物保护人士讨论如何减少作为其肉制品原材料的动物所遭受的痛苦，因此它对史密斯菲尔德公司的决定表示欢迎。其他大的猪肉生产商也紧随其后。2007年，俄勒冈州无须公民投票，成为美国第一个立法禁止对孕猪使用限位栏的州。第二年，科罗拉多州立法禁止母猪的限位栏和饲养小肉牛的窄栏。美国小肉牛协会在对小肉牛单个隔离窄栏饲养的批评进行抵制数十年之后，终于改为建议其成员从2017年起将牛犊饲养方式改变为福利型的牛棚成批饲养。

　　美国许多著名的厨师、食品零售商和餐饮业同样也不再采购用最恶劣条件饲养的动物肉品。著名大厨沃尔夫冈·普克及其餐饮公司开始不再使用限位栏饲养孕猪的猪肉和笼养母鸡的鸡蛋。包括汉堡王、哈迪斯汉堡和卡乐星汉堡等在内的大型快餐连锁店❶，不再采购经由母猪限位栏饲养并最终生产出的猪肉和层架式鸡笼产的鸡蛋。美国各地数以百计的校园食品，现在都不再使用笼养母鸡的鸡蛋。2007年，世界上最大的食品服务供应商金巴斯集团（Compass Group）宣布，未来供应的所有蛋类食品都来自非笼养方式的生产商。

　　然而，其中最为显著的胜利发生在2008年11月4日。这一天令人难忘的不仅是巴拉克·奥巴马参议员当选为美国的第一位非洲裔总统，还有加利福尼亚州以63票对37票的绝对优势通过了一个议案，即要求该州所有养鸡场，每只鸡所占的面积要足以使其展翅和转身，而不会碰到其他鸡或笼壁。2015年起，在加利福尼亚州不仅禁止使用小肉牛的窄栏和母猪的限位栏，而且标准的层架式鸡笼都属于非法。因此，当地的1 900万只母鸡会有更大的空间走动，舒展翅膀。蛋业集团注入900万美元来完成提案的要求，却发现自己与一个动物组织结成了对子。这个动物组织是由美国人道协会（HSUS）所领导的。美国人道协会是美国最大的动物福利组织，在韦恩·帕赛尔主席兼首席执行官的主持下已经将

---

❶ 汉堡王（Burger King）、哈迪斯汉堡（Hardee's）和卡乐星汉堡（Carl's Jr.）是世界上排名仅次于麦当劳、肯德基的几大快餐连锁企业。

注意力转向农场动物，并且取得了显著成功。

继佛罗里达州和亚利桑那州之后，加州的议案投票表明，美国人只要有机会就会拒绝接受由常规养殖方法生产出的猪肉、小牛肉和鸡蛋。由于民意的坚定支持，美国的动物运动正处于为数以亿计的农场动物改变饲养条件的前沿阵地。

所有这些变化都使动物福利倡导者长期以来所主张的观点得以正名。1971年，当我组织一个规模很小的反对工厂化养殖的示威时，看起来我们仿佛在挑战一个压倒一切对手的巨大产业。幸而观念和同情心具有强大的力量这一点已得到了证明，并且它们足以改变数以亿计的动物在其中生活和死亡的终生系统。

本书所捍卫的立场远远超出农场动物现在所得到的明显的福利改善。我们需要对我们看待动物的方式做出更大的根本性变化。第一个征兆是2008年西班牙议会的一个委员会以具有历史意义的投票形式宣告，可以赋予动物与人近似的法律地位。此议案支持名为"类人猿计划"的组织开展的项目❶，该项目旨在为黑猩猩、倭黑猩猩、大猩猩和红毛猩猩这些人类近亲寻求生命权、自由权及保护它们不受折磨等基本权利。这个议案要求西班牙政府推动在欧盟范围内的各国也做出类似的声明，而且还要求政府在一年内采取立法，禁止用类人猿进行可能对其有害的实

---

❶ 类人猿计划（Great Ape Project，GAP）是彼得·辛格与保拉·加瓦列里（Paola Cavalieri）1993年创建的一个国际动物权利组织，由灵长类动物学家、人类学家、伦理学家等组成，旨在要求联合国发布一个类人猿权利宣言，以给予大型猿类基本的法律权利和保护。

验。类人猿圈养只允许出于保育目的，并需要在严格规定的条件下为它们提供尽可能最好的生活条件。议案还建议西班牙在国际论坛和国际组织内采取步骤，以确保类人猿受到保护，免于遭到虐待、奴役、折磨和杀害。

与农场动物饲养条件变化不同的是，西班牙议会中的一项议案具有更显著的意义。这不是因为直接受影响的动物数量，而是因为打破了我们自己设置的、曾经不可逾越的障碍，这个障碍就是我们作为人类有权利和尊严，而"非人类动物"只是物。珍妮·古道尔和戴安·弗西等科学家的研究成果使我们看到，我们与我们的非人类近亲在一些重要方面的差异只是程度上的，而不是种类上的。西班牙的议案标志着官方第一次承认，在道德和法律的意义上，我们至少与某些非人类动物之间具有相似性。最为显著的或许是，在对动物施加痛苦的某些领域，使用了"奴役"（slavery）一词。因为，迄今为止，我们一直认为动物理所当然地是我们的奴隶，随人所愿用于拉车或者成为供研究的人类疾病试验。人类会拿它们的蛋、乳汁或肉供自己食用。一个国家的议会承认奴役动物可能是错误的，意味着人类向着动物的解放又迈出了显著一步。

彼得·辛格

2008年11月

纽约

I
所有动物一律平等

为什么人类平等所根据的伦理原则，
要求我们将平等惠及动物？

种族主义、性别歧视与动物权利

"动物解放"，听起来像是对其他解放运动的一种戏仿，而不是一个严肃的目标。实际上，曾经有人用"动物权利"的想法来戏仿妇女权利的例子。1792年，主张男女平等的先驱玛丽·沃斯通克拉夫特❶撰写的《为女人的权利辩护》出版，当时人们普遍认为她的观点是荒唐可笑的，因而随即有一本《为畜生的权利辩护》的匿名出版物问世。后来人们才知道，这个讽刺作品是出自剑桥大学杰出的哲学家托马斯·泰勒❷之手。他企图通过显示沃斯通克拉夫特的论证再向前跨出一步，来驳倒她的论证。如果平等的论证适用于妇女，那对于狗、猫和马为什么就不适用呢？这个论证似乎对这些"畜生"也适用，可是，那时主张动物有权利显然是荒诞无稽的。所以，得出这个结论所根据的论点一定站不住脚，如果将这一论点应用到畜生身上是谬论，则将其应用于妇女身上必定也站不住脚，因为这两件事情所根据的论点完全相同。

为了阐明主张动物平等的根据，从妇女平等的理由开始考察是有益的。假如我们反对泰勒的攻击，为妇女的权利辩护，我们应当怎样进行回击呢？

一种可能的回击方式是，认为男女平等的理由不可能令人信服地扩

---

❶ 玛丽·沃斯通克拉夫特（Mary Wollstonecraft, 1759—1797），英国作家、哲学家和女权主义者。

❷ 托马斯·泰勒（Thomas Taylor, 1758—1835），英国新柏拉图学派哲学家。

大到非人类动物。举例来说，女人与男人相同，具有面对未来做出理性
决定的能力，所以她们有投票的权利，但是，狗不懂得投票的意义，因
而它们没有投票的权利。还有其他许多明显的方面，男人与女人十分相
似，而人与动物的差别则很大。因此可以说，男人与女人是相似的生命
个体，应当享有相似的权利，可是非人类动物与人不同，它们不应当享
有与人平等的权利。

用这样的论证回击泰勒的类比推理，在一定程度上是正确的，但这
还远远不够。显然人类与其他动物存在重大的差别，这些差别导致二者
拥有的权利不同。可是，承认这种显而易见的事实，并不妨碍我们把平
等的基本原则扩大到非人类动物。男人和女人的差别同样不容否认，支
持妇女解放的人们懂得，这些差别会造成权利的不同。许多争取女权的
人坚持妇女有自愿堕胎的权利，可我们不能因为这些人开展争取男女平
等的运动，就认定她们必须支持男人也有堕胎的权利。由于男人不可能
有胎可堕，侈谈他们的堕胎权利便毫无意义。同理，既然狗不可能投
票，空谈它们的投票权利也就毫无意义。无论是面对妇女的解放运动，
还是动物的解放运动，都没有理由陷入这种无聊的争论。把平等的基本
原则从一个群体推及另一个群体，并不意味着我们必须用一模一样的方
式对待这两个群体，或者赋予两个群体完全相同的权利。我们是否应当
这样做，取决于两个群体成员所具有的天性。平等的基本原则并不要求
平等的或相同的待遇，而是要求平等的考虑。对不同的生命做平等的考
虑，也可以导致不同的对待和不同的权利。

因此，有另一种方法来回应泰勒企图戏仿妇女权利的理由，这种方法并不否定人类与非人类动物有明显的差别，而是深入地考察平等的问题，并且得出平等的基本原则适用于所谓畜生的观点丝毫也不荒谬的结论。此刻，这个结论或许显得有点奇怪，但如果仔细审视我们赖以反对种族或性别歧视的立足点，就会发现，假如我们拒绝对非人类动物给予平等考虑，则追求黑人、妇女和其他被压迫的人类群体平等的基础就会发生动摇。要明白这一点，首先我们需要确切地了解，种族歧视和性别歧视究竟错在哪里？当我们说所有的人类，不论种族、信仰或性别一律平等时，我们坚持主张的平等究竟是什么？希望维护等级制社会不平等的人们经常指出，无论我们采用什么标准衡量，人人生而平等显然是不符合实际的。不论我们喜欢与否，我们必须面对以下事实：各人的体形和身材天生不同，并且在德行、智力、爱心，对他人需要的敏感程度、沟通能力以及体验快乐和痛苦的能力等方面，人与人之间也都各不相同。总之，假如平等的要求是根据所有人在事实上的平等，那我们只好放弃要求平等。

或许仍然有人坚持这样的观点，即有关人类之间平等的要求，是基于不同种族和性别间的真正平等。就是说，虽然个体之间存在差异，但种族或性别之间并没有差别；单就一个人是黑人或女人这种事实而言，我们不可能对这个人的智力或道德水平做任何推断。可以说，这就是种族歧视和性别歧视有误的原因。白人种族主义者声称白人比黑人优越，但这是错误的；虽然在个体之间存在差别，但在可以想得到的相关潜能和能力上，总有一些黑人全面超过另一些白人。反对性别歧视的人会说同样的话：一个人的性别不能说明他或她的能力，因此性别歧视是不合理的。

然而，由于存在跨种族或性别界限的个体差异，使得我们在一个善于诡辩反对平等的对手面前无力辩护。比方说，有人提出，对智商低于100的人的利益考虑，应当比对智商高于100的人利益考虑要少。在这样的社会里，智商低于此线的人或许要去做智商较高者的奴隶。一个这样划分等级的社会，难道真的要比按种族或性别划分的社会更好吗？我认为不会。但是，假如我们把平等的道德原则，与不同种族或性别的真正平等联系起来，就整体而言，我们反对种族歧视和性别歧视的理由，并不能为我们反对人与人之间平等的主张提供任何依据。

还有第二个重要的理由，说明我们为什么不应当把反对种族主义和性别歧视，建立在任何一种真正平等的基础上，哪怕是在有限种类上断言：在不同的种族或性别之间，人的潜能和能力都存在差异。因为，我们不能绝对保证在人类中这些潜能和能力确实呈均匀分布，而与种族或性别无关。就实际的能力而言，在不同种族或男女之间，似乎确实存在着某些可测量的差别。当然，这些差别并不是在每种情况下都会出现，而是在计算（群体的）平均值时才看得出来。更为重要的是，我们还无法确定，这些差别中有多少真正是由于不同种族和性别的遗传性获得的，又有多少是由于糟糕的学校和恶劣的居住条件，以及长期遭受歧视等因素造成的。或许这最终会证明，一切重要的差别都是环境因素造成的，而不是遗传。所有反对种族主义和性别歧视的人肯定都希望这是事实，因为这会使结束歧视的任务容易得多。可是，把反对种族主义和性别歧视的理由，建立在相信所有这些明显的差别都是由于环境因素，那是很危险的。比如说，假如最终证明种族间在能力上的差别与遗传有某种关系，种族主义便找到了辩护的理由，那么根据上述信念反对种族主义的人，也就难免要认输了。

幸而主张平等无须依赖哪一项科学研究的特定结果。当有人声称已经找到不同种族或性别在能力上的差别存在遗传因素的证据时，不论是否可能有相反的证据，适当的反应是，不必坚持遗传学的解释一定是错误的。相反，不论可能出现什么证据，我们都应当十分清楚，主张平等并非根据智力、德行、体力或类似的无可否认的事实。平等是一种道德观念，而不是一种事实的认定。假定两个人的能力存在事实上的差别，因此在考虑他们的需要和利益时会有程度上的不同，这在逻辑上并没有令人信服的理由。人类的平等原则不是对人与人之间所谓真正平等的一种表述，而是我们应当怎样对待人类的一个规定。

道德哲学效用论革新学派的奠基人杰里米·边沁❶，用"每个人只算

---

❶ 杰里米·边沁爵士（Sir Jeremy Bentham, 1748—1832），英国哲学家，伦理学效用论的代表人物。效用论（utilitarianism），亦译作效用主义或功利主义。效用论认为，人类行为的唯一目的是求得幸福，对幸福的促进是判断人的所有行为的标准。因此，能增加幸福的行为即是正当的，增加痛苦的行为即是非正当的。伦理学家亨利·西季威克（Henry Sidgwick）总结说："在特定的环境下，客观正当的行为是能产生最大的整体幸福的行为，即把其幸福将受到影响的所有存在物都考虑进来的行为。"这里的"存在物"应当包括所有有感知力的生命个体。"利益平等"是一种道德原则，即在计算一项行为的正当性时，应当包括所有受影响者的利益，并且平等地权衡这些利益。"每个人只算一个，任何人都不能算一个以上"，是对"利益均等原则"的一种公式化表述，也是效用论的哲学基础。

一个，任何人都不能算一个以上"的表述，把道德水平均等这一必备的基础融入他的伦理系统。换句话说，受一种行动影响的每一个人的利益都应当加以考虑，并且与其他人的利益一样，给予同等的关怀。后来，另一位主张效用论的学者亨利·西季威克将此观点表述为："从宇宙万物的角度（如果我可以这样说）来看，任何一个人的善，都不比另一个人的善更重要。"最近，当代道德哲学界很有影响的学者指出，他们道德学说的基本前提都具有某种相似的要求，即要对每一个人的利益做平等的考虑，尽管他们还没有在这个要求的准确表达方式上达成一致。[1]

这个平等原则的实质是，我们对他者的关怀和利益考虑，不应当取决于他者是什么，或者他者可能具有什么能力。确切地说，我们的关怀或考虑要求我们去做的事情，可以根据受我们的行为所影响的对象的特征而有所不同。例如，对成长中的美国儿童的福利关怀要求我们教他们阅读，而对猪的福利关怀可能只是要保障它们与同伴在一个有充足的食物并能够自由走动的空间里生活。但是，在考虑生命个体的利益时，不管这些利益是什么，按平等原则必须把基本要素扩大到所有的生命个体，无论是黑人或白人，男人或女人，还是人或非人类动物。

当年把人人生而平等的原则写进美国《独立宣言》的托马斯·杰斐逊❶就明白这一点，虽然他自己无法完全摆脱拥有奴隶的个人背景，但这恰好导致他反对奴隶制。由于人们当时的普遍看法是黑人的智力有

---

❶ 托马斯·杰斐逊（Thomas Jefferson, 1743—1826），美国第三任总统，《独立宣言》的主要起草人。

限，因此有人著书以强调黑人的显著智力成就的方式来驳斥这种看法。但是，杰斐逊在致这位作者的信中说：

> 对于他们与生俱来的智力，虽然我自己也曾有怀疑，并且表达过，但请你确信，没有人比我更衷心地希望见到这些怀疑被彻底驳倒，而且证明他们和我们是平等的……然而，不论他们的才能高低如何，都不是衡量他们有无权利的标准。尽管牛顿爵士的智力超群，但他绝不会因此成为他人财产或人身的主人。[2]

同样，在19世纪50年代，美国开始出现要求妇女权利的呼声时，杰出的黑人女权运动人士索杰纳·特鲁斯[1]在一次争取女权运动的大会上，用更加坚定有力的语言表达了相同的观点：

> 他们谈论这个头脑里的东西，他们叫它什么来着？（旁边有人轻声说："智力"）对，是那个东西。可是那个东西和女人的权利或者黑人的权利有什么相干呢？如果我的杯子只能装半磅，你的杯子能装一磅，你还不让我把只有你一半大小的杯子装满，岂不是太吝啬了吗？[3]

反对种族歧视和性别歧视的理由，最终都必须建立在此基础上。依照这个原则，比照种族歧视，我们可称之为"物种歧视"的态度也必须

---

[1] 索杰纳·特鲁斯（Sojourner Truth，1797—1883）原名 Isabella Baumfree，美国女传教士，出身黑奴，致力于女权运动和废除奴隶制的社会活动。

受到谴责❶。物种歧视一词虽然不够引人注目，但我想不出更好的字眼来表述人类偏袒自己成员的利益，并且压制其他物种成员的偏见或偏执的态度。杰斐逊和特鲁斯提出的反对种族歧视和性别歧视的基本理由，显然同样适用于物种歧视。如果具有较高的智力并不能使一个人获得为一己之私而奴役他人的权利，那么人类怎么能有资格为同样目的剥夺非人类动物的权利呢？ᐟ

　　许多哲学家和其他作家虽然提出了这种或那种形式的平等原则，以其作为基本的道德准则，但是，其中只有少数人承认这项原则既适用于我们人类自己，也适用于其他的物种。边沁是少数真正具有这种认识的人之一。当法国人已经解放了黑奴，而在英联邦自治领地的黑奴仍然处于类似今日之动物那样的境地时，边沁写下了一段有预见性的文字：

　　　　或许这一天将要到来，那时其他动物才可以获得它们的权利，这些权利原本为它们所固有，只因人行为的暴虐行为而遭剥夺。法国人已经发现，皮肤黑不是一个人应当遭受虐待而这一情况又得不到改善的理由。或许有一天，人们终于承认，腿与足的数目、体毛的疏密或尾巴的有无❷，都同样不足以成为虐待一个感觉灵敏的生命并使其陷于悲惨命运的理由。还有什么别的理由来划出这条不可逾越的界限呢？难道是理性能力，或是话语能力吗？可是，一匹成年的马或狗的

---

❶　物种歧视（speciesism），亦译作物种主义，即人类对其他非人类动物的歧视。
❷　本书的"痛苦"一词包括原文的 pain 和 suffering，根据语境 pain 有时指疼痛。疼痛也是重要的痛苦之一。

理性和沟通能力，是一个出生一天、一周乃至一个月大的婴儿所不能相比的。不过，即使不是这样，那又怎样呢？问题不是它们能否说理或说话，而是它们能感知痛苦吗？[5]

在这段话里，边沁把感知痛苦的能力作为平等考虑一个生命个体的权利的重要特征。感知痛苦的能力，或者严格地说，是感知痛苦和享受快乐或幸福的能力，不只是具有语言或高等数学等能力的那一类特征。边沁不是说，那些试图划出一条"不可逾越的界限"用来确定一个生命是否应当考虑其利益的人不巧选错了特征，而是说，我们必须考虑对痛苦或快乐具有感知能力的所有生命个体的利益。与那些根据智力或语言能力划界的人不同，边沁根本没有武断地拒绝考虑任何一个个体的利益。感知痛苦或享受快乐的能力是享有利益的根本先决条件，必须满足这个条件，我们谈论利益才可能有意义。侈谈被小学生沿路脚踢的一块石头的利益，是毫无意义的，因为石头不可能感知痛苦，所以没有利益可言，无论我们怎么做都不可能对其福利产生什么影响。可是，感知痛苦和快乐的能力不仅是一个生命个体享有利益的必要条件，也是充分条件，即最最起码的利益就是不用忍受痛苦。例如，老鼠的一项利益就是不被一路脚踢，因为这样做会使它感到痛苦。

虽然在上面的引文里，边沁讲了"权利"，但他所争辩的其实是平等而非权利。甚至在另一段文字中，边沁的著名表述是把"天赋权利"称为"空话"，"天赋的和不可剥夺的权利"是"夸张做作的高调空话"。

他所说的道德权利是作为对人和动物在道德上应当得到保护的简略表达方式，但道德论证的实际分量并不依赖于断言权利的存在，因为权利本身还要根据能否感知痛苦和快乐来证明。我们用这样的论证方式说明动物应当享受平等，而无须卷入权利的终极哲学争论中去。

有些哲学家企图反驳本书的论点却误入歧途，他们想方设法来论证动物没有权利。[6]他们声称，一个生命要拥有权利，其本身必须是独立自主的，必须是一个社团的成员，必须有尊重他者权利的能力，或必须具有正义感。这些主张与动物解放的争论毫不相干。"权利"一词是一种方便的政治术语，在这个一条电视新闻只有30秒钟的时代，它的价值比在边沁那个年代要大得多。可是，这在主张彻底改变我们对待动物的态度的辩论中，一点也不需要。

如果一个生命能够感知痛苦，道德上便没有理由拒绝考虑这个痛苦。不论这个生命的天性如何，只要大致可以做比较，平等的原则就要求把它的痛苦与任何其他生命的相似的痛苦平等地加以考虑。如果一个生命不能感知痛苦或者快乐和幸福，就无须考虑。就是说，唯有感知力（用感知力一词只是为了简便，虽然不能十分准确地代表感知痛苦或快乐的能力）的界限才是关怀他者利益的正当合理的划界。❶ 要是应用其他特征，如智力或理性来划界，则是武断专横的划界，如果这样划界，为什么不选择某一个别的特征，如肤色来划界呢？

---

❶ 感知力或感受力（sentience）是具有感觉、知觉以及记忆、思考和情感等主观经验的能力，即具有一定的意识能力。

　　种族歧视者或种族主义分子，在自己的种族利益与其他种族的利益发生冲突时，偏向自己的种族成员，因而违反平等的原则。而性别歧视者或性别主义者，则会偏袒同性别人类的利益，违反平等的原则。同样，物种歧视者容许本物种的利益凌驾于其他物种的更大利益之上。这几种歧视的模式实际上完全相同。

其他动物当然会疼

　　绝大多数人都是物种歧视者。以下各章说明，平常人（不是特别残酷无情的少数人，而是人类的大多数）都积极参与、默许和容忍用他们的赋税去做不惜牺牲其他物种成员的重大利益，来增进我们人类自己琐碎利益的事。

　　然而，在我们讨论后面两章所叙述的人类的那些做法之前，需要先破除为这类做法所做的一种全面的辩护。因为如果这种辩护成立，我们人类便可以为了任何琐碎的理由，甚至在全然没有理由的情况下对非人类动物为所欲为，而不会招致任何正当的谴责。这种辩护声称，我们绝不会因无视其他动物的利益而感到内疚，其理由简单得令人吃惊，那就是它们不存在利益。根据这个观点，非人类动物不存在利益是因为它们不能感知痛苦。这个观点并不只是说，动物没有能力用和人类完全相同的方式感知痛苦，例如牛犊不会因自己6个月后将会被宰杀而感觉痛苦。这个并不过分的说法无疑是真的，但这不能消除对人类物种歧视的指责，因为这种歧视还允许动物可以遭受其他方式的痛苦，例如电击，或被囚禁在狭小而拥挤的笼子里。下面我要讨论的一种辩护虽然没有什么理由，却是一个很普遍的说法，即声称动物根本没有感知痛苦的能力，它们只不过是没有意识的自动反应机，既没有思想和感情，更缺乏任何心智活动。

　　虽然17世纪法国哲学家笛卡儿❶提出过动物是机器的观点（在后面的章节中我们将会讨论到），但与那时相比，今天的绝大多数人都知道用一把尖刀刺进一只没有被麻醉的狗的肚子里，显然狗会感到疼痛。大多数文明国家禁止肆意虐待动物的法律，正是根据这个前提。对于懂得动物确实会感知痛苦这个常识的读者，或许无须阅读这一部分内容，直接跳到第20页，因为此前的几页都只是批驳这种你原本就不相信的论点。这个论点虽然没有什么道理，但为了论证的完整，还必须继续讨论这个受怀疑的论点。

　　人类以外的动物会感知疼痛吗？我们怎么知道的呢？我们怎么知道一个人或非人类的动物能感知疼痛呢？我们知道自己能感知疼痛，这来源于疼痛的直接经验，例如有人把一支点燃的香烟按在我们的手背上。可是，我们怎么知道他者能感知疼痛呢？我们无法直接体验任何他者的疼痛，无论这个"他者"是我们最好的朋友，还是一只流浪狗。疼痛是一种意识状态，一种"脑内发生的事件"，不可能被观察到。痛得打滚、尖叫，或者手在遭到烟头灼痛时立即抽走等行为，并不是疼痛本身，也不是神经生理学家观察疼痛时可能做出的脑内活动记录。疼痛是我们感知到的东西，我们只能根据各种外在的指标推断他人是在感知疼痛。

　　在理论上，当我们设想他人是在感知疼痛时，总有可能出错。设想在我们的好友当中有一位是由优秀科学家制造和操纵的聪明机器人，可

---

❶ 笛卡儿（René Descartes，1596—1650），法国哲学家和数学家。

以表现一切感知疼痛的征象，但实际上它与任何机器一样缺乏感知。可是，我们并没有绝对把握说这不是事实。虽然这可能成为哲学家的一个难题，但我们当中没有人会对我们的好友是否有与我们同样的疼痛感这一点产生丝毫的怀疑。这是一个推论，不过这推论是完全合情合理的，因为这是根据观察好友们处在我们自己会感到疼痛的情境下所表现的行为，以及我们完全有理由设想这些朋友是与我们一样的生命，有与我们一样执行相同功能的神经系统，并且在同样环境下会产生相同的感知。

如果设想其他人与我们一样感知疼痛是合情合理的，那有什么理由说对其他动物做相同的推论就不合理呢？

我们推断他人感知疼痛的所有外在征象，几乎都可以见于其他动物，特别是与人最接近的哺乳类和鸟类。疼痛的行为表现包括翻滚、面部肌肉抽动、呻吟、叫喊或号叫、企图逃避导致疼痛的来源，以及对疼痛可能重复出现表现出恐惧等。此外，我们知道这些动物有与我们十分相似的神经系统，当动物处于我们会感知疼痛的情况下，它们也会出现与我们相同的生理反应：起初是血压升高、瞳孔扩散、出汗和心跳加速，如果持续刺激下去则会出现血压下降。虽然人类的大脑皮质比其他动物发达，但大脑皮质与思维功能有关，而与基本冲动、情绪和感知的关系不大。主管基本冲动、情绪和感知的中枢位于间脑，许多其他非人类动物特别是哺乳类和鸟类，间脑都已经很发达。[7]

我们也知道，与机器人不同的是，其他动物的神经系统不是人造出来模拟人类的疼痛行为的。动物的神经系统与人的一样经历过进化过程。实际上，人与动物（特别是哺乳类动物）的进化过程，是在神经系统的主要特征发育以后才开始向不同方向发展的。感知疼痛的能力可使这个物种的成员避开伤害的来源，显然这有助于提高一个物种的生存前景。假定在生理上实际相同的神经系统，具有共同的起源和进化功能，而且在相似的环境下出现的行为模式类似，但在主观感知的层次上所起的实际作用却完全不同，这肯定是不可理喻的。

不论我们试图阐明什么，寻求最简单合理的解释，是科学上长期以来公认的正确方针。偶尔也有人声称，正是因为这个原因，用动物有意识的感觉、欲望等理论来解释动物的行为是"不科学的"。这个看法是，如果争论的行为能够无须求助于意识或感觉就可以解释的话，那就是比较简单的理论。可是，现在我们知道，在评定关于人类和非人类动物二者的实际行为时，这样的解释实际上要比对立的另一种解释复杂得多。因为，根据我们自身的经验解释我们自己的行为，如不涉及意识和疼痛的感觉那就是不完整的。所以，假定具有类似神经系统的动物有相似的行为，用同样的方式来解释非人类动物的行为，以及人与非人类动物之间在这方面的差别，要比另搞一套其他什么解释简单得多。

在这个问题上发表过意见的科学家，绝大多数都同意这个看法。当代最杰出的神经病学家之一沃尔特·布赖恩爵士 ❶ 说：

> 我个人认为，没有理由只承认我们人类有心智，而动物没有……

---

❶ 沃尔特·布赖恩爵士（Sir Walter R. Brian, 1895—1966），英国神经病学家，曾任英国皇家内科医师协会主席。

反正我不怀疑动物的兴趣和活动是与意识和感知相关联的，其方式与我自己的相同，或许就是这么清楚亦未可知。[8]

在一本论述痛觉的书中，著者写道：

实际证据的每个细节都支持这个论点，高等哺乳动物对疼痛的感觉至少与我们同样灵敏。说它们是低人一等的动物因而感觉就迟钝些是荒谬的。其实它们的许多感知，如某些鸟类的视觉、大多数野生动物的听觉和另外一些动物的触觉，远比我们敏锐，这可以轻而易举地得到证明。与今天的人类相比，这些动物更多地依赖于对险恶环境有最敏锐的意识。除了大脑皮质（这不是直接感知疼痛的部位）的复杂程度以外，就我们所知，虽然动物缺乏哲学和道德的联想，但它们的神经系统几乎与人类相同，对疼痛的反应也与人类十分相似。基本的情绪要素也非常明显，特别是恐惧和愤怒的方式。[9]

英国政府属下三个独立的与动物事务有关的专家委员会，已经接受动物能感知疼痛的结论。1951年成立的虐待野生动物委员会的成员们，在注意到与这个观点有关且显而易见的行为证据后表示：

我们相信，生理学的证据，特别是解剖学的证据，充分证明和巩固了动物会感觉疼痛这一常识。

这个委员会的报告在讨论了疼痛在进化上的价值后下结论说，疼痛具有"明确的生物学功用",这是"动物感觉疼痛的第三类证据"。委员会成员还进一步考虑了躯体疼痛以外的其他类型的痛苦,并且补充说,他们"确信动物会因为突然受到惊吓和威胁而感到痛苦"。其后,英国政府有关动物实验和集约化养殖的动物福利的几个委员会也都同意这个观点,确认动物能感知由躯体损伤以及恐惧、焦虑和压力等造成的痛苦。[10]近10年里,诸如以动物的思想、动物的思维和动物的痛苦——动物福利科学为题目的科研论文的发表,表明非人类动物具有自觉意识这一点显然已被普遍接受并作为严肃的研究课题。[11]

　　人们可能认为这个问题算是完全解决了,不过还有一个反对意见需要考虑。人在疼痛时有一种非人类动物所没有的行为符号,那就是发达的语言。其他动物也可以相互交流,但似乎没有我们这样的复杂方式。包括笛卡儿在内的一些哲学家认为,人类可以向彼此诉说十分细腻的痛苦体验,而其他动物则不能。(有趣的是,语言曾经作为人与其他动物之间的明确分界,这一认识如今因发现黑猩猩也能学会一种语言而发生动摇。[12])但是,正如边沁早就指出的,使用语言的能力与一个动物应当受到的待遇毫不相干,除非那种能力与感知痛苦的能力有联系,以致语言的缺乏可能导致它的缺失。

　　有两种方法可能被试用于建立这种联系。第一种是模糊的哲学思想下产生的方法,这或许来源于有影响的哲学家路德维希·维特根斯坦 ❶

---

❶ 维特根斯坦(Ludwig Wittgenstein, 1889—1951),奥地利哲学家和数理逻辑学家,对语言哲学产生了相当大的影响。

的某些学说。他坚持主张，我们把意识状态当作无语言动物的属性，是不可能有意义的。依我看，这个观点似乎很没有道理。对于抽象思维而言，语言或许是必不可少的，但像疼痛这类相当原始的感觉则与语言毫不相干。

第二种更容易理解的方法，是把语言与痛苦的存在联系起来，即是说，我们能够证明其他动物感觉痛苦的最佳证据，是它们对我们说痛。这是一种独特的论证方式，因为它不否认设想中无语言的动物能够感觉痛苦，只是否认我们能有什么充分的理由相信它们在感知痛苦。不过，这个论证方式仍然不行。珍妮·古道尔❶在其黑猩猩研究著作《在人类的阴影下》中指出：对于感知和情绪的表达，语言交流比起非语言交流的方式，例如高兴地拍背、兴高采烈地拥抱和握手等的重要性要小得多。我们用来表达痛苦、恐惧、愤怒、喜爱、高兴、惊讶、性冲动和其他许多情绪状态的基本信号，并非人类所特有。[13]"我感觉痛苦"这个陈述，可能是说话者感知痛苦的一个证据，但非唯一可能的证据；而且由于人有时会说谎，这甚至不可能是最佳证据。

即使有更有力的理由否认无语言能力的动物可以感知痛苦，这种否认的必然结果也可能导致我们拒绝这个结论。人类在婴幼儿时期不会使用语言，难道我们要否认一个一岁的婴儿会感觉痛苦吗？如果不能否

---

❶ 珍妮·古道尔（Jane Goodall, 1934—　），英国灵长类动物学家，人类学家，动物保护倡导者和联合国和平使者。著有《在人类的阴影下》(In the Shadow of Man) 等书。其著作中文译本由张后一、张锋翻译，名为《黑猩猩在召唤》，北京，科学出版社，1980。

认，语言就不可能是决定性的。当然，大多数父母了解自己孩子的反应超过对其他动物反应的了解，但这只表明这样的事实：与对动物的了解相比，我们掌握的有关人类自己的知识多得多，与婴儿的接触也密切得多。而研究其他动物行为的人以及养有宠物的人，他们就像我们去了解婴幼儿时一样，很快就懂得了动物的反应，有时还可以理解得更深。

　　总之，无论在科学上还是哲学上，都没有适当的理由否认动物能感知痛苦。如果我们不怀疑其他人能感觉痛苦，也就不应怀疑其他动物能感觉痛苦。

　　的确，动物能感觉痛苦。前面已经讲过，当动物所感知的痛苦（或快乐）与人所感觉的痛苦（或快乐）在程度上完全相等时，认为动物所感觉的痛苦或快乐没有人的重要，在道德上是找不到正当理由的。但是，这个结论会在实践上有什么具有重要意义的后果呢？为了避免误解，我要把我的意思说得明白完整一些。

　　如果我在一匹马的屁股上重打一巴掌，马开始迈步，估计它会感到有点疼痛。由于马的皮肤较厚，这一巴掌不算什么。可是，如果我用同样的力气打一个婴儿一巴掌，由于他的皮肤敏感得多，就会大哭，大概他觉得疼痛。因此，用相同的力气各打一巴掌，打在婴儿身上就比打在马屁股上严重得多。但是，一定有一种打法（我说不准是什么打法，或许是用一根大棍子重击）也能引起马的疼痛，就同巴掌给婴儿带来的疼痛一样严重。这就是我所说的"等值疼痛"。如果我们认为，在没有正当理由时，给婴儿那么严重的疼痛是错误的，那我们必须承认在没有正当理由时给一匹马造成同等程度的疼痛也是错误的，除非我们是物种歧视者。

人类与动物的其他差别还引出更复杂的情况。正常成年人具有的心智能力，在某些情况下会使他们感知的痛苦，比在同样情况下动物感知的痛苦要多。假设，如果我们决定在正常的成年人身上进行一项极端痛苦或致命的科学实验，为此必须在公园里随机进行绑架，这会引起喜欢在公园里散步的成年人的恐惧，担心自己会遭到绑架。这种原因造成的恐惧，是在实验以外附加的一种痛苦。由于动物无法预见自己将被用作实验的恐惧，因此，在动物身上进行相同的实验所产生的痛苦较人的要少。当然这并不意味着在动物身上进行实验是对的，只是说这项实验如果必须做，就有理由首选动物而不选正常的成年人，这不构成物种歧视。不过必须指出，这个论证的结果，同样也会成为我们采用幼儿（多半是孤儿）或严重智力障碍的病人❶，而不用成年人进行实验的一个理由，因为幼儿和智力障碍病人对他们将被如何处置也没有预见能力。就这个论证来说，动物与幼儿以及智力障碍病人属于同一个范畴。因此，如果我们用这个论证来证明用动物进行实验是合理的，那便必须自问，我们是否也准备容许用幼儿和智力障碍人士进行相同的实验。如果我们把动物与这两种人区别开来，那除了露骨地偏袒（在道德上也是站不住

---

❶ 智力障碍又称智力缺陷，是指由于各种原因引起的大脑器质性损害或发育不全，导致病人在认知能力和心理活动中产生持续性障碍。智力障碍病人的病情在程度上轻重不等，作者在本书中所指的智力障碍显然是极重度的智力障碍患者。

脚的）我们自己的物种成员以外，还能有什么根据呢？

　　不同的正常成年人在高等智力的许多方面有差别，如预见能力、精细的记忆力和很强的认识自身处境的能力等。可是，这些差别并不都与正常成年人遭受的更大痛苦有关。有时，动物因其理解力有限，反而会遭受更多的痛苦。例如，在战争中抓到战俘，我们可以向他们解释，虽然他们必须束手就擒，接受搜身和监禁，但不会受到其他伤害，一旦战争结束他们便可恢复自由。可是，如果我们捕获了野生动物，却无法向它们解释我们无意伤害它们，而野生动物也分不清究竟我们是要制伏、囚禁它们，还是杀害它们，所以囚禁与杀害对动物造成的惊骇是相同的。

　　或许有人提出这样的异议：不同物种的痛苦是不可能进行比较的，因此，当动物的利益与人类的利益发生冲突时，平等的原则没有指导作用。对不同物种成员的痛苦无法进行精确的比较或许是对的，但精确在此并非必要。因为，即使我们要防止对动物施加痛苦，可以十分肯定的是，那对人类利益的影响也达不到人类侵害动物利益那种程度的一丝一毫。我们在对待动物上必须做彻底的改变，这会涉及我们的饮食、饲养方法、许多科学领域的实验方法、对待野生动物的方式、狩猎、陷阱捕猎和制作毛皮服装，以及诸如马戏表演、牛仔或动物竞技以及动物园中的其他娱乐项目。其结果将使大部分的痛苦得以避免。

大多数人都是物种歧视者

至此，我说了许多造成动物痛苦的问题，但还没有提到屠杀动物的事。这样安排是经过慎重考虑的。在造成动物的痛苦上应用平等的原则，至少在理论上是很简单明了的。疼痛和痛苦本身就是不幸，不论什么种族、性别或物种都应当防止或减少痛苦的产生。疼痛的严重性取决于它的强度和持续时间，但不论是人还是动物遭受的疼痛，只要强度和持续时间相同，其严重性就是一样的。

杀生的错误更加复杂。前面我避开了屠杀的问题，而且继续保留，把它隐藏在背后，因为就人类对所有其他动物的专横暴虐的状况而言，用简单的平等考虑痛苦或快乐的原则，足以作为准则来判断和抗议人类所做的全部重大的虐待动物的行为。可是，仍有必要讨论关于屠杀的一些情况。

由于大多数人都是物种歧视者，他们都对引起动物的痛苦这件事不以为意，却不会以相同的理由造成年人的相似的痛苦，大多数人在屠杀这件事上也都是物种歧视者，他们不在意屠杀其他动物，但不会去杀人。然而，我们所进行的讨论需要谨慎，因为在什么时候杀人才算合法，看法很不相同，例如旷日持久的关于人工流产或堕胎以及安乐死的争论就是证明。而道德哲学家对于为什么杀人是错误的，在什么情况下杀死一个人可以是正当有理的，也没有完全取得一致意见。

我们首先讨论可以称为"生命神圣"的观点，这个观点认为剥夺一个无罪的人的生命总是错误的。持这种观点的人反对堕胎和安乐死。可是，他们一般不反对屠杀非人类动物，因此，把这个观点称为"人的生命神圣"或许更为准确。相信人的生命并且唯有人的生命，才是神圣不可侵犯的，这是一种物种歧视。要明白这一点，请仔细考虑下面的例子。

如同实际上时有发生的那样，假定一个婴儿生下来就患有严重到无法治愈的大脑损伤，以致成为"植物人"。这种患儿不能说话，不认识人，没有自主动作，也不能发展自我意识。婴儿的父母认识到孩子的病情毫无治愈的希望，根本不愿意负担也不要求国家负担每年成千上万的看护费用，因此要求医生用无痛苦的方法处死这个婴儿。

医生应当按照婴儿父母的请求去做吗？按照法律，医生不应当去做，在这方面法律反映了生命神圣的观点：每一个人的生命都是神圣的。可是，说不该杀死这个婴儿的人，并不反对杀死人类以外的动物。他们怎么能证明这种不同的判断合理呢？成年的黑猩猩、狗、猪和许多其他动物认识他者的能力、独立活动的能力以及自我意识和赋予生命价值的能力，都远远超过这个大脑严重受损的婴儿。即使在最好的医疗护理条件下，一些严重智力障碍的婴儿也不可能达到狗的智力水平。我们也不能要求婴儿的父母去看护他，因为在这个假设中，他的父母也不想让这样的婴儿存活下来。（在一些实例中也是这样。）只有在那些声称这婴儿拥有"生命权利"的人眼里，才把这婴儿同动物区别开来，仅仅因为他在生物学上是智人（Homo Sapiens）这个物种的一员，而黑猩猩、狗和猪都不是。但只根据这个差别赋予婴儿以生命的权利，而不给其他动物同样的权利，显然纯属一种物种歧视。[14]这与最粗野的、赤裸裸的种族主义者，企图使种族歧视合理化所用的那种武断的划界完全一样。

　　然而，这并不意味着，我们要避免物种歧视，就必须坚守杀死一只狗与杀死一个心智健全的人所犯的错误是相同的这个底线。只有力图完全以我们人类为界线对生命权利划界的主张，才是无可救药的物种歧视。持生命神圣观点的人的主张正是如此，因为他们虽然在人与动物之间划出截然不同的界限，但他们不容许在我们人类中做出区分，像反对杀死正常成年人一样，极力反对给重度的智力障碍婴儿和生命无望的老人进行安乐死。

　　为了避免物种歧视，我们必须让在相关方面全都类似的所有生命享有相似的生命权利；把生命权利仅仅赋予我们人类自己的成员，在道德上不可能成为这种权利的准确且恰当的标准。在这个范围内，我们仍然可能坚持，比方说，杀死一个具有自觉和计划能力以及与他人存在有意义的关系的正常成年人，要比杀死一只老鼠严重得多，因为老鼠想必不具备以上特征；或者我们也可以把成年人拥有密切的家庭关系以及同其他个人的关系作为理由，而老鼠没有同等程度的关系；或者我们也可以认为是杀人的后果使他人为自己的生命担惊受怕，由此成为关键的差别；我们也可能认为是上述不同因素的组合，或者还有其他因素结合在一起。

　　可是，不论选择什么标准，我们都必须承认，不能正好按照我们人类物种的界限来制定标准。我们可以正当合理地认为，某些生命个体具有一些使他们的生命比其他生命个体的特征更有价值的特征，但肯定会有某些非人类动物的生命，无论按什么标准都比某些人的生命更有价值。例如，一只黑猩猩、狗或猪的自我意识或与他者建立有意义的关系的能力，都要超过一个重度智力障碍婴儿或极度衰弱的老人。因此，如果我们把生命的权利建立在这些特征的基础上，我们就必须赋予这些动物与这类智力障碍儿童或老人以同样的生命权利，甚或更大的权利。

　　这个论证模棱两可。一方面，它可以用来证明黑猩猩、狗和猪以及其他一些动物拥有生命的权利，不论什么情况下，处死它们都严重违背道德，即使它们在衰老和痛苦时，为了解除痛苦也不能处死它们。同时，又可以作为重度智力障碍者和无望的老人没有生命权利的论据，因而可以因微不足道的理由，像我们现在处死动物一般把他们处死。

　　由于本书主要关注动物的伦理问题，而不是讨论安乐死的道德性，所以我不打算在这里对安乐死问题下结论。[15]我认为很清楚，虽然这两种立场都力图避免物种歧视，但没有一种令人满意。我们需要的是某种折中的立场，这种立场既可以避免物种歧视，又不会把重度智力障碍儿童和衰残老人的生命贬低到与现在的猪、狗一般；同时也不会把猪、狗的生命看得如此神圣，连处死痛苦无望的动物也被视为错误。我们必须要做的事情，是把非人类动物纳入我们的道德关怀范围以内，停止为了我们自己不管多么琐碎的目的，将它们的生命视若消费品一般。同时，一旦我们认识到一个生命个体是我们自己物种的成员这个事实，并不足以证明杀死这个生命总是错的，那么我们可能要对这样的政策进行重新考虑，即：当一个人的生命不再有意义，或者生存下来也无法避免严重的痛苦，还不惜一切代价去维持这个人的生命。

因此，我的结论是，反对物种歧视并不意味着所有生命都具有同等的价值。而自我意识、前瞻思考和怀有希望、对未来的抱负以及同他人发展有意义的关系等的能力，与遭受痛苦并不相干，因为痛苦就是痛苦，无论这个生命个体在感知痛苦的能力以外还可能具有什么其他能力，即便这些能力与杀生问题有关。认为一个具有自我意识、抽象思维、计划未来和进行复杂的交流活动等能力的生命，比一个不具备这些能力的生命更有价值，不是武断。要懂得制造痛苦和杀生二者的差别，考虑一下我们人类自己是怎样进行选择的，便可以明白。假如我们必须在挽救一个正常人和一个智力障碍人士的生命之间做选择，我们可能会选择挽救正常人，但如果要在防止正常人的疼痛和智力障碍人士的疼痛之间做选择，如设想两个人同时有疼痛，都是由浅表的损伤引起的，而且我们手中的止痛药刚够一个人使用，那应当给谁就不那么清楚了。我们考虑其他动物时，情况也相同。就疼痛这个不幸而言，它本身并不受感受疼痛的个体的其他特征影响，但生命的质量则受其他特征的左右。指出这个差别的一个理由是，杀死一个对未来目标一直抱有希望，一直在规划和追求的生命个体，就是剥夺那个生命为实现自我所做的一切努力，而杀死一个智力低于领会未来能力的生命个体（更不用说计划未来），就不可能涉及这种特殊的损失。[16]

在正常情况下，这意味着，如果我们必须在一个人的生命和一个其他动物的生命之间做选择，我们应当保全人的生命。但或许有特殊情况，如果这个人不具备正常人的能力，相反的选择才是对的。所以这种观点不是物种歧视，只是乍看像是。在正常情况下，在不得不做选择时，我们选择优先挽救人的生命，而不是动物的生命；这种优先选择是根据正常人所具备的特征，而非只是因为他们属于人类物种的一员。正是这个原因，我们在考虑缺乏正常人特征的人类成员时，便无法再说他们的生命总是比其他动物的生命重要。这个议题将在下一章里以实践的方式来讨论。可是，在什么情况下（无痛苦地）杀死一个动物是错误的问题，一般来说，我们无须得出一个精确的答案。只要我们记住，应给予动物的生命与和动物心智相当的人的生命同等的尊重，那我们就不会错到哪里去。[17]

总之，本书通过论证得出的结论，源自将痛苦降到最低的原则。认为无痛苦地杀死动物也是错误的，这种观点给予本书的结论以额外的支持，对此应予欢迎，但严格来说并非必要。很有趣的是，这种观点甚至还得出我们应当成为素食者这个结论，而在大众心目中，这个结论一般是建立在某种绝对禁止杀生的观点上的。

或许读者对我在本章里提到的观点产生了一些异议。比如说，对于可能伤害人类的动物我会建议怎么办呢？我们应当设法阻止动物互相残杀吗？我们怎么知道植物不会感觉疼痛呢？要是植物也有疼痛的感觉，难道我们就活该挨饿吗？为了避免打乱论证的主线，我专设了一章来讨论这些问题和其他的反对观点。缺乏耐心的读者要是急于知道答案，可以先看本书第六章（Ⅵ部分）。

下面两章将举例讨论实际存在的两类物种歧视问题。我专注于这两类物种歧视问题，是为了有足够的篇幅进行充分的讨论，受此限制，本书不讨论由于我们人类不认真考虑其他动物利益而存在的各种行径，包括：以运动取乐或以获取毛皮为目的的狩猎；养殖貂、狐等毛皮用动物；猎捕野生动物（常先射杀正在哺育幼崽的母兽），把它们囚禁在狭小的笼子里供人观赏；折磨动物去学习绝技并要求它们进行马戏或竞技表演❶，供观众娱乐；假借科学研究的名义用"爆炸性鱼叉"猎鲸；金枪鱼捕捞船的拖网每年造成10多万只海豚被淹死；澳大利亚内陆地区每年枪杀约300万只袋鼠供制革和生产宠物食品；由于扩张我们的混凝土帝国和在地表造成污染扩散而普遍忽视了野生动物的利益。

对于这些事情我都不做述评，因为如我在新版序言里所说，这本书不是一本罗列人类对动物所做的全部劣行的纲要。相反，我只选取两类物种歧视实践中最为重要的事例。这些物种歧视的做法不是虐待狂所做的孤立事件，而是两类常规业务：一类每年要杀害千百万只（实验）动物，另一类则是数以10亿计的（农场）动物遭受屠杀。我们不能假装自己同这些行径毫无关系。因为，动物实验是得到我们民选政府所推动

---

❶ 如赛马和牧场竞技（rodeos），后者有套牛犊、与牛摔跤和野马骑术，造成动物的严重恐惧、压力和损伤。

的，经费也多半来自我们的赋税。饲养动物作为食物，是因为大多数人购买和食用动物的肉，这种做法才有可能存在。正是出于这些原因，我才特意挑选这两类形式的物种歧视加以讨论。这两类是物种歧视的核心，由此造成动物痛苦的次数和程度，超过人类其他物种歧视所带来的结果。要制止这些做法，我们必须改变政府的政策，改变我们自己的生活方式，改变我们的饮食习惯。如果这两类由官方推动并且几乎被普遍接受的物种歧视的做法能够被废除，进而消除其他物种歧视的行为也就不会遥远了。

II
研究的工具

你缴纳的税金被用来做什么？

灵长类动物平衡台实验

1987 年，美国上映了一部十分卖座的电影，片名叫《X 计划》。这部影片让很多美国人头一回目睹美军所进行的动物实验。影片的主要情节是：空军设计了一种实验，试图了解黑猩猩在受到放射线照射后，是否还能操纵一种模拟飞机，继续"飞行"。一位被派往实验室工作的年轻空军学员，对其中一只黑猩猩萌生怜爱之情，能用手语与它进行交流。当轮到这只黑猩猩接受照射实验时，这位青年人（自然是在妩媚动人的女友帮助下）把它放走了。

虽然影片的情节纯属虚构，但这种实验却是真实存在的。作为原型的动物实验已在得克萨斯的布鲁克斯空军基地进行了多年，而且类似的实验仍然在进行。但是，电影观众并未从中窥见实验的全部内容。影片中黑猩猩的遭遇，把实验的真实情况大大地淡化了。因此，还是让我们来看看布鲁克斯空军基地的文件中所描述的实验的真实情景。

如同影片中一样，实验使用的是一种飞行模拟器，也被称之为"灵长类动物平衡台"。这个平台可以像飞机一样升降和翻转。平台上有一把椅子，把实验用的猴子固定在上面，它的前面有一个压杆，猴子通过操作压杆可使平台恢复到水平位置。当猴子经过训练学会操作后，便用放射线对其进行照射或使其暴露于化学毒气中，以观察猴子的"飞行"能力是否受到了影响。

在布鲁克斯空军基地出版的《灵长类动物平衡台实验步骤》[1]中，记录着标准的实验方法，摘要如下：

第一阶段（适应座椅）：把猴子"约束"或紧缚在平台的椅子上，每天一小时，连续5天，直到它们能安静地坐在椅子上。

第二阶段（适应压杆或操纵杆）：把猴子紧缚在平台的椅子上，然后椅子向前倾斜，猴子因此遭受电击。这使猴子"回到座椅，或者去咬平台……结果诱使猴子触到实验人员戴手套的手，这手是按着压杆的"。猴子在训练前禁食，当猴子触到放在压杆上的这只手时，就停止电击，同时给猴子一粒葡萄干。每只猴子每天训练100次，连续5至8天。

第三阶段（操作压杆）：在此阶段，平台向前倾斜，猴子只触及压杆，电击还不停止，直到把压杆向后拉时才停止电击。每天反复训练100次。

第四阶段至第六阶段（推拉压杆）：平台向后倾斜时给予电击，猴子必须把压杆向前推，电击才停止。接着，平台又向前倾斜时再次遭到电击，猴子必须把压杆向后拉，电击才停止。如此训练也是每天100次。以后是平台接连向前或向后倾斜，随机变换，猴子不断地遭受电击，直至做出适当的反应才会停止。

第七阶段（控制压杆）：在此阶段以前，虽然猴子可以前后推拉压杆，但未能改变平台的位置。在此阶段猴子能通过推拉压杆来控制平台的位置，电击不再是自动控制，而改由人来操纵，大约每3或4秒钟一次，每次持续0.5秒。电击频率较前减慢，以保证猴子的动作正确时不受惩罚，因此，手册上的行话是"消除"惩罚。如果猴子不按要求操作，再从第六阶段重新进行训练。如果训练达到要求，就继续下去，直到猴子可以使平台保持在接近水平为止，此时可以避免80%的电击。第三至第七阶段的训练约需10 ~ 12天。

此后，训练再持续20天。在此期间，平台随机转动颠簸的力度加大，猴子必须仍有控制能力，使椅子保持在水平位置，否则就会频频遭到电击。

然而，猴子遭受千万次电击的这些训练，只不过是真正实验的预备阶段。一旦猴子能够在大部分时间里把平台维持在水平的位置，即施予致死剂量或亚致死剂量的放射线照射或化学毒气，以观察它们能把平台"飞行"维持多长时间。致死剂量的放射线照射会引起猴子恶心甚至呕吐，但它们不得不尽力将平台保持在水平位置，否则就会频频遭受电击。这里有一个例子，取自1987年10月美国空军航空航天医学院发表的报告，这已是电影《X计划》上映以后的事了。[2]

这篇报告的题目是《灵长类动物暴露于梭曼中的平衡能力：每日接受低剂量梭曼的影响》。梭曼 ❶ 是一种神经毒剂，在第一次世界大战中，有国家曾经使用过这种化学毒气，使参战士兵遭受极大的痛苦；幸而此

---

❶ 梭曼（soman）化学名为甲氟膦酸特己酯，中毒症状与沙林毒气相似。

后的战争中已极少再使用这种毒气。报告开头引用这个研究小组先前的几篇报告，其中包括"严重暴露于梭曼毒气之中"对灵长类动物平台操纵能力影响的研究。可是，该项特别研究是观察连续数日给予动物低剂量梭曼后对动物的影响。实验用的那些猴子此前"至少每周"已在操作平台被实验两年以上，而且在进行实验的6周前对其使用过多种药物和低剂量的梭曼毒气。

实验者计算出能够降低猴子操纵平台能力的梭曼的剂量。为了计算出剂量，猴子在不能把平台维持在水平位置上时，一直要遭受电击。虽然该实验主要研究神经毒气对猴子平衡能力的影响，但从中也可了解毒气的其他作用：

> 受试的猴子在最后一次暴露后，完全失去了平衡能力，出现神经症状，包括明显的共济失调、衰弱和意向性震颤❶等，这些症状会持续数日，在此期间动物将失去操作平台的能力。[3]

巴恩斯博士曾在美国空军航空航天医学院担任首席研究员。他估计，在他负责这一实验项目的几年里，大约用了1 000只经过训练的猴子进行实验。后来他写道：

> 多年来，我一直在怀疑这些实验资料会有何用。虽然我曾经试

---

❶ 意向性震颤，指出现于随意运动时的震颤，其特点是在有目的的运动中或将要达到目标时最为明显，并且只在人进行肢体运动时才出现。

图弄清我们发表的研究报告的目的和意义，但现在承认，是我热心接受了上级的保证，即相信我们真正是在为美国空军效力，也是为保卫自由世界做贡献。我把这些保证当作障眼物，使我无视自己所见到的现实真相，尽管我时而感到这个障眼物并不舒服，但它保护我免于遭受失去职位和收入的危险……

后来有一天，这个障眼物终于掉下来了，我感到与美国空军航空航天医学院的负责人德哈特博士存在十分严重的分歧。我极力主张，如果发生核战争，军事指挥官根本不可能根据这些用猴子进行实验得到的数据构成的图表来估计毒气可能具有的战斗力或利用毒气再次进行进攻的能力。但是，德哈特博士坚称这些资料极有价值，并说："他们不知道这些资料是根据动物实验做出来的。"[4]

最后，巴恩斯博士辞去了研究职务，并且成为动物实验的坚决反对者。但是，这项灵长类动物实验照旧进行。

《X计划》揭开了军方进行这类实验的面纱。上面我们对这项实验做了大致的描述，可是要把用猴子进行的平台实验和盘托出，包括用各种形式的辐射和化学毒气在不同剂量下进行的实验，则需要很大的篇幅。现在我们只需了解，这是军方大量动物实验的很小一部分。只是最近几年，人们才开始关注这类实验。

1973年7月，美国威斯康星州众议员莱斯·阿斯平，从一份不起眼的报纸上的一则广告中得知，空军计划购买200只割掉了声带以防吠叫的幼龄比格犬来做毒气实验。不久，他又得知美国陆军也打算用400只比格犬做同样的实验。

　　在反对活体动物实验社团的支持下，阿斯平发动了强有力的抗议行动。全国各大报纸上都刊登了反对的广告，愤怒群众的抗议信件像雪片一样纷至沓来，众议院军事委员会的一位助理说，自从杜鲁门总统把麦克阿瑟将军解职以来，其他任何事件所收到的抗议信件都没有这么多。由阿斯平发布的一份国防部内部备忘录则说，国防部收到的抗议信件数量比过去任何单一的事件都多，超过了轰炸越南北方和柬埔寨时的信件数量。[5]开始，国防部还为实验进行辩护，不久便宣布实验暂停，并寻求用别的实验动物来代替比格犬。

　　所有这一切形成了一个奇特的事件，之所以奇特是因为大众被这个动物实验所激怒，这也表明他们对军方、研究机构、大学和各种商业公司所进行的种种规范性实验的性质十分无知。确实，空军和陆军提交的动物实验的设计会使许多动物痛苦，甚至导致它们死亡，而且又不能肯定这些实验会挽救哪怕是一个人的生命，或者对人有什么好处。但是，单是美国每年进行的数以百万计的动物实验，可以说结果也是一样。这个事件之所以会引起广泛的关注，或许是因为实验用的是比格犬。如果这样，为什么没有对下述新近的实验进行抗议呢？

　　在设于马里兰州弗雷德里克市迪特里克堡的美国陆军医学生物工程研究与开发实验室的主导下，研究人员用60只比格犬进行实验，每天喂不同剂量的三硝基甲苯（TNT）炸药胶囊，连续6个月。狗的中毒症状包括脱水、消瘦、贫血、黄疸、体温降低、尿粪颜色加深、腹泻、食欲丧失、体重下降，以及肝、肾和脾脏肿大，同时伴有运动失调。一只雌狗在第14周"被发现处于濒死状态"时被处死，另一只在第16周死亡。报告说，这项实验只是该实验室所做的 TNT 对哺乳动物的影响研究的"一部分"。由于实验给予的最低剂量已造成了狗的损伤，所以这项实验未能确定不引起动物损伤的 TNT 剂量。因此，报告的结论是：TNT 对比格犬的影响或许值得进一步研究……

无论如何，我们只关心狗是错误的。人们特别关心狗是因为很多人都有与狗为伴的经历，但其他动物也与狗一样会感知痛苦。很少有人同情实验室的老鼠，其实老鼠也是聪明的动物。毫无疑问，老鼠能感知痛苦，人类常用老鼠做实验使它们遭受无法估量的痛苦。如果军方停止用狗，而改用大鼠做实验，我们的关心也不应当因此减少。

有些最为残酷的动物实验，是在美国军事放射生物学研究所完成的。这个研究所设在马里兰州的贝塞斯达，研究人员不用灵长类动物平台，而是直接把猴子绑在椅子上进行照射，或者先训练猴子操纵压杆，在被放射线照射后观察这种放射线对动物操作能力的影响。研究人员还训练猴子在"活动轮"（一种圆筒状脚踏车）上奔跑，时速必须保持在1英里❶以上，否则就会遭受电击。

在这个研究所的行为科学部，弗朗兹用灵长类动物活动轮进行一

---

❶ 1英里相当于1.609千米。

项有关放射线照射实验，39只猴子每天接受训练两小时，共花了9周时间，直至它们能够在活动轮上连续6小时处于"工作"和"休息"交替进行的状态。然后，猴子接受不同剂量的放射线照射，遭受大剂量照射的猴子呕吐达7次；再把它们放到活动轮中，测试照射对它们"工作"能力的影响。在此期间，只要猴子一分钟不转动轮子，则"电击强度就会增至10毫安"。（即使按照美国非常过分的动物实验标准，这也是极强的电击，必定会给猴子造成严重的痛苦。）有些猴子在活动轮中不断地呕吐。弗朗兹报告了各种剂量的放射线对猴子工作能力的影响，报告同时指出，被照射的猴子将在一天半到五天内死亡。[7]

　　我不愿意专用整个一章来评述美国军方所进行的动物实验，所以下面的内容将转到非军方的实验上来。不过，在涉及其他相关的话题时，还会提到一两个军方实验的例子。同时，我希望美国的纳税人，不管他们认为美国的军事预算应该是多少，都应当问问自己：难道这就是我希望军方用我所交的税金做的事情吗？

最为残酷的动物实验

当然，我们不应当根据我在上面所叙述的实验来判断所有的动物实验。有人可能会想，由于军方所关注的是战争、死亡和损伤，所以对痛苦变得铁石心肠，而真正的科学研究肯定会大不相同。那就让我们来看一看吧！在我们开始审查非军事性科学研究时，我将先让哈里·哈洛教授说说他自己的研究。哈洛教授任职于美国威斯康星州麦迪逊的灵长类动物研究中心，他在世时曾担任一本重要的心理学杂志的主编好多年，一直受到心理学界同行的高度尊敬。他的论文受到推崇，被好几本基础心理学教科书所引用，在过去20多年里，众多修心理学入门课程的学生都读过这些教科书。在他死后，他所开创的研究仍由他的同事和以前的学生继续进行。

哈洛在1965年发表的一篇论文中，对自己的研究描述如下：

> 在过去10年间，我们把刚出生的猴子关进空荡荡的钢丝笼，来研究部分社会隔离对动物的影响……这些猴子被剥夺母爱而遭受的痛苦……最近，我们又开始做完全与社会隔离的项目的系列研究，即把出生后数小时、3个月、6个月或12个月的幼猴，关进不锈钢制的密闭小室内。在此期间，关在密室里的小猴子与任何人或其他非人类动物都没有接触。

哈洛接着说，这些研究发现：

> 十分严重而持久的早期隔离降低了猴子的社会性、情感能力，而实验动物的主要社会性反应是恐惧。[8]

在另一篇文章中，哈洛以及他以前的学生和助手索米说，他们试图用一种技术来使幼猴产生病态心理，可是这种技术似乎不行。这时，恰好有一位英国的精神病学家鲍比❶来访。按照哈洛的记述，鲍比听了他们实验受挫的经历以后，参观了威斯康星的实验室。他看了被单独关在空荡荡的钢丝笼里的猴子以后说："为什么你们还要想方设法制造有病态心理的猴子呢？你们实验室里的这种猴子已经比全世界的都多了！"[9]

值得一提的是，鲍比是母爱剥夺后果的主要研究者，不过他的研究对象是儿童，他主要是观察战争孤儿以及难民和收容机构的儿童。早在1951年，哈洛开始用灵长类动物进行研究之前，鲍比就得出了如下结论：

> 证据已经被审阅过了。现有证据显示，幼儿长期未能得到母亲抚养，对其性格和整个未来的生活可能产生严重而深远的影响，这一普遍看法已无可置疑。[10]

然而，这一结论未能阻止哈洛及其同事用猴子来设计和进行实验。在讲述鲍比造访的这篇文章中，哈洛和索米还讲述了他们使幼猴患

---

❶ 约翰·鲍比（John Bowlby, 1907—1990），英国发展心理学家和精神病学家，提出了依恋理论。

上抑郁症的"绝妙创意"：使幼猴依恋作为代理母亲的布猴子，而这位"布妈妈"却可以变成怪物。

　　第一个怪物能在设定时间或在操纵下喷射出高压压缩空气，会使幼猴皮开肉绽。幼猴会产生什么反应呢？它只是把"布妈妈"抱得越来越紧，因为一个受惊吓的幼儿总是不顾一切地紧紧抱住母亲的。我们没有得到什么病态心理学的结果。

　　可是，我们没有放弃。我们另造了一个怪物替代母亲。它能猛烈地摇晃幼猴，使幼猴的头和牙齿格格作响；可是幼猴仍然把这个"布妈妈"抱得越来越紧。第三个怪物"布妈妈"内部装有金属弹簧装置，能把幼猴从肚皮上弹出去；接着幼猴从地板上爬起来，等待弹簧缩回去，再次回到"布妈妈"的怀抱。最后，我们造了一只豪猪样的"布妈妈"。在指令下，"布妈妈"的整个腹壁能弹射出许多铜制的尖锐利刺来；虽然幼猴会因遭受利刺的冲击而感到疼痛，可是它们还是等待，等利刺缩回后，又回过来拥抱"布妈妈"。

实验者评论道：这些结果丝毫也不令人感到奇怪，因为受伤的孩子只能缠住妈妈求助。

最后，哈洛和索米放弃了人造的怪物妈妈，因为他们觉得一个真实的怪物妈妈更好。为了制造这样的猴妈妈，他们先把雌猴放在隔离环境下喂养，然后使它们怀孕。可惜这种雌猴不和雄猴发生正常的交配，因此，哈洛便设计出一种"强奸架"，迫使雌猴受孕。他们发现，小猴子出生后，有些猴妈妈根本不照顾幼猴，听到幼猴哭泣也不去拥抱和喂奶，与正常的猴妈妈很不一样。此外，他们还观察到一些其他非正常的行为模式：

> 其他猴子还形成了粗暴和嗜杀的性格，其中有一种恶癖是咬碎幼猴的脑壳。但真正的病态行为模式是把幼猴的脸猛摔到地板上，然后来回摩擦。[11]

1972年哈洛和索米的一篇文章中说，由于人类抑郁症的特征主要表现为"一种似沉入绝望之井的无助和无望"的状态，所以他们"根据直觉"设计出一种"绝望之井"的装置，使深陷其中的动物身心俱疲感到绝望。这种装置是用不锈钢做成的一个垂直的小室，上窄下宽，底部呈圆形，把一只幼猴关在里面达45天。他们发现，幼猴被关禁闭几天以后，"大部分时间都蜷缩在角落里"。这种禁闭导致了"严重而持久的抑郁性病态心理行为"，即使在放出来9个月以后，幼猴还老是抱着胳膊呆呆地坐着，而不像正常的猴子那样不停地走动，打量周围环境。但是，这篇报告仍然以不确定的结论和不祥的预兆结束：

> 至于（这项研究结果）是否受小实验室的形状、大小、监禁持续时间和猴子监禁时的年龄等单一因素的影响或综合因素，以及其他因素影响，仍然是需要进一步研究的课题。[12]

另一篇论文说明，除了"绝望之井"以外，哈洛及其同事还发明了一种通过"恐怖隧道"来惊吓猴子的方法。[13] 还有另一篇报告,哈洛描述他怎样"在恒河猴中诱发心理死亡":他们给恒河猴一些用毛巾布裹着的"代理妈妈",这些"妈妈"正常的体温会保持在36.9℃,但它们的体温可以被急剧冷却到17℃,以此带来一种被母亲抛弃后体温降低的感受。[14]

现在哈洛已经去世,但他的学生和追随者散布在美国各地,继续着同样的实验。加州大学戴维斯分校的加州灵长类动物研究中心的约翰·卡皮塔尼奥,在哈洛的学生梅森的指导下进行母爱剥夺的研究。卡皮塔尼奥比较了由狗"抚养"的恒河猴和由塑料玩具马"抚养"的恒河猴的社会行为,其结论是:虽然两组猴子的社交能力都明显异常,但与狗养在一起的恒河猴的适应能力,比只与塑料玩具在一起的恒河猴的适应能力要好得多。[15]

萨基特在离开威斯康星以后,去华盛顿大学的灵长类动物中心继续做母爱剥夺的研究。萨基特将恒河猴、豚尾猴和食蟹猴在完全被隔离的条件下喂养,以研究不同种的猴子在个体行为、社会行为和探究行为上的差异。他发现不同种的猴子之间存在差别,因而"对不同种灵长类动物的'隔离综合征'是否存在提出质疑"。如果连种间关系如此密切的猴子❶都有不同,那么将猴子的实验结果外推于人类,就更加令人怀疑了。[16]

科罗拉多大学的研究人员赖特用帽猴和豚尾猴做剥夺实验。他知道

---

❶ 同为猕猴属。

在珍妮·古道尔对野生黑猩猩孤儿的观察中，有"严重的行为失常，并伴有悲伤和抑郁性情感"的记载。然而赖特认为，由于"与猴子研究相比，大型类人猿隔离实验的论文较少"，所以他和其他研究者决定用7只黑猩猩幼崽进行研究。这些黑猩猩出生后便与母亲分离，被放在一个人工育婴环境下喂养；7至10个月后，把其中一些分别置于小密室内隔离5天，幼猩猩出现尖声哭叫、剧烈摇摆和撞墙等行为。赖特的结论是，"幼小的黑猩猩在隔离作用下可以出现明显的行为改变"。但文章又说，那是你可以猜得到的："仍需更多的研究。[17]"

自30多年前哈洛开始进行母爱剥夺实验以来，美国已经做过250多项这类的实验，用了7 000只以上的动物，这些动物因被剥夺母爱导致痛苦、绝望、焦虑、全面的心理创伤甚至死亡。从前面的一些引文中可以看出，这方面的研究正在"自行发展"。赖特等人之所以用黑猩猩做实验，只是因为与猴子的实验相比，用大型类人猿做的较少，显然他们觉得毫无必要再说为什么要用动物做母爱剥夺实验这个基本的问题，甚至他们也不必声称实验有益于人类，以证明这些实验是应该做的。而那些对野外的黑猩猩孤儿所做的大量观察，他们似乎根本没有兴趣。他们的态度非常简单明白，那就是，用这种动物做过实验了，但那种动物还没有做过，那就让我们用那种动物来试试吧！在整个心理学和行为学界不断地重复着这种态度。最令人吃惊的是，所有这类研究都是使用纳税人的钱！单单母爱剥夺实验就花掉了5 800多万美元。[18]在这方面，而且还不止这个方面，民用和军用的动物实验并没有什么不同。

动物实验是物种歧视的结果

现在，全世界都在用非人类动物进行实验的做法，是物种歧视的结果。许多实验引起动物极大的痛苦，却看不出能给人类或任何其他动物带来什么利益。这类实验并非孤立的个例，而是一个庞大产业的一部分。在英国，要求实验者报告在动物身上进行的"科学实验"的数字，政府的正式资料显示，1988年有350万个"科学步骤（试验）"是在动物身上进行的。[19]美国缺乏类似的准确数字。根据《动物福利法》，美国农业部长发布了一份报告，列出该注册机构所使用的动物数量。但从许多方面看，这个数字都是不准确的，它不包括实验用的大鼠、小鼠、鸟类、蛙、爬行动物和农场家畜，不含中学用的实验动物，以及无须跨州运输动物，就可以进行实验的动物。由联邦政府提供经费和合同项目所用的实验动物也不算在内。

1986年，美国国会技术评估办公室发布了一份《研究、试验与教学使用的动物替代品》的报告。该办公室的研究人员试图确定美国用于实验的动物数量，报告说：美国每年用的动物数量，估计在1 000万只至1亿只之间。报告的结论是，虽然这个估计数字不可靠，但最近似的估测是"至少在1 700万只至2 200万只之间"。[20]

这是一个极端保守的估计数字。1966年，实验动物繁育协会在国会作证时估计，1965年美国用于实验的小鼠、大鼠、豚鼠（或称荷兰猪）、地鼠和家兔共计约6 000万只。[21] 1984年，塔夫茨大学兽医学院罗恩博士估计，美国每年用于实验的动物大约有7 100万只。1985年，罗恩分别对动物的出生量、被人们购买的动物和实际被使用的动物数量进行估算，认为每年实际使用的实验动物为2 500万至3 500万只[22]（这个数字还不包括在运输过程中死亡或实验前就被淘汰的动物）。查尔斯河繁育场是供应实验动物的主要公司，我们通过对其股市信息分析发现，仅此一家生产的实验动物每年就达2 200万只。[23]

据美国农业部发布的1988年报告显示：实验用狗140 471只，猫42 271只，灵长类动物51 641只，豚鼠431 457只，地鼠331 945只，家兔459 254只和"野生动物"178 249只，总共为1 635 288只动物。请记住，这份报告还不屑于把大鼠和小鼠计算在内，而且估计这些数字充其量只是实际使用动物数的10%。在这份农业部的报告中，这160多万只接受实验的动物里，遭受"无法缓解的疼痛和痛苦"的动物在9万只以上。而这个数字至多也就是真正遭受这类严重疼痛和痛苦的动物的10%；加之如果实验人员对引起大鼠和小鼠的无法缓解的痛苦不如对狗、猫和灵长类动物的痛苦那样留意的话，这个比例可能就更容易被低估了。

其他发达国家也都使用过大量的实验动物。例如，在日本，1988年发表的一份很不完全的调查显示，人工养殖的实验动物数量已超过800万只。[24]

动物实验的规模很大，通过这一视角就能清楚地看懂这类产品的生产和营销方法。这些"产品"当然就是动物本身。我们已经知道查尔斯河繁育场生产了多少动物。在《实验室动物》这类杂志上，给动物做广告，仿佛它们就像汽车似的。在一幅两只豚鼠的照片（一只正常，另一只是完全无毛的裸豚鼠）下面，广告语是：

> 说到豚鼠，您现在可以有选择了。您可以选有毛发的标准型，也可以试试我们1988年推出的全裸无毛型新品种，后者时效性更佳。
>
> 我们的去胸腺全裸豚鼠是多年精心育种的产品，可用于生发剂的皮肤病学研究，以及皮肤过敏、皮肤（药物）治疗和紫外线照射实验，等等。

在1985年6月号的《内分泌学》杂志上，一则查尔斯河繁育场的广告问道：

> "您想了解我们的手术吗？"
>
> 说到手术，医生要什么，我们做什么。例如：垂体切除、肾上腺切除、去势❶、胸腺切除和甲状腺切除等。我们每个月都为大鼠、小鼠或地鼠做数以千计的内分泌腺切除手术；另外还根据要求做特别的外科手术，如脾脏切除、肾脏切除和盲肠切除等。要订购专门研究所特别需要的，经过手术改造的各种实验动物，请随时来电（电话号码略）。我们随时为您服务。

---

❶ 去势也称阉割，是指切除生殖器官——睾丸或卵巢，使动物丧失生殖功能的方法。对于农场动物来说，去势的目的是为了便于圈养和育肥。

除了动物以外，动物实验还创造了专用设备的市场。英国出版的最为重要的科学期刊《自然》的《市场新产品》栏目，最近发布了一种新的研究工具：

哥伦布仪器公司最近推出的动物研究工具，是一种密闭式的动物脚踏车，可在动物运动时收集其耗氧量的资料。这种脚踏车有多个互相隔离的跑道，分别附带有独立的电击器，可以供4只老鼠同时进行实验……这个价值9 737英镑的基本系统，包括一个带式速度控制器和一个可调控电压的电击器。全自动系统的售价为13 487英镑，可以进行连续跑动的实验，每次休息的间隔时间能被预先设定；踏上栅栏的次数，用于奔跑以及在电极栅栏上所花的时间均可得到自动监控。[25]

哥伦布仪器公司还发明了其他几种巧妙的仪器。在《实验室动物》杂志上，该公司做了如下广告：

哥伦布仪器公司的痉挛测量仪能够客观定量地测量动物的痉挛状况。一个装有电池的精密感应器可以把痉挛的力量按比例转换为电信号……使用者必须观察动物的行为，当痉挛发生时，按下开关按钮，启动计数器。实验结束后即可获得痉挛的总力度和痉挛的全部时间。

哈佛生物科学公司出版了一本《鼠类目录大全》，长达140页，展示小动物实验的设备，使用的都是逗人的广告语。例如，在介绍一种透明塑料制作的家兔固定器时说："唯一能扭动的只有鼻子！"但是，书中有时对一些有争议的问题还是表现出了一点敏感，如在描述携带式鼠笼时提示："用这个不显眼的笼子，携带您喜爱的动物，不会引起人们的注意。"除了刊登有笼子、电极、手术器械和注射器等广告以外，还有以下各种广告：大鼠固定筒、哈佛旋转拴链、放射线防护袖、植入式遥测设备、酒精研究用的大鼠和小鼠的液体饲料，以及小动物和大动物的断头机，甚至还有一种老鼠乳化器，能把"小动物的尸体迅速打碎成浆"[26]。

如果没有可观的销路，厂商是不会研制这些器材并花钱做广告的。既然卖得掉，当然就有人使用。

在千百万次的动物实验中，可能只有极少数被认为对重要的医学研究做出了贡献。大学院系如林学系和心理学系的研究，使用了大量的动物❶，商业上用于化妆品、洗发液、食用色素和其他非必需用品毒性测试的动物则更多。这些事情之所以发生，是由于我们怀有偏见，不能严肃地对待这些非人类动物的痛苦。一般情况下，为动物实验进行辩护的人并不否认动物的痛苦。他们不可能否认动物的痛苦，因为他们声称自己的实验目的是为了人类，需要强调人类与其他动物的相似性。实验人员

---

❶ 根据译者所知以及本书所举的实例来看，在大学里，生物系或生命科学系、医学院以及动物医学院进行的动物实验最多，林学系似乎较少。为此译者致函询问了辛格教授。他回答说："这并不表示林学系比其他系实验用的动物多，而是说林学系在实验中也需要用大量的动物。美国的林学系可能会使用动物来进行动物对树木生长影响的实验，或者是进行有关砍掉森林对动物的危害性的实验。可是，如果你愿意把这个句子改成像'例如生物系和心理学系'，也行。"

强迫老鼠在饥饿与电击之间做出选择，以观察它们是否发生溃疡（它们会的），正是因为老鼠的神经系统与人类非常相似，对电击的感知自然也是一样。

反对动物实验的呼声已经持续很久了，却没有取得什么进展，因为研究人员得到从实验动物和器材设备生产销售中获利的商业集团的支持，他们使议员和大众相信，反对动物实验的人是无知的狂热分子，把动物的利益看得比人的利益更重要。但是，我们现在反对动物实验并不是要呼吁立即停止所有的实验，我们的要求只是，应当立即停止目的不明确和非急需的动物实验，其余的研究领域应当尽可能用不需要动物的替代方法进行实验。

这个丝毫也不过分的要求为什么如此重要，只要了解现在人们正在做哪些动物实验，近一个世纪以来做过哪些动物实验，便会明白了。然后，我们才能对动物实验辩护人声称的现今人类所做的动物实验都有重要目的的说法加以评判。因此，下面我就来介绍一些动物实验。阅读这些实验报告不是一种愉快的体验，但我们有义务让大家知道我们人类社会在做些什么，尤其是绝大部分研究都是花我们纳税人的钱做的。如果真的必须用动物做这些实验，那我们起码应该去读一读这些报告，使我们知情。这是我不打算淡化或掩盖某些动物实验实际情况的原因。同时，我也不愿对此加以夸大，只是实说。下面的报告都是从实验研究者自己撰写的文章中摘取的，他们把文章发表在科学期刊上，以便与同行交流。

这些报告的说法与局外人的观察报告相比，对做动物实验的人必然有利得多。其原因有两个：一是实验人员不会强调他们对动物造成的痛苦，除非是交流实验结果所必需的，但这种情况十分罕见。因此，大部分动物的痛苦没有被报告出来。实验研究人员或许认为没有必要在报告中记载这些情况，如电击仪器应该被关掉而未关时动物会怎样，在手术中麻醉不当以致动物清醒过来会怎样，或者无人照看的动物在周末患病乃至死亡又会怎样。二是科学期刊是一种有利于研究者的资料源，它只刊登研究人员和刊物编辑认为有意义的实验结果。英国政府的一个委员会发现，在所有动物实验中，只有其中四分之一的实验报告有渠道被发表。[27]没有理由相信，这些报告在美国的发表比例更高。其实，在美国，规模较小、研究人员水平较低的大学或学院所占的比例比英国高，美国的动物实验研究得出有意义结果的比例可能更低。

因此，在阅读下面几页时，请记住，这些都取自有利于实验人员的文章。如果这些实验结果的重要性似乎不足以为他们造成的动物痛苦进行合理的辩护时，请记住这些例子还只是编辑从大量的实验报告中挑选出来，被认为是有意义且值得发表的很小一部分。杂志上发表的报告都署有实验者的姓名，一般我都保留着这些名字，因为我认为没有理由匿名来保护这些做实验的人。可是，我们不应当把这些人看成是特别邪恶或残忍的人，他们只是在做他们所受的教育令他们去做，而且还有大量同行在做的事情。拿这些实验列举也不是为了说明这些实验人员是虐待狂，而是为了显示制度化的物种歧视，这种意识使得实验人员去做这种事情，而无须认真考虑用于实验的动物的权利。

心理学领域的痛苦实验

很多最令动物痛苦的实验是在心理学研究领域中进行的。为了使你对心理学实验室所进行的动物实验的数量有个概念，只需知道单是1986年美国国家精神卫生研究所就资助了350项动物实验。这个研究所只是联邦政府心理学实验研究的资助来源之一，其中直接作用于大脑的实验在1 100万美元以上，有关药物或毒品对行为的影响的研究资助达到500万美元以上，有关学习和记忆的实验资助近300万美元，与睡眠剥夺、应激反应❶、与恐惧和焦虑有关的实验资助超过200万美元。这一政府机构一年花在动物实验上的经费在3 000万美元以上。[28]

心理学最常用的实验方法是对动物进行电击。其目的可能是研究动物对各种惩罚的反应，或者为了训练动物执行不同的任务。在本书的第一版中，我曾描述实验人员在20世纪60年代末和70年代初对动物进行的电击实验。下面是这个时期电击实验的一个例子。

在匹兹堡退伍军人医院心理学研究室，研究人员雷与巴雷特用1 042只小鼠做实验，先对它们的脚进行电击，然后将杯状电极置于小鼠的眼部，或用电极夹住小鼠的耳朵，通过强烈的电流引起小鼠痉挛。他们的报告说，可惜的是，有些小鼠"成功地完成了第一天的训练，但在第二

---

❶ 应激反应（stress）指人或动物机体受到外界不良因素刺激后，因不能适应所产生的一种具有特异性模式的病理性反应。

天开始实验之前就生病或死亡了"。[29]

在近20年以后，当我撰写本书第二版时，实验者仍在凭空想象如何在实验的细节上花样翻新，继续进行这种动物实验。加州大学圣迭戈分校的希勒克斯与丹尼，把大鼠放在一个迷宫里，在它做出一次错误选择之后，下一次如果它在三秒钟内未选对路径即遭电击。他们认为："结果使人明显地回忆起早期进行的有关大鼠的固恋和回归的研究工作，这个实验的特点是动物会在选择点之前的 T 型迷宫干道上遭到电击……"（换句话说，在这个新的特别实验中，大鼠只不过是在必须做出选择的那一点上遭受电击，而非在那一点之前。两个实验没有显著差别。）接着，研究者引用了1933年、1935年和截至1985年前其他一些年份的研究结果。[30]

下一个实验的目的，只是试图证明已知的发生于人身上的现象也会在小鼠中出现。在加州大学圣迭戈分校的斯帕尼斯与斯夸尔的一项实验中，人们采用两种不同的电击方法，研究"电休克"怎样影响小鼠的记忆力。实验用一个分隔成两个明暗不同的小间的实验箱，把小鼠放进明亮的小隔间，如果它去另一侧的黑暗小间时，脚就会遭受电击。在经过"训练"后，小鼠接受"电休克处理……每隔1小时被电击1次，共4次……（而且）每次都发生痉挛"。结果，电休克打击引起了它的逆行性遗忘 ❶，且持续了28天或以上。斯帕尼斯与斯夸尔的结论是，由于小

---

❶ 逆行性遗忘指对（如电休克）之前一段时间内发生的事情的遗忘。

鼠忘记自己应当避免走向黑暗的一侧，因而遭受电击。他们注意到，这个结果与斯夸尔先前根据精神病人所做的临床观察"一致"。他们承认由于"各实验组的分数存在很大变异性"，这项实验结果不能"有力地支持或否定"关于记忆丧失的看法。不过，他们声称"这些发现进一步说明动物的实验性遗忘和人的遗忘相似"。[31]

　　一项类似的实验，是由设在特拉华州威明顿的帝国化学工业公司美国分公司的研究人员帕特尔与米格勒进行的。他们训练松鼠猴用压杆的方式获取食物，然后给松鼠猴的颈部戴上金属环，使它们每得到一粒食物就遭受一次电击；只有当它们学会等待三个小时，然后再压杆取食，才能免于电击。用这种方式训练松鼠猴，每天6个小时，花了8周时间才使动物学会避免电击。这个实验被认为是制造一个"冲突"情境，然后再喂猴子各种试验的药物，观察用药是否会使动物遭受更多的电击。作者说，他们已经能用大鼠做此项实验，大鼠实验"有助于发现潜在的抗焦虑药物"。[32]

　　有关条件反射的实验已经进行85年以上了。1982年，保护动物联合行动会纽约分部编纂的一份报告说，有关使用动物进行的"经典条件反射实验"已经有1 425篇论文。讽刺的是，威斯康星大学的一个研究组发表的一篇论文无情地揭露，这些实验论文大多是徒劳无益的。迈尼卡及其同事用140只大鼠研究可逃避的电击和不可逃避的电击给动物造成的恐惧程度，比较两种电击的作用。进行此项实验的理由是：

近15年来，为了了解暴露于可控制的与不可控制的招致逃避的刺激所导致的行为和生理效应的差异，人们进行了大量的研究。一般的结论是，机体遭遇不可控的招致逃避的事件所造成的应激，要比可控制的同样事件大得多。

实验给大鼠各种不同强度的电击，有时允许它们逃避，有时则不允许它们逃避，可是研究者们不能确定如何正确地解释实验结果。不过他们说，他们相信这些结果是重要的，因为"这些结果对过去15年左右的时间里人类进行的数百次实验的结论的可靠性提出了一些质疑"。[33]

换句话说，15年里所进行的动物电击实验，可能还没有得出可靠的结果。但是，在稀奇古怪的心理学动物实验领域里，这种不可靠的结果，正是他们对其他动物进行更多不可逃避的电击，以期最终能够得到"可靠的"结果的理由。请记住，这些"可靠的结果"，仍然只适用于那些被困在笼子里遭受不可逃避的电击的动物。

另一种所谓"习得性无助"的实验，同样也是徒劳无益的悲惨故事。据说这个实验可以作为人的抑郁症的动物模型。1953年，哈佛大学的研究人员所罗门、卡明与温等，把40只狗放进一个叫作"穿梭箱"的装置里，中间被挡板分成两个隔间，一开始挡板只有狗的背高。通过隔间内铺在箱底的电极网栅对狗的脚频频发出强烈电击，如果狗学会跳到另一隔间，起初还能逃避电击；后来为了"阻拦"狗向另一侧跳跃，在另一隔间的箱底也安置电极网栅，迫使狗在挡板上面两个隔间里来回跳跃100次。他们说，当这狗在跳起时，"狗因预期而发出惊恐的尖叫，当它落到另一边的箱底重遭电击时，就会发出痛苦的惨叫"。接着，实验者用玻璃板完全挡住中间的通路，再对狗进行实验。狗"向另一侧跳跃时，头就会撞上玻璃"。于是，狗开始出现"大小便失禁、尖声惨叫、发抖、撕咬器材"等，但经过10天或12天后，由于无法逃避电击，这些狗便不再反抗。报告说它们会对此电击"印象深刻"，而结论是，"玻璃屏障"和"电击"被同时应用时，对消除狗的跳跃逃避"非常有效"。[34]

这个研究表明，反复遭受不可逃避的强烈电击，会造成动物的无助和绝望状态。20世纪60年代，这种"习得性无助"研究得以进一步展开。一位著名的实验者是宾夕法尼亚大学的塞利格曼。他把狗放在笼子里，笼底是钢铁电极网栅，通过强烈而持续的电击使狗不再企图逃避，"学会了"处于无助状态。他和同事梅尔与吉尔在一篇论文中写道：

> 当一只正常而单纯的狗，在穿梭箱中接受逃离/避开的训练时，出现以下典型的行为：起初遭电击时，狗来回奔跑、大小便失禁和吠叫，直至越过障碍逃避了电击。下一次试验时，狗又奔跑吠叫，较快地越过障碍等，直至很快避免电击。

塞利格曼又变换了方式，改将狗拴住，使它们遭受电击时无法逃避。当这些狗再次被放回到可以逃脱电击的穿梭箱时，他发现：

　　这种狗在穿梭箱里最初对电击的反应与未受过任何训练的单纯的狗一样，但与后者明显不同的是它很快就停止奔跑，安静不动，直到电击结束。狗没有越过障碍逃避电击，而是"投降"了，被动"接受"电击。在其后连续多次的实验中，狗仍旧没有逃避动作，而是在每次试验中忍受50秒的强烈脉冲电击……一只原先遭受过不可逃避的电击的狗……或许会在遭受到无限量的电击后一点没有逃脱或避开的意图。[35]

20世纪80年代，心理学家们仍然继续做这种"习得性无助"的实验。在费城的天普大学，伯什等人进行一项电击实验，首先训练大鼠去识别警灯，预警5秒钟内会有电击。大鼠一旦懂得了警灯的含意，就可以进入安全隔间避开电击。在大鼠学会如何采取逃避行为以后，实验人员便把安全隔间的通道挡住，使大鼠无法逃避长时间的电击。可以预料的是，他们发现，即使后来可以逃避，大鼠也不能很快地重新学会逃避。[36]

　　伯什及其同事又用372只大鼠做逃避电击的实验，试图确定巴甫洛夫条件反射❶和习得性无助之间的关系。他们的研究报告说："这些结果对习得性无助学说的意义并不完全清楚"，而且"仍然存在很多问题"。[37]

　　美国田纳西大学马丁分校的布朗、史密斯与彼得斯，可能为了检验

---

❶ 巴甫洛夫（Иван П. Павлов, 1849—1936），苏联生理学家，应用条件反射方法研究动物消化生理学，获1904年诺贝尔生理学或医学奖。

塞利格曼的理论在水里是否适用，费很大力气特别设计出一种用金鱼做实验的穿梭箱。他们用了45条金鱼，每条金鱼接受65次电击试验，结论是"这项研究所得到的数据，无法给塞利格曼关于无助的习得性假说提供多少支持"。[38]

这些使许多动物遭受剧烈而持久痛苦的实验，首先是为了证明一个学说，尔后又证明这一学说不能成立，最后又是为了支持经过修改的原来的学说。梅尔是我们前面引用的塞利格曼的论文合作者，曾经与塞利格曼和吉尔合作进行狗的习得性无助的实验，此后他以继续从事习得性无助的动物模型研究成就了其职业生涯。但在晚近的一篇评论文章中，梅尔对这种抑郁症"动物模型"的正确性却有如下的说法：

> 可以认为，在抑郁症的特征、神经生物学基础、诱因以及预防和治疗的问题上，如此进行比较是否有意义，还缺乏足够一致的认知……因此，从一般意义上说，习得性无助作为抑郁症的一种模型似乎并不可能。[39]

梅尔试图挽回令人失望的结论，声称虽然习得性无助不能作为抑郁症的模型，但可以成为"应激与应对"的模型。实际上他承认30多年的动物实验是浪费时间，而且耗费了纳税人的大量金钱，且不说实验是否造成过大量动物的严重痛苦。

在本书第一版中，我曾引述过俄亥俄州博林格林大学的巴狄亚及其两位同事在1973年发表的一项实验。在此实验中，10只大鼠每次接受长达6小时的频繁电击，而且"一直无法避免和逃脱"。在实验箱里，大鼠可以压动两支压杆之一，从而得到即将有电击的警告。实验者的结论是，大鼠宁愿选择有预警的电击。[40] 1984年，同样的实验仍在进行，因为有人说原先的实验"在方法上不完善"。这时巴狄亚与印第安纳大学的阿博特合作，把10只大鼠关在可通电的实验箱里，每次给予6小时电击。6只大鼠每隔一分钟遭受一次电击，有时会给予它们事先预警；然后提供两支压杆供它们选择，一支在电击以前有预警，另一支无预警。其余4只大鼠的实验有所不同，只是间隔不同，一个两分钟另一个4分钟遭受一次电击。实验者发现，大鼠即使遭受更多的电击，也宁愿选择有预警的电击。[41]

电击也用来让动物产生攻击性行为。艾奥瓦大学的维肯与克努森，把160只大鼠分组关在不锈钢笼子中，笼子底部可以通电进行"训练"。成对的老鼠遭受电击，直到它们学会了站立起来互相殴打或撕咬；一般训练30次，老鼠就学会了一遭到电击便立刻互相攻击。研究人员再把经过训练的大鼠放入未经训练的大鼠笼中，观察它们的行为。一天后便把大鼠全部处死，他们还会刮掉大鼠的毛检查皮肤的伤痕。研究的结论是，"实验结果对于了解电击诱发的攻击和防御行为的性质没有用处"。[42]

俄亥俄州凯尼恩学院的威廉斯与莱厄利做了一个系列的三项实验，研究控制应激对防御行为的影响。第1项实验的基本假设是不能控制的电击会增加恐惧。他们把16只大鼠放进有机玻璃做的固定筒中，对鼠的尾部进行电击，使动物无法逃避。然后，他们又把这些大鼠作为入侵

者，放进已经安栖的大鼠群中，观察双方的互动反应。第2项实验是24
只大鼠，通过训练可以控制电击。第3项实验会用32只大鼠，使它们被
置于不能逃避但可控制的电击条件下。实验者的结论是：

> 虽然这些发现和我们的理论构想都强调了电击的可控性、电击
> 终止的可预期性、条件应激暗示、恐惧和防御性行为之间的互动关
> 系，但这些复杂关系的确切性质仍需进一步的实验研究。[43]

这份报告发表于1986年，引用了1948年以后该领域早期的实验结果。

堪萨斯大学一个自称儿童研究所的单位，用各种动物进行痛苦的电
击实验。其一是给谢特兰矮种马断水，让它们口渴，再给它们可通电的
水盆；马头的两侧分置两个扬声器，声音从左侧发出时，马一饮水就会
遭受电击，右侧发声则不会产生电击，因此马就学会了在听到左侧扬声
器发声时不去喝水。然后，两侧的扬声器距离马头越来越近，直至马分
辨不清声音究竟来自哪一侧，以致无法避免电击。研究者指出，相似的
实验曾用大白鼠、更格卢鼠、林鼠、刺猬、狗、猫、猴、负鼠、海豹、
海豚和大象做过。结论是，与这些动物相比，矮种马分辨声音来源的困
难最大。[44]

很难理解这种研究对儿童有什么益处。上述研究实例确实令人不
安，这些实验除了造成动物的痛苦以外，即使按照研究者自己的说法，
所得到的结果也是微不足道、显而易见，或毫无意义的。上面的实验结
论充分显示，实验心理学家花了很大的努力，只不过是用科学术语告诉

我们早就知道的事情。其实只要我们稍微用心思考，就可以用不伤害（动物）的方式获得相同的结论，而且这些结果也许比许多没有发表的实验结果有意义得多。

上面所提到的，只不过是心理学研究中使用电击实验的几个例子。根据美国国会技术评估办公室的报告：

> 对1979年至1983年间，美国心理学会所办的通常会发表动物研究成果的期刊上的608篇论文调查显示，其中10%的研究采用了电击法。[45]

与美国心理学会无关联的许多其他期刊也发表过用电击方法进行动物实验的论文。同时，我们不要忘记，还有未能发表的动物实验研究。不过这些还只是心理学研究领域中令动物痛苦的一种实验类型。虽然我们已经提到过母爱剥夺的实验，但如果多看几种其他的心理学实验，诸如异常行为、精神分裂症动物模型、动物运动、姿势维持、认知、沟通、猎食者与猎物的关系、动机与情绪、感觉与知觉，以及剥夺睡眠、食物和饮水等，光是简略的摘要就可以编出好几本大书。我们想到的不过是每年在心理学方面成千上万个实验的一小部分，这足以说明有许许多多无益的动物实验仍在进行，这些实验除了使大量动物遭受极度痛苦以外，不会给我们提供真正重要且不可或缺的新知识。不幸的是，动物已经成为心理学家和其他实验人员手头的唯一工具。实验室或许会考虑这些"工具"的代价，但对待动物时表现出的冷漠也是显而易见的，这不仅表现在对动物所做的实验上，也表现在实验报告的用词上。举个例子，想一下哈洛与索米是怎么说起他们的"强奸架"，他们在报告这种可以使雌猴生产的"妙计"时用的是何等调侃的语气。

　　运用专业术语把实验操作的真实性质隐蔽起来，超脱就变得容易多了。心理学家在行为主义教条（只提可以观察的事实）的影响下，发展出了一大套词汇，指的是痛苦，但似乎又不是痛苦。爱丽丝·海姆是反对漫无目的进行动物实验的少数心理学家之一。她说：

　　　　"动物行为"的研究总是用科学的、看似清净的术语表述，向纯朴的、非施虐狂的年轻的心理学学子灌输，使他们心安理得地去从事这些实验。如此，"消退"技术其实是表示用饥渴或电击来折磨动物；"部分强化"一词，是指先训练动物使其具有某种期望，但只是偶尔地满足动物的这种期望，造成动物沮丧或感到受挫；"负性刺激"是指一种令动物只要有可能回避，就会立刻逃避的刺激；"回避"一词可以使用，因为这是一个观察得到的活动，但"痛苦的"或"惊恐的"刺激就不可以用，因为这些词汇已被拟人化了，意指动物有感知，或许同人的感知类似。这样的词汇是不允许使用的，因为不符合行为主义，是不科学的（而且也是因为这会吓住年纪较轻和不够老到的研究人员进行某种有创造性的实验。他可以让他的想象力有所发挥）。"动物行为"研究领域的实验心理学家，最大的违规是把动物拟人化。然而，要是他真的不相信人类和低人一等的动物相类似，那么即使是他本人也会认为自己的工作是毫无意义的。[46]

我们可以知道，海姆指出的实验报告里的那些科学术语的种类，我在上面已经引用过。请注意，即使塞利格曼不得不说他的实验使狗"放弃"逃避电击时，他也觉得需要把"放弃"二字加上引号，仿佛是说他并不认为狗有任何心智过程。然而，这种"科学方法"所得出的逻辑结论却是，在动物身上进行的实验对于人没有任何益处。似乎令人惊奇的是，有些心理学家如此关注避免拟人化，以致他们却接受了这个结论。这种观点在《新科学家》杂志发表的一篇自述中得以证明。

> 15年前，当我申请攻读一个心理学学位时，面试者是一位目光冷峻的心理学家。他详细地询问我的动机，问我心目中的心理学是什么？它的主要对象是什么？那时我十分幼稚，便回答说心理学研究心智，人是研究对象。那位面试者大声狂笑起来，顿时使我像泄了气的皮球。他说心理学家对心智不感兴趣，大鼠才是最有价值的重点研究对象，而不是人。接着，他极力劝我还是到隔壁哲学系去看看……[47]

现在或许没有多少心理学家会傲慢地说，他们的工作与人的心智或精神无关。然而，他们所做的许多大鼠实验却只能解释为，他们似乎只对老鼠的行为感兴趣，而不关心那些与人有关的知识。既然这样，我们使动物遭受那些剧烈的痛苦，理由又是什么呢？当然，肯定不是为了老鼠的福祉。

　　因此，心理学研究者面临着严重的两难困境：要么是承认动物与人类不同，果真如此就没有理由进行实验；要么就是承认动物与人类相似，但要是这种实验在我们任何人身上进行被认为是残暴的话，那就不应当对动物进行实验。

动物毒性实验

动物实验的另一个重要领域，是每年用无数的动物进行毒性实验或检测，而试验的理由常常是微不足道的。1988年，英国有588 997个科学步骤是用动物进行药物和其他材料的试验，其中281 358个试验与医学或兽医的产品无关。[48]在美国无法获得这类试验的准确数字，但是，如果美国的比例和英国相似，则美国用动物进行的试验每年至少有300万个。实际数字则恐怕是这个数字的两倍或三倍，因为美国在这方面的研究和开发非常之多，而食品药品管理局（FDA）也要求在产品上市以前做大量的试验。对可能挽救生命的药物进行动物实验，可以被认为是合理的，但化妆品、食用色素和地板蜡等产品，竟然也要做同样的动物实验。难道为了一种新牌子的口红或地板蜡上市，就该让成千上万的动物遭受痛苦吗？这类产品不是已经严重过剩了吗？除了指望从中获利的公司，谁能从这些新产品中获益呢？

事实上，即使是为开发医药产品而进行的动物实验，很可能也无助于改善我们的健康。英国卫生与社会保障部的科学家审查了1971年至1981年间在英国上市的药品，他们发现：

（新药）大都进入临床上已经过度用药的治疗领域……所治疗的疾病主要是西方富裕社会常见的慢性疾病。因此，开发新药的主要目的是为了获得商业赢利，而非治疗的需要。[49]

　　要明了推广所有这些新产品的过程，就必须了解标准的试验方法。为了确定一个物质的毒性大小，要做"急性口服毒性实验"。这种试验是20世纪20年代开展起来的，方法是强迫给动物喂待测试的物品，包括不能食用的口红和纸等。如果把这些东西放在食物里，动物常常不吃，因此实验人员就强行经口或采取插管的方法直接送进动物胃里。标准的测试是进行14天，但也有些测试会长达半年（如果动物还能活那么长时间）。在试验期间，动物常有呕吐、腹泻、瘫痪、痉挛和内出血等典型症状。

　　应用最广的急性毒性实验是测定"半数致死量"（LD50）。LD50表示一种物质能使50％的试验动物死亡的剂量。❶ 为了找出这一剂量，将动物分组给予试验物，通常在达到50％或一半动物死亡之前，它们都已经发生严重中毒或罹患疾病，十分痛苦。如果是毒性很小的物质，要找出造成一半动物死亡的剂量，就要强行喂给很大剂量的试验物，动物可能只是因为被强行喂的液体量过多或浓度太高而死。但是，将来人们要应用这种产品时，根本不可能有类似的情况或者用上这么大的剂量。由于这种试验的目标是测定半数动物的死亡，所以为了保持结果的精确，丝毫也不顾及垂死动物的痛苦。据国会技术评估办公室估计，美国每年

----

❶ 半数致死量（LD50）用于毒物、药物和放射性物质的毒性实验，受试动物通常是小鼠或大鼠。由于这种试验的用途有限，而且会造成动物的严重痛苦和死亡，在动物福利组织的反对下，英国和经合组织（OECD）已经禁止使用半数致死量测试。

用于毒理试验的动物就达"好几百万只",但并没有使用动物测定 LD50 的具体数字。[50]

化妆品及其他一些日用品是用动物的眼睛进行测试的。20世纪40年代开始使用德莱赛测试❶,或称兔子眼角膜试验。当年在美国食品药品管理局工作的德莱赛发明了这个试验,他把待测物滴在兔子的眼睛里,以测试刺激性的大小。方法是把家兔固定在一个盒样装置里,只让兔子把头伸出来,却让它们抓不到自己的眼睛。实验者把兔子的下眼睑向外拉成小"杯状",滴入测试物,如漂白剂、洗发香波或墨水,然后合上眼睛;有时测试会反复多次。每日观察兔子眼睛的肿胀、溃疡、感染和出血的情况。这种试验可持续3周。一家大型化学公司的一位研究人员对兔子最严重的反应做过如下的描述:

> 由于角膜或内眼的严重损伤,动物完全失明。动物急速紧闭眼睛,有嘶叫、抓眼、跳跃和力图逃脱的反应。[51]

当然,兔子被安放在这个固定装置里,它既抓不到眼睛又无法逃脱。有些测试物对兔子的眼睛造成了非常严重的伤害,使虹膜、瞳孔和角膜溃烂粘连成一团,致使兔眼变形。这项试验并未规定是否要给动物使用麻醉药。如果不影响试验,有时实验人员在滴入试验物时,会加点

---

❶ 德莱赛测试(Draize test)——兔子眼角膜刺激性测试,简称兔子眼角膜测试。这个测试用途有限,而且会造成家兔的严重痛苦,英国已经立法严格限制使用这种实验,包括体外的筛查测试,都应尽量采用替代方法,并禁止使用已知的腐蚀物,除非需要特别批准。

局部麻醉药，但这一点点局部麻醉药，不可能减轻灶具清洁剂滴在兔子眼睛里持续作用两周造成的极度痛苦。美国农业部的资料显示，1983年进行毒理试验的实验室共用了55 785只兔子，化学公司用了22 034只。虽然我们不知道兔子眼角膜试验所用的动物数量，但可以想象用于这项试验的动物一定很多。[52]

　　测定物品的毒性还有许多其他的动物实验方法。吸入试验是把动物关在密闭的实验箱或小室内，强迫动物吸入试验物品的喷雾、气体或蒸汽。皮肤试验是把试验物涂抹在兔子剃过毛的皮肤上，将动物固定使它们不能抓挠。试验的皮肤可能出血、起疱和剥脱。浸泡试验是把动物浸泡在贮有试验物溶液的容器里，有时在得出试验结果之前，动物已经被淹死了。最常用的则是注射法，将试验物的溶液注入动物的皮下、肌肉，或者直接注入器官。

　　以上这些是标准的动物实验步骤。下面举两个实例，看看试验是怎么做的。

　　英国的亨廷顿研究中心和巨型跨国企业——帝国化学工业公司联合进行的试验，用一种除草剂——百草枯使40只猴子中毒。中毒症状非常严重，表现为呕吐、呼吸困难、体温过低，数日后慢慢死去。其实，人们早就知道人发生百草枯中毒后会在缓慢的过程中极度痛苦地死亡。[53]

　　本章是从引述一些军事的动物实验开始的，下面再举一项军事用途的LD50测定：

　　美国陆军传染病研究所的实验人员用大鼠测定T-2的毒性。T-2是一种毒剂，按照美国国务院的说法，它作为"一种有效的恐怖武器，造成奇特而恐怖的症状，具有更多的优点"，例如"严重出血"、起疱和呕吐，以致人和动物中毒，出现"令人毛骨悚然的死相"。T-2通过7种方式测定半数致死量，包括肌肉、静脉、皮下和腹腔注射，以及经鼻腔注入和经口喂饲，还有皮肤涂抹。在给药后，大鼠一般在9～18小时内死亡，经皮肤给药的大鼠平均会在6天内死亡。大鼠死前不能活动和进食，皮肤和胃肠道黏膜会糜烂，还会产生腹泻以及烦躁不安。研究报告说，他们的发现同"早期发表的亚急性和慢性 T-2 中毒的研究报告十分一致"。[54]

如同这个例子一样，不仅人的日用消费品要做动物实验，而且化学毒气、杀虫剂以及各式各样的工业产品和家庭用品，都要进行动物实验，试验方式是将药喂给动物或者将药滴入眼里。《商业产品临床毒理学》标准手册所列的好几百个商品的毒性资料，绝大多数是通过动物实验获得的。这些产品包括杀虫剂、防冻剂、刹车油、漂白剂、圣诞树喷雾剂、教堂蜡烛、炉灶清洁剂、除臭剂、爽肤水、脱毛剂、眼部化妆品、睫毛膏、发胶、防晒油、指甲油、灭火剂、墨水、油漆和拉链润滑剂等。[55]

许多科学家和医生都批评这类动物实验，认为其结果不适用于人类。美国加利福尼亚州长滩市的医生克里斯托弗·史密斯博士说：

　　这类（动物）试验结果并不能预测人中毒的后果，或者对人中毒提供治疗指导。我身为一个有17年急诊医疗经验的执业医生，没听说过有急诊医生在处理意外中毒和接触毒物时，参照兔眼试验来处理眼损伤。我自己治疗过的意外中毒的病人也从未求助于动物实验的结果。急诊医生根据个案报告、临床经验和人体临床试验资料，决定病人的最佳治疗方案。[56]

　　毒理学家们早就知道，把一种动物实验的结论推衍到另外一种动物身上，常常是很危险的。"反应停"❶曾经给人带来严重毒副作用，并因此臭名昭著，但它在上市前曾经过大量的动物实验，甚至在怀疑此药会引起胎儿畸形以后，实验室对怀孕的狗、猫、大鼠、猴子、地鼠和母鸡进行过毒性实验，除在一个特殊品系的兔子中引起过胎儿畸形外，其余均未出现子代的畸形。[57]不久前，新药奥普仁在上市前通过了全部的常规动物实验，生产厂家——药业巨头礼来公司大肆宣传这个治疗关节炎的最新"灵药"，结果却导致3 500人出现不良反应，其中61人死亡，于是该药在英国被停止销售。据英国《新科学家》估计，受害人数可能比这个数字高得多。[58]还有一些其他药物，动物实验结果被认为是安全的，可是后来证明其对人有严重的毒副作用，如治疗心脏病的药物心得宁可引起失明，镇咳药齐培丙醇可引起惊厥和昏迷。[59]

　　同样，有些有价值的药品对动物有毒性，但对人没有，如果用动物

---

❶ 反应停，又名酞胺哌啶酮（thalidomide），1958年问世，作为镇静安眠药用于治疗妊娠反应。不久发现其会引起严重的胎儿短肢畸形或海豹肢畸形，1961年被停用。此药现用于治疗麻风病化疗引起的反应，因而称反应停。

实验就可能使人类错失良药。胰岛素可使家兔和小鼠产生胎儿畸形,但对人不会。[60]吗啡对人有明显的镇静作用,但会引起小鼠狂躁。一位毒理学家说:"如果当年用豚鼠来测定青霉素的毒性,现在人们很可能还没有用上这种抗生素。"[61]

毒性实验后的反思

在经历了几十年盲目的动物实验之后，现在已经有反思的迹象。美国科学与健康委员会主任伊丽莎白·惠兰博士指出："老鼠摄入相当于每天饮用 1 800 瓶汽水所含的糖精量（才有可能出现毒性），这和我们每天只喝汽水没有什么关系，这是无需博士头衔也能理解的。"她对环境保护署最近对早年的杀虫剂和其他环境化学物的危险性估计值下调表示欢迎，认为用动物实验的结果来外推某物是否有致癌的危险性，是根据"滥用可信度的""过分简单化的"假定。她说，这意味着"我们的法规制定者开始注意到那些拒绝相信动物实验一贯正确的科学文献"。[62]

美国医学会也承认，他们对动物实验的准确性存在疑问。美国医学会的一位代表在国会的药物试验听证会上说："动物研究似乎经常没有什么用处，作用于动物身上的结果很难与人的情况一致。"[63]

自本书第一版问世以来，幸而我们已在取消这类动物实验方面取得了很大进展。此前，绝大部分科学家并未认真考虑过我们是否可以寻找其他有效方法，来代替动物测定毒性。但是，众多动物实验反对者通过艰苦的努力说服了他们，其中最杰出的人物是亨利·斯皮拉❶。他原先是争取民权的斗士，后来他把反对兔子眼角膜试验与反对 LD50 测定结合

---

❶ 亨利·斯皮拉（Henry Spira, 1927—1998），美国著名的维护动物权利人士。

了起来。废除兔眼试验与 LD50 联合会 ❶ 成立之初就要求美国最大的化妆品公司露华浓，拿出利润的 0.1% 来研究替代兔子眼试验的方法。开始露华浓予以拒绝，接着《纽约时报》上出现了一整版的大幅广告："为了美容，露华浓搞瞎了多少兔子的眼睛？"[64] 在露华浓年度大会上，许多人穿上了兔装。于是露华浓采纳了这个意见，设立基金用于开发动物实验的替代方法。其他一些公司如雅芳和百时美也随之紧跟上来。[65] 结果，动物实验替代研究中心基金会早期在英国所做的工作，在美国以更大规模发展起来，巴尔的摩的约翰·霍普金斯大学的动物实验替代法研究中心尤为突出。由于在这方面的兴趣日益增长，几种重要的新期刊，如《体外细胞毒理学》、《细胞生物学与毒理学》、《试管毒理学》也应运而生。

　　这项工作虽然花了很长时间才取得进展，但是，对研究动物替代品的关注也日益增加，像雅芳、百时美、美孚和宝洁等公司的实验室已开始改用替代试验，所使用的动物数量大为减少。至 1988 年底，改用替代试验的速度开始加快。同年 11 月，华盛顿特区的善待动物组织（PETA）❷ 对贝纳通公司发起一场国际性运动，说服这家时装连锁店的化妆品部门不再使用动物进行试验。[66] 1988 年 12 月，制造诺赛玛护肤霜和

---

❶ 现称动物权利国际 / 废除 LD50 与兔眼试验联合会。
❷ 善待动物组织（PETA）是 1980 年创建的全球最大的保护动物权利的非政府组织，总部设在美国弗吉尼亚州诺福克市，分支分布在美、英、法、德、澳等国，成员与支持者约 300 万。在中国香港建有亚洲善待动物组织（PETA Asia）。该组织主张保护所有动物的权利，奉行"动物不是供我们饮食、穿戴、做实验、娱乐，或者任何其他滥用的"原则，倡导素食，扮演着动物权利捍卫者的形象。

封面女郎化妆品的诺赛尔公司宣布，采用筛查法进行产品的安全性测试，使用动物的数量也减少了80％～90％。后来，诺赛尔公司声明，1989年上半年完全没有用动物进行安全试验。[67]

目前这种势头正在迅速发展。1989年4月，雅芳宣布专门开发出一种称为眼泰克斯的特殊合成物质用于测试，可以代替兔眼角膜实验。因此，在斯皮拉发起运动9年之后，雅芳停止了兔子眼角膜试验。[68]更好的消息来自玫琳凯和安利公司。1989年5月，这两个公司宣布已停止了动物实验，全部采用替代方法进行安全性测试。[69]同年6月，在善待动物组织发起的另一波运动的压力下，雅芳宣布永远停止各种动物实验。[70]在雅芳宣布8天后，露华浓声明已经制订了废除动物实验的长期计划，在所有的产品研究、开发和生产中都不再用动物实验。然后，法柏姬公司的各种化妆品也废除了动物实验。几个月内，美国的第一、第二和第四大化妆品公司相继停止了所有的动物实验，显然这是多年努力的结果。[71]

最为显著的发展虽然发生在与大众密切相关的化妆品工业，它比较容易受到抨击，但在其他工业界，反对动物实验的运动也取得了成效。《科学》杂志的一篇报告指出：

最近几年，受动物福利运动的推动，药品、杀虫剂和家用产品的主要制造商，在减少使用动物进行毒性实验这一目标的努力过程中取得了显著的进展。现在越来越清楚，细胞或组织培养法和计算机模型等替代动物实验方法的应用，不仅可以创造良好的公关形象，而且符合经济上和科学上的要求。[72]

这篇报告接着引用美国食品药品管理局毒理科学办公室主任加里·弗拉姆的话说，"在绝大多数情况下LD50测定是可以被替代的"。《纽约时报》的一篇文章，引述G.D.塞尔公司一位资深毒理学家的话说，"动物福利运动所提出的很多观点虽然偏激，却是对的"[73]。

由于这些方法的发展，使大量动物避免了不必要的疼痛和痛苦，这似乎已无可置疑。虽然很难说清精确的数字，但每年使千千万万动物遭受痛苦的试验，今后将不再进行。不幸在于，要是毒理学家、公司和管理机构早前多关心一点他们所用的动物的话，无数动物的剧烈痛苦原本是可以避免的。直到动物解放运动开始，人们才意识到这些议题，那些负责进行动物实验的人也才真正考虑到动物的痛苦。过去只是由于法规要求进行这些动物实验[74]，人们一直在做这种麻木不仁的蠢事，根本没有想过要修改这些法规。例如，到1983年美国联邦政府机构才说：对于已知的具有腐蚀性和刺激性的产品，如碱洗液、氨水和灶具清洁剂，根本无须在有疼痛感知的兔子眼睛上进行实验。[75]但是，斗争远未结束。下面再次引用1987年4月17日《科学》杂志上那篇报告的话：

　　　不必要的实验仍然在浪费着大量动物（的生命），这不仅是由于过时的规定，也因为现有的很多资料不易查找。美国环境保护署毒理部主任西奥多·法伯就说，他所主管的部门存有42 000个业已完成的实验和16 000个LD50实验的档案。他说，要是把这些数据输入计算机使其易于检索，对于消除多余的动物实验可以发挥很大作用。法伯又说："我们从事法规毒理学的许多人，眼看着同样的实验在一遍又一遍地重复。"

只要人们真正愿意去做，终止这种践踏动物生命、引起动物痛苦的事情，并不困难。开发出完全合适的各种毒性实验的替代方法，需要较长的时间，但那是可能的。同时，还有一种简单的办法，能够减少这种实验所需的动物数量。在理想的替代实验开发出来以前，第一步是我们不要再去制造任何新的、可能有害的非生活必需品。

逐利的医学实验

当动物实验在"医学"的名义下进行时，我们会自然地认为动物实验引起的痛苦是情有可原的，因为研究是为减轻痛苦做贡献。但我们已经知道，现在试验治疗药物的动机主要是为了赚取最大利润，而不是为大众谋求最大利益。"医学研究"这个涵盖很广的标签也可能涵盖一般的求知欲驱使的研究。这种求知欲作为知识基础探索的一部分，如果不造成痛苦是可以接受的。但是，如果引起痛苦，就是不能容忍的。基础医学研究进行了好几十年，最终证明是毫无意义的，也很常见。举一个温度对动物影响的系列实验为例，这种研究可以追溯到100多年以前。

1880年，伍德把一些兔子、鸽子和猫等动物分别放在实验箱内，上面覆盖玻璃，在炎热的白天置于铺砖的人行道上曝晒。这是一种观察兔子的典型实验。在温度43℃时兔子跳跃起来，"十分狂躁地踢后腿"，出现了痉挛；在44.5℃时出现侧卧流涎；48.9℃时呼吸急促，发出微弱的叫声，不久即死去。[76]

1881年，英国《柳叶刀》杂志的一篇实验报告说：体温达到45℃的狗和兔子，在给予冷风时可以避免死亡。实验人员因而认为，结果表明，"在体温有升至极值倾向的情况下，降温非常重要"。[77]

1927年，美国海军医学院的霍尔与韦克菲尔德，把10只狗关在湿热的实验箱内，制造实验性中暑高热。狗开始表现为烦躁不安、呼吸困难、眼睛充血肿胀和口渴，有的还发生痉挛。有些狗在实验早期即死亡，未死的则会出现严重腹泻，或者从实验箱出来后死亡。[78]

1954年，耶鲁大学医学院的伦诺克斯、西布利与齐默尔曼等，把32只小猫置于产生"辐射热"的小间里进行实验，小猫"经历49次加热期……常表现有挣扎，特别在温度升高时"，9次痉挛。"痉挛通常反复发作"，最多的痉挛达30次且间隔很短。5只在痉挛时死亡，6只尚未痉挛就已死亡。余下的被处死并解剖。这个实验报告说"人工诱导小猫发热的结果与病人高热的临床和脑电图记录一致，并且和以前对小猫的临床观察相符"。[79]

下面的实验是在印度勒克瑙市的 K.G. 医学院进行的。我用这个例子说明，西方的研究方法和对动物的态度已经征服了印度教的古代传统，而印度教原本比犹太教和基督教共有的传统更加尊重人类以外的其他动物。1968年，瓦哈尔、库玛尔与纳斯等将46只大鼠暴露于高温下4小时，动物出现烦躁不安、呼吸困难和大量流涎。其中1只在实验过程中死亡，其余均被处死，因为"反正它们再也不能活了"。[80]

1969年，罗切斯特大学的兽医迈克尔森，把狗和兔子置于微波炉中加热，至动物体温达到42℃或以上的临界水平。他发现狗暴露于微波后不久就开始喘息，大多数狗都"表现为程度不等的活动增加，从烦躁不安到极度狂躁"，在濒死时出现虚弱和衰竭。兔子"在5分钟内就出现绝望的挣扎，企图逃出"，在40分钟内全部死亡。研究者的结论是：由微波加热引起的伤害，"与一般发热造成的没有区别"。[81]

以色列特拉维夫赫勒医学研究所的罗森塔尔与夏皮罗等人，进行了一项由美国公共卫生署资助的研究，1971年发表实验报告。他们将"从当地流浪狗收容站随机选取的"33只狗置于控制温度的箱内，强迫它们在45℃高温下进行踏车运动，直到"因中暑高热发生虚脱，或者达到预先确定的直肠温度"，结果其中25只狗死亡。另有9只狗被置于50℃温度下，但不做踏车运动，结果只有2只狗存活超过24小时，尸体解剖全部有出血❶。作者认为"实验结果与既往的临床观察文献相符"。[82] 1973年，这几位研究人员发表了进一步研究的报告。他们用53只狗做加热和踏车运动的各种组合试验，结果全部动物都出现大量流涎，其中6只发生呕吐，8只腹泻，4只痉挛，12只运动失调。10只狗的直肠温度高达45℃；"在直肠温度上升到最高点时"有5只死亡，另5只在实验结束后30分钟至11个小时内死亡。他们的结论是，"高热中暑的动物，降温越迅速恢复的机会越大"。[83]

1984年，（美国）联邦航空局进行的实验表明，"动物在国内运输系统的承运途中，偶尔因热应激造成死亡"，因此用10只比格犬进行受热实验。实验人员给比格犬戴上口套，单独关在35℃的高湿度实验箱里，同时24小时不给狗饮水进食，观察狗的行为表现，发现狗出现"有意的狂躁动作，如抓刨箱壁，不停地打转，用力甩头试图摆脱口套，或用口套在地板上来回摩擦，并对探测防护装置发出攻击行为"。有些狗在

❶ 原文误作 Haemorphagica。

实验箱中死亡，而幸存的那些出箱后都很虚弱、衰竭，有些吐血。研究者说，"其后的实验用100多只比格犬来做"。[84]

再举一个军方的实验例子。设在马萨诸塞州内蒂克的美国陆军环境医学研究所的哈伯德，近10余年来发表过诸如《急性中暑高热死亡率的大鼠模型》的文章。大鼠受热时用唾液涂抹全身来降温，与人的出汗降温机制相似，这原是早就知道的。1982年，哈伯德及其同事注意到，如果大鼠不能分泌唾液，又没有其他液体可用时，就会把尿涂抹在身上。[85]因此，在1985年他们三个人又给一部分大鼠注射阿托品，抑制出汗和唾液分泌，另一些老鼠则在手术中被切除唾液腺；再把大鼠置于42℃的实验箱里，直到它们的体温上升到42.5℃。他们绘制出用阿托品或切除唾液腺的大鼠与未经处理的大鼠的"抹尿模式"比较图，发现"阿托品化热应激大鼠模型"是"一个有希望的工具，可以用来考察脱水在中暑过程中的作用"。[86]

前面我们引述了19世纪以来的一个系列实验，由于篇幅有限这里只列举发表文章中很少的一部分。这些实验显然给动物造成很大痛苦，其主要发现似乎只是告诉我们中暑病人应当降温，但这是尽人皆知的普通常识，而且通过观察人的自然中暑已经得到这些经验。至于这个研究应用于人的意义，1961年兹韦法赫的研究认为：狗发生中暑高热的生理调节方式与人不同，因此不适合作为人的中暑高热的动物模型。[87]如果说，毛茸茸的小动物被注射了阿托品之后它会在高温中把尿涂在身上是一个更好的模型，没有谁会认真看待这个建议的。

永无休止的重复实验

在医学的其他领域里，类似的系列实验也有很多。在保护动物联合行动会纽约市分部办公室的档案柜里，收藏了大量从各种医学杂志上复印下来的实验报告案卷。每一叠厚厚的案卷包括大量的实验报告，一般在50份以上。案卷的标签说明了其中的故事："加速""攻击""窒息""致盲""烧灼""离心""挤压""震荡""拥挤""砸碎""药物试验""实验性神经症""冷冻""加热""出血""击打后腿""制动""隔离""复合伤""捕杀""剥夺蛋白质""惩罚""照射""饥饿""休克""脊髓损伤""应激""干渴"，还有很多。虽然其中有些实验或许促进了医学知识的发展，但这种知识的价值常是有问题的，而且有些专题的知识本可由别的途径获得。其中很多实验看来不是微不足道，就是概念混乱，甚至有些研究设计就不是为了得到重要有益的结果。

另一类例子是一直在方法上永无休止地变来变去，重复进行相同或类似的实验。例如，大量的实验性休克动物模型，方法不是电击，而是严重损伤后常发生的精神和躯体休克状态。早在1946年，美国哥伦比亚大学专门研究休克的格雷格森就查阅了这类文献，发现已发表的休克实验研究论文在800篇以上。他列举了产生休克的方法：

> 应用止血带捆扎动物的一条或多条肢体、重砸、挤压、用小锤

打击造成肌肉挫伤、诺贝尔－柯利鼓（Noble-Collip是一种实验装置，将动物放进鼓里面，然后旋转鼓使动物反复翻滚至鼓底，使其损伤）、枪击伤、肠绞窄、冷冻和灼伤。

格雷格森还注意到，放血是"广泛应用的"方法，而且"不用麻醉以消除多重因素的影响，这类实验的数量在日益增加"。但他不满意花样繁多的实验方法，因而抱怨道：由于大家方法各异使得评价不同研究者的研究结论这件事变得"格外困难"，所以现在我们"迫切需要"通过标准化的方法确保休克状态的产生。[88]

8年以后情况仍然没有多大变化。罗森塔尔与米利肯指出："创伤性休克的动物实验出现各不相同而且常是相互矛盾的结果。"然而，与格雷格森一样，他们期待"未来在这个领域的实验"，也主张不用麻醉，因为"对麻醉的影响是有争议的……（因而）评审人的意见是最好避免长时间的麻醉……"；同时他们又建议"为了克服生物学变异性，必须应用足够数量的动物"。[89]

1974年，实验者仍在做实验性休克的"动物模型"，而且还是在进行初步的试验，以此来确定给予什么样的损伤才能产生一种满意的"标准"休克状态。在狗的失血性休克实验模型被应用了数十年之后，最近的研究指出：狗的失血性休克和人的休克并不相似（真令人惊讶！）。因此，罗切斯特大学的研究人员认为猪的失血性休克可能与人类的近似，于是他们开始研究可以引起猪产生实验性休克的适当失血量问题。[90]

每年进行的动物毒品实验项目数以百计，这些实验会迫使动物染上毒瘾。例如，单是可卡因一种就已经有500项以上的研究，估计其中380项会花费1亿美元，这些钱大部分来自纳税人。[91]下面是一个例子。

在（纽约州立大学）南部医学中心德诺博士领导的一个实验室里，研究人员将恒河猴锁定在椅子上，然后教它们按照自己的需要揿按钮，随意将它所需的可卡因药量直接注入静脉血液。据一篇报告说：

> 受试的猴子不断揿钮，甚至出现痉挛后仍然在揿钮。它们持续用药，觉也不睡。尽管猴子的食量比平常增加了5至6倍，但它们更加消瘦了……最后，它们开始自残，终因滥用可卡因致死。

德诺博士承认，"很少有人能用得起这些猴子所能得到的如此大剂量的可卡因"。[92]

虽然涉及可卡因的动物实验多达500项，但还只是动物药瘾实验的一小部分。在本书第一版中，我曾报告过使用吗啡和苯丙胺类❶的动物成瘾试验。以下是最近的一些药瘾实验的例子。

在肯塔基大学，人们用比格犬进行实验，观察镇静催眠药——地西泮（亦称安定）和劳拉西泮（亦称氯羟去甲安定）的戒断症状。先给狗用药强使它们成瘾，然后每两周停药一次。戒断症状有颤搐、抽搐、全身震颤、上蹿下跳、体重骤减、恐惧和畏缩。在安定药被停掉40小时

---

❶ 甲基苯丙胺具有强烈的中枢神经兴奋作用，其盐酸盐或硫酸盐称为冰毒。

后，"9只狗中有7只频繁发生强直阵挛性惊厥……2只全身反复阵挛性发作"。4只狗死亡，其中2只死于痉挛发作，另2只体重急剧下降后死亡。劳拉西泮的戒断症状与此相似，但无痉挛造成的死亡。这些实验人员检索了1931年以来的实验论文，有关巴比妥类药物和镇静催眠药的戒断症状，早已有大鼠、猫、狗和灵长类动物实验的观察记录。[93]

　　克利夫兰州立大学的格里利与高恩斯在查阅了过去的动物实验记录后发现，"包括狗、小鼠、猴子和大鼠等几种动物，鸦片类药物只用一次就可以发生戒断样效应"，因而提出要检验一种假说，即吗啡戒断会出现对疼痛过度敏感。这项实验首先是用一种方法训练大鼠，在"电击辨别力"训练实验中，每只大鼠平均要接受6 387次电击，要求动物必须对每次电击做出反应。然后给大鼠注射吗啡，在前3天和7天以后接受电击，实验者发现大鼠在注射吗啡后，对电击的敏感性立即升高。[94]

　　下面是一个更为离奇的毒品实验的例子。

　　加州大学洛杉矶分校的西格尔把两头大象用铁链拴在象栏里，先用一头母象测试口服和注射枪给药的剂量范围，"以确定致幻剂麦角酰二乙胺（LSD）的用法和剂量"。此后，实验者每天给两头大象使用LSD，连续两个月，并观察它们的行为。大剂量LSD引起母象向一侧跌倒、颤抖和呼吸困难，持续一小时，而使公象变得具有攻击性，冲向西格尔，他形容这种反复的攻击行为是"不适当的"。[95]

　　在残忍的药瘾实验故事中，我讲最后一个例子，那至少还有一个值得高兴的结尾。

康奈尔大学医学院的一项实验是，用外科方法在猫的胃里植入插管，再经插管注入大剂量的巴比妥药物，然后突然停药。以下是他们对戒断症状的描述：

> 有些猫不能站立……最严重的戒断症状是像"老鹰展翅的姿势"和频繁的类似癫痫大发作一般的惊厥。几乎全部动物在持续惊厥时或其后迅速死亡……戒断症状最严重者有气急和呼吸困难的症状……猫在极度虚弱时，特别在持续惊厥后和濒死时出现体温过低。[96]

这些实验是从1975年开始的，虽然在此前的几年里巴比妥类药物被滥用得相当严重，但自1975年以后，巴比妥类药物的使用已经受到严格的管制，滥用情况已经大为减少。然而，康奈尔大学继续用猫进行这种实验，并持续了14年。直到1987年，宾夕法尼亚州的一个动物权利组织——跨物种无限组织 ❶ 收集了所有能够得到的资料，掌握该校的实验情况后，发起一场运动阻止他们继续进行实验。在4个月里，关心动物的人士在这个实验室的周围进行抗议，并写信给基金会、新闻界、大学和立法机构成员。康奈尔大学和项目主持人冈本美智子，在进行了长期辩护以后，于1988年底写信给资助机构——国家药物滥用研究所说，他们会因此失掉一个将持续3年多，且拥有53万美元经费的新项目。[97]

---

❶ 跨物种无限组织（Trans-Species Unlimited）是20世纪80年代美国最为活跃的一个保护动物权利的组织，现在已不存在。

为何大众熟视无睹？

　　这些事情怎么会发生的呢？那些并非虐待狂的人，他们怎么能在工作时间里迫使猴子患上抑郁症，把狗热死，或者把猫变成"瘾君子"呢？之后他们怎么能脱掉白大褂，洗手回家，同家人共进晚餐呢？纳税人又怎么能容许把他们所交的税金用来支持这类实验呢？学生们对世界上发生的各种不公正、歧视和压迫现象，不论距离他们有多远都会起来抗议，为什么对在他们校园里持续发生的残暴行为竟然熟视无睹呢？

　　答案在于我们接受了物种歧视，而且毫不怀疑。我们容忍残酷地虐待其他动物，如果用同样方式虐待人类的一员，就会激起我们的义愤。物种歧视使研究人员把非人类动物视为实验用的设备和工具，而不是活生生的、能感知痛苦的生命。其实，在向政府科研资助机构的基金申请中，就把动物和试管、记录仪器等列为"供应物品"一类。

　　除了研究人员和社会大众普遍共有的物种歧视态度以外，我说过，还有一些特殊的因素使上述实验得以进行，其中最重要的是人们对科学家非常尊敬。虽然核武器和环境污染的出现，使我们认识到科学和技术并非像乍看起来那样都是有益的，但大多数人对穿白大褂并有博士头衔的人仍然心存敬畏。哈佛大学心理学家斯坦·米格拉姆在一个著名的系列实验中证明：普通人会听从穿白大褂的研究人员的指引，使用像是电击的器具（其实不是）去"惩罚"答错题的实验对象，即使这人大喊大叫装出十分痛苦的样子，那些人仍然继续去惩罚他。[98]如果这种事情在参与实验者确信他们正在对人施加痛苦时能够发生，当教授指导学生在动物身上进行实验时学生们放弃他们起初的疑虑就更加容易了。米格拉姆准确地称这种现象为对学生的"思想灌输"，这是一个漫长的潜移默化的过程，始于中小学生物学课程中的青蛙解剖。当医学院、心理学系或兽医学院的学生进入大学，发现他们立志学习的专业课程必须用活的动物做实验时，便很难加以拒绝，尤其因为他们懂得，要求他们做的实验是标准的课业实践，而拒绝做实验的学生则不能完成学业，常被迫转系。

学生毕业获得了学位，顺从习惯的压力也未能稍减。如果他们继续深造，攻读涉及动物实验的专业领域的研究生学位，他们会得到自己去做实验设计的鼓励，并据此撰写博士学位论文。受教育时如此，将来他们当了教授也会继续这样，用同样的方式训练学生，这是很自然的。

在这里，乌尔里克的公开表白特别发人深省。他原先是做动物实验的，现已脱离了这项习惯性工作，他自责地认为，那是对从大鼠到猴子等动物进行"折磨的岁月"。1977年，美国心理学会出版的《箴言报》报告，乌尔里克所做的动物攻击实验被挑选出来，在美国国会小组委员会上作为非人道研究的实例。更令批评过他的反对动物实验的人士和《箴言报》编辑感到惊讶的是，乌尔里克竟回信说，批评使他"振作起来"，并说：

> 我研究的初衷是想了解并有助于解决人类的攻击性问题，但后

来发现，我的研究结果似乎没有理由继续下去。相反，我开始纳闷，或许是由于金钱回报、专业声誉和旅行机会等驱使我把研究维持下去，而且（由行政官僚和立法系统所支持的）我们的科学界是否实际上就是这个问题的一部分。[99]

我们前面提到的为美国空军进行猴子照射实验的巴恩斯博士，后来思想发生了同样的转变，他把乌尔里克所讲的过程称为"条件性伦理盲"。换句话说，就像大鼠建立的条件反射一样，按一下压杆便可得到食物回报，人也由专业回报建立起条件反射，而不顾动物实验所产生的道德问题。巴恩斯说：

> 我就是一个我所说的"条件性伦理盲"的典型例子。在整个实验生涯中，我都是利用动物获取回报，把它们当作人类改善生活或取乐的来源对待……在我16年的实验室工作期间，直到我从事动物实验工作末期提出这个问题之前，不论在正式还是非正式的会议上，从来都没有人说过使用实验动物的道德和伦理问题。[100]

其实，不只是实验人员患有条件性伦理盲。有时研究机构在回答批评时也说，他们会雇兽医来照顾动物。这种声明被认为是提供了保证，因为人们普遍相信所有兽医都是关心动物的人，绝不会让它们遭受不必要的痛苦。可惜事实并非如此。毫无疑问，许多兽医在选择这一行时的确出于关心动物，但是，关心动物的人在经过兽医课程教育以后，很难说他们不会在面对动物的痛苦时变得感觉迟钝，而那些最关心动物的人或许又难以完成兽医学业。一位曾经的兽医系学生在写给一个动物福利机构的信中说：

> 我原本的梦想和抱负是毕生从事兽医工作，但在我上的州立大学兽医预科里，无情的讲师们的动物实验标准操作给予我多次创伤性的经历，使我这个梦想和抱负烟消云散。他们认为利用动物做实验，然后结束这些动物的生命，是理所当然的，而我觉得这是我的道德原则根本无法接受的。与这些残忍的活体解剖者发生很多次冲突以后，我痛下决心改换专业。[101]

1966年，正当人们推动通过保护实验动物的立法时，美国兽医协会在向国会小组委员会作证时说，虽然协会支持禁止盗窃宠物卖给实验室的立法，但反对研究机构必须领取（动物实验的）执照和就此问题立法，因为这会妨碍研究工作。兽医的基本态度正如《美国兽医协会杂志》的一篇文章所说，"兽医专业存在的理由是为了人类的全面福祉，而不是为了低人一等的动物"。[102]一旦我们抓住了这个物种歧视典型例子的微妙含意，就不会对兽医是本章所列举的许多实验操作者之一感到吃惊了。只举一个例子，灵长类动物暴露于梭曼毒气的平衡平台的实验论文中说："所用动物都由美国空军航空航天医学院兽医科提供常规看护。"

在整个美国，兽医都在等待为不必要存在的实验备用动物提供"常规看护"，难道这就是兽医专业要支持的吗？（不过，兽医中也有了希望，因为已经成立了一个新的兽医组织，支持兽医和兽医学生对非人类动物的人道关怀。[103]）

当一套动物实验被接受成为某一领域的研究方法以后，这个套数就会自动巩固下来，很难打破。与动物实验密切相关的不仅有论文发表和职务晋升，而且还能获奖和得到新项目的经费。如果研究基金管理者曾经支持过其他动物实验的研究，那么一项新的动物实验研究的申请，就比较容易获得他们的资助，而不用动物实验的新方法，由于他们不大熟悉，就不易得到支持。

所有这些可以解释，大学以外的人为什么总是不容易理解大学支持研究的理由。起初有些学者和研究人员真想去解决最重要的问题，不让自己受其他杂念的干扰，无疑有些人仍然保持其初衷。但是，更常见的情况是，由于重大课题早已有人研究，要么已经解决，要么就是太难，于是学术研究便陷入琐碎而无意义的细枝末节上。研究人员便避开研究深入的领域，去寻找新的地盘，尽管那里与主要问题的联系可能相差甚远，但不论得到什么样的结果却都是新的。如同我们常见的是，研究者承认同样的实验过去已经做过很多，只不过没有做这样或那样一点点细小的改变，而论文最常见的结尾则是"尚需进一步研究"。

当我们读到造成动物痛苦的实验报告，而实验者显然不曾打算做出真正有意义的结果时，我们开始会想，一定还有我们不知道的研究在做，科学家必定还有比论文所说的更好的理由。当我向人讲述这类实验，或者直接引用研究者发表的报告时，最常见的反应是大惑不解和怀疑。不过，当我们深入探究这个问题以后，我们发现，表面上看起来浅薄琐碎的东西，在实质上也正是那样。实验人员本人私下也常承认这一点。本章开头提到过哈洛教授，他担任《比较心理学与生理心理杂志》主编12年，这本杂志发表的令动物痛苦的实验论文，几乎比其他任何刊物都多。在他行将离任时，哈洛估计自己评审过2 500多篇稿件，在告别辞中他不无幽默地说："绝大多数实验是不值得做的，所获得的资料也不值得发表。"[104]

我们不应对此感到吃惊。因为从事心理学、医学和生物学的研究人员也都是人，像其他人一样易受同样的影响。他们希望事业成功、得到提拔，论文被同行阅读和讨论，而在合适的期刊上发表论文是晋升和提高声誉的阶梯。这种情况在所有学术领域，不论是哲学或历史学，心理学或医学都一样，是完全可以理解的，本身不应受到非议。但是，哲学家和历史学家为求取功名利禄所发表的论文，至多不过是浪费纸墨，令同行生厌而已，而进行动物实验的论文则造成动物的剧烈疼痛或持久的痛苦，因此，他们的研究必须遵守必要的严格标准。

科学界拒绝公众监督

　　美国、英国等一些推动生物科学研究的国家，其政府机构是动物实验的主要支持者。事实也是这样，本章所提到的大多数实验，是由来自税收的公共基金所支持的。许多机构的资金所支持的实验，与建立这些机构的宗旨相去甚远。前面我所提到的许多实验，是由美国国家卫生研究院、酒精药物滥用与精神卫生管理局、联邦航空局、国防部、国家科学基金会、国家宇航局等机构所资助的。我们不大清楚为什么美国陆军部要花钱去研究把尿涂抹在中了暑又用过药的大鼠身上的实验，也不明白美国公共卫生署为什么掏钱让大象服用致幻剂（LSD）。

　　由于这些实验是由政府机构出钱支持的，当然不会有法律禁止科学家去做实验。在美国，法律不准一般人打死他们的狗，但科学家可以做这样的事情而不受处罚，也没有人去检查科学家的做法是否可能带来一般人打死狗所没有的好处。其中的理由是科学体制的力量和威信，这种体制是由包括繁殖实验动物赚钱的养殖场在内的各种利益集团撑腰的，这就足以阻止相关立法并阻碍了对此行为加以有效控制的进程。

　　克里夫兰大都会总医院的罗伯特·怀特专事猴头移植实验，他把猴子的头完全切割下来，置于保存液里让猴头继续存活。他是认为实验动物只是"研究工具"的科学家的典型代表人物，事实上他亲口说过，他把猴头切下来的主要目的，只是为研究大脑"提供一个活的实验室工具"。听他说这番话的记者觉得，访问怀特的实验室是"对科学家冷酷的临床世界投以罕见且令人不寒而栗的一瞥。在那里，一个动物的生命，除了直接作为实验这个目的以外，没有任何意义"。[105]

按照怀特的观点，"把动物包括在我们的伦理体系之内，在哲学上毫无意义，而且是不可能实行的"。[106]就是说，怀特认为他自己对动物所做的事情，是不受伦理约束的。难怪另一记者访问时发现，"他不论是对来自医院管理人员的，还是承保人的规章制度都感到恼怒。他说'我是精英'。他认为医生只应由同行管理"。[107]

另一个政府制定（动物实验）法规的积极反对者，是麻省理工学院教授、诺贝尔奖获得者戴维·巴尔的摩。最近他在美国科学促进会全国会议上演讲，大谈他和他的同事花了"很长时间"用于反对有关的（动物）研究法规。[108]他反对研究法规的基本观点，在几年前的一个电视节目上体现得淋漓尽致。在电视上同时出现的还有哈佛大学的哲学家罗伯特·诺齐克教授和其他科学家。诺齐克问科学家们，如果一个实验要杀死上百的动物，科学家有没有因此不去做的。一位科学家回答说："就我所知没有。"诺齐克追问道："难道动物一点也不值得考虑吗？"另一位科学家反驳说："为什么要考虑它们？"这时巴尔的摩插话说，他认为用动物做实验毫无道德问题。[109]

像怀特和巴尔的摩这样的人可能是杰出的科学家，但他们关于动物的言辞，显示出他们在哲学上的愚昧无知。就我所知，现在没有一个专业哲学家的著作，会认为把动物包括在我们的伦理体系内是"没有意义的"或"不可能的",或者用动物做实验不存在道德问题。在哲学上做这种陈述,无异于坚持说地球是平的。

迄今美国的科学家对大众要求监督他们的动物实验,丝毫也不妥协。他们成功地阻止了在实验中实行保护动物免遭痛苦的最起码的法规。在美国,这方面唯一的联邦法律是《动物福利法》。这个法律对于宠物的运输、居住以及待遇制定了标准,也对动物的展出和用于研究时的看护制定了标准。可是就实际的实验而言,这项法律允许研究人员为所欲为。这完全是蓄意的,美国国会委员会在通过《动物福利法》时提出的理由是:

> 为了对研究人员在这方面提供保护,在实际的研究或实验中免除所有关于动物的法规……委员会无意以任何方式干预研究或实验。[110]

《动物福利法》中有一条款要求,按此法律注册的私人企业和其他机构(政府研究机构或许多小型机构都无须注册),如果用动物做实验引起动物疼痛而又不使用缓解疼痛的药物时,必须提出报告,说明这是达到研究目标所必需的,但并不要求评估这些研究"目标"的重要程度,以及是否有足够正当的理由让动物受苦。在此情况下,此项规定只不过徒然增加文案工作,并且成为实验人员主要抱怨的内容。当然,他们要对狗进行持续电击造成无助状态,不可能同时给狗做麻醉;也不可能既要造成猴子的抑郁症,又给药使它们保持快乐或者释怀。因此,在这些例子中,研究人员会如实地说,如果给药缓解动物的痛苦,就不能达到实验的目的，他们会像这项法规出台以前一样继续做实验。

　　所以，像在应用梭曼毒气的灵长类动物平台实验报告的前言中包含的下列声明那样，我们不应为此感到惊讶。

　　　　本研究所使用的动物，在采购、饲养和使用中，符合《动物福利法》和国家研究委员会实验动物资源研究所颁布的《实验动物看护与使用指南》的要求。

　　其实，在布鲁克斯空军基地的《灵长类动物平台训练手册》、陆军放射生物学研究所的"灵长类动物活动轮"的实验报告，和我引用过的许多其他美国新近发表的出版物中，都有同样的声明。这种声明全然没有说明动物遭受痛苦的程度，一点也没说动物的痛苦可能换来多么微不足道的实验结果，倒是使我们认清了《动物福利法》和国家研究委员会的实验动物资源研究所制定的《实验动物看护与使用指南》的价值。

美国，一个野蛮的国度

　　与许多其他发达国家形成明显对照的是，美国完全缺乏行之有效
的有关法规。在英国，如果没有内政大臣签署的执照就不能进行动物实
验。1986年的《科学实验动物法》明文规定，"内政大臣要权衡那些可
能对动物有害的影响与可能获得的利益"，以决定是否给予其项目执照
实验。在澳大利亚，由政府领导的科学机构——全国健康与医学委员会
（相当于美国的国家卫生研究院）主持制定的《实务法规》，要求所有的
动物实验必须得到动物实验伦理委员会的批准。这些委员会的成员中，
必须包括一个关心动物福利并且不受雇于动物实验机构的人，还有一个
中立的，与动物实验无关的人。这个委员会必须具备一套详细的实验原
则和实验条件说明，包括一个权衡实验在科学或教育领域的价值以及对
动物福利潜在影响的操作指南。此外，如果实验"可能引起疼痛，其性
质和程度在医学或兽医实务中会按常规使用麻醉剂时"，则必须应用麻
醉剂。澳大利亚的《实务法规》适用于所有获得政府资助的研究人员，
维多利亚、新南威尔士和南澳大利亚的所有实验研究者均须遵守国家
法规。[111]瑞典也要求实验必须获得一个委员会的批准，此委员会被要求
其中必须包括非专业的成员。1986年，在考察了澳大利亚、加拿大、日
本、丹麦、德国、荷兰、挪威、瑞典、瑞士和英国的法律后，美国国会
技术评估办公室宣布：

为了这项评估，考察了这些国家的法律，这些法律有关保护实验动物的要求，大部分都比美国的要求高。尽管有这些保护条件，提倡动物福利的人士仍然在对政府施加相当大的压力，要求法律更加严格，而且包括澳大利亚、瑞士、德国和英国在内的许多国家正在考虑做重大修改。[112]

事实上，在（美国）做出上述宣布以后，澳大利亚和英国已经通过了更严格的法律。

我希望这个比较不要造成误解。并不是说像澳大利亚和英国等国在动物实验方面做得很好了，实际情况远非如此。在这些国家，实验的潜在利益与对动物伤害之间的所谓"权衡"，仍然是建立在动物歧视的观念上，因而不可能把动物的利益与人类的相似利益做平等的考虑。我把美国的情况与其他几个国家加以比较，只不过为了说明，就其他主要发达国家的科学团体所接受的标准来看，美国的标准实在低得惊人，更不用说与动物解放人士要求的标准相比了。让美国科学家知道其他国家的同行怎样看待他们是有益的。我在出席欧洲和澳大利亚的医学和科学会议时，一些科学家私下对我说，虽然他们不完全同意我对动物实验的看法，但是……他们用十分惊恐的声音告诉我他们上次去美国所见到的事情。难怪最近一位作者在声誉良好的英国科学期刊《新科学家》上著文说，美国"这个国家就其动物保护立法而言，似乎是一个野蛮人的国度"。[113]美国在取缔奴隶制方面曾经落后于其他文明国家，现在，在减轻对动物奴隶毫无约束的残暴行为方面，也比其他文明国家落后。

1985年，美国对《动物福利法》做了小的修正，改善了狗的活动条件和灵长类动物的笼舍，但未涉及限制动物实验过程中发生的事情的议题。修正条款规定在机构里设立动物委员会，但仍然保持动物实验者自己进行干扰的豁免权，这些委员会对动物实验的做法无权过问。[114]

无论如何，尽管《动物福利法》已经通过20多年，但实际上并未得到执行。从一开始，农业部长从来没有颁布法规，把《动物福利法》的条款扩大到实验用的小鼠、大鼠、鸟类和农场动物。这可能因为农业部连检查狗、猫和猴子的动物督查员的人手都不足，更不用说对鸟类、大鼠、小鼠和农场动物进行检查了。如同国会技术评估办公室所说："执法经费和执法人员状况从来没有达到那些人的期望，这些人认为现有法律的首要使命是预防或减轻实验动物的痛苦。"技术评估办公室人员在核查一份112个动物实验单位的名单时发现，其中39％没有向农业部监管实验室的分支机构登记。更有甚者，这个办公室的报告说，这可能是未登记的动物实验室数目的一个保守估计，可见这些实验室完全没有受到监督和限制。[115]

美国对动物实验的监管现在仍是一出滑稽戏：其表面上有一部适用于全部实验用的温血动物的法律，但它所赖以发生效力的那些规章，拿国会技术评估办公室的话说，"对大部分的实验动物可能没有起到作用"。国会技术评估办公室还说，这种将许多动物排除于保护之外的状况，"似乎挫败了国会的意图，也超出了农业部长法定的权限"。[116]对于通常相当克制的国会技术评估办公室来说，使用这些字眼是很强烈的。但是，事情过了3年，这种状况也没有任何改变。确实，1988年美国一个一流科学家小组的一份报告，考虑过将这个法规扩大到所有的温血动物，但最后还是否定了这个想法。否定的理由未做说明，这是美国科学家阻挠对他们所用的实验动物的状况做最基本改善的又一个例证。[117]

　　滑稽戏还没有结束的迹象，可惜一点趣味也没有。没有任何理由相信，大鼠和小鼠对疼痛和痛苦的敏感程度比豚鼠、地鼠、家兔或其他许多动物要低，或者对饲养条件和运输的最低标准的要求低。

物种歧视与种族歧视

　　本章所引述的动物实验，只限于我自己从发表在科学期刊的研究报告中摘录下来的，报告是研究者本人撰写的。因此，找不出借口说这些证据被夸大了。但是，由于没有人在做实验时进行适当的督察或审查，所以实际情况常比报告所讲的糟糕得多。1984年，宾夕法尼亚大学的托马斯·金纳瑞利的动物实验案例清楚地说明这一点。该实验的目的是造成猴子的头部损伤，然后检查脑损伤的特点。根据官方项目批准文件的规定，猴子在接受头部外伤操作前必须被麻醉，实验不造成动物的痛苦。但是，一个被称为动物解放阵线的社团成员得到的却是不同的信息，还得知金纳瑞利有实验过程的录像带。于是他们破门进入实验室，取走了录像带。他们从录像带上看到，被捆绑的狒狒在头部损伤操作之前并没有被麻醉，它神志清醒，不断挣扎。手术者在暴露的脑子上进行手术时，狒狒的身体仍在扭动，显然没有被麻醉。从中他们还听到实验人员对充满恐惧和痛苦的动物的笑谑声。这些录像带的内容受到强烈谴责，经过设在华盛顿的善待动物组织和许许多多动物保护人士历时一年多的艰苦努力，美国卫生部长决定停止对金纳瑞利的研究资助。[118]此后还揭露出其他一些例子，一般都是由实验室工作人员揭露内情的，这要付出失去工作的代价。例如：马里兰州洛克维尔的吉利检测实验室负责看护动物的技术员莱斯莉·费恩辞去了职务，她把在实验室里拍摄的照片交给了动物解放者组织。这些照片显示，吉利公司为了测试其"比百美"笔的粉红和棕色墨汁的新配方，把墨汁滴在神志清醒的兔子的眼睛里。这些墨汁的刺激性极大，致使有些兔子的眼睛充满血性分泌物。[119] 人们可能只是猜想像这样虐待动物的实验室有多少，但没有人有足够的勇气去做一些事情。

在什么情况下进行动物实验才算合理呢？有些人在得知许多动物实验的实情后会说，所有动物实验都应当被立即禁止。但是，如果我们提出如此绝对的要求，实验人员早就准备了回应："要是用一只动物做一次实验能挽救成千上万人的生命，难道我们准备让那么多人去死吗？"

当然，这样的问题纯属假设，从来没有一次实验能挽救成千上万人的生命，也不可能有。回答这种假设性问题的方式是提出另一个问题："要是只有用一个不满6个月的人类孤儿做实验，才能挽救成千上万人的生命，难道研究人员准备去做这样的实验吗？"

如果研究人员不准备用这种孤儿去做实验，而是要用非人类动物，这显示出一种按物种划界的不合理的歧视，因为成年的类人猿、猴子、狗、猫、老鼠和其他动物比人类婴儿更能意识到自己的处境，更有自主能力，至少对疼痛的敏感程度与婴儿一样。（在这里，我特指这个人类婴儿是孤儿，以避免有父母的感情参与其中，使问题变得复杂化。特指这种类型的例子，对于捍卫动物实验的人来说真是太慷慨了，因为他们用来做实验的哺乳动物一般都在幼年时就被迫与母亲分离，使动物妈妈和婴儿都很痛苦。）

　　就我们所知，人类的婴儿与成年的非人类动物相比，并不具有较高的与道德相关的特征，除非我们把婴儿的潜能算作特征，使得用他们做实验是错误的。然而，是否应当考虑潜能这一特征也是一个存在争议的话题。如果考虑，由于婴儿和胎儿具有同样的潜能，则谴责用婴儿做实验的同时也应当谴责人工流产。可是，为了避免使这个问题复杂化，我们可以把原来的问题稍做改变，假设这个婴儿的大脑有严重不可逆的损伤，其智力发育不会超过6个月婴儿的水平。不幸的是，美国有许多这样的人自从被父母和其他亲属遗弃以后，就长期被关在特殊的病房里，有时没有任何人去关照他们，悲惨得很。尽管这些婴儿有严重智力障碍，但他们的解剖生理与常人几乎完全相同。因此，如果强迫他们吃大剂量的地板蜡，或把化妆品浓缩液滴入他们的眼睛进行实验，我们获得的产品对人的安全性指标，比用其他动物做实验的结果，并将结果外推于他人更为可靠。要是用严重脑损伤的人来做LD50测定、兔眼角膜实验、辐射实验、中暑实验和前述的其他许多实验，而不是用狗或兔子，我们就有可能了解更多的人类成员在这些实验条件下的反应。

　　所以，不论何时，当实验人员声称他们的实验非常重要，用动物进行实验合理时，我们要问：他们是否也准备用与他们计划使用的动物具有同等智力水平的严重脑损伤的人去做实验呢？我不能想象会有人真正建议用脑损伤的人做本章所述的实验。我们知道，偶尔有些医学实验是未经受试者同意在人身上进行的，例如曾有人在福利院的智力障碍儿童身上进行病毒性肝炎感染的实验。[120]当大众知道在人身上进行有害的实验时，就会引起愤怒抗议，确实理应如此。研究人员常有一种特有的傲慢，认为自己所做的每件事都有道理，因为可以增长知识。但是，如果研究者声称其实验非常重要，引起动物痛苦是合理的，那为什么用与动物智力相等的人去受苦，实验就变得不重要了呢？这二者的差别究竟在哪里？只是因为一方是我们自己物种的成员，另一方不是。但是，如果只是这种差别，正好暴露出那种与为种族主义或其他形式歧视辩护相同的偏见。

　　在实验领域，不论实践上还是理论上，物种歧视都可以与种族歧视相类比。露骨的物种歧视导致用其他物种进行痛苦的实验，辩护的理由是为我们自己的物种贡献知识和开拓可能性对我们有用处；而露骨的种族主义用其他种族或族群做过痛苦的实验，辩护的理由是对进行实验的种族贡献知识和可能的用处。在纳粹统治下的德国，参与集中营里囚禁的犹太人、苏联人和波兰人进行实验的医生近两百人，其中有些是世界知名的科学家。其他数以千计的医生了解这些实验，其中有些实验还成为医学界的演讲题材。可是记录显示，医生们不但耐心地听完别的医生的报告，内容是讲述怎样对那些"劣等人种"造成骇人听闻的伤害，接着讨论由此获得的医学知识，而没有任何人对这些实验的本质提出哪怕是一点点的抗议。这种态度与我们今天对待动物实验的态度有惊人的相似。那时和现在一样，把受试者置于冷冻、加热的条件下以及减压舱中；那时和现在一样，这些事件都用不动感情的科学术语写成论文。下文摘自一个纳粹科学家把人放进减压舱做实验的报告：

5分钟后出现痉挛，第6分钟至第10分钟时呼吸加快，受试者意识丧失。第11分钟至13分钟，呼吸减慢，每分钟只有3次吸气，此后才完全停止……大约在呼吸停止半小时后进行尸体解剖。[121]

在纳粹战败以后，减压舱的实验仍未停止，只不过改用非人类动物。例如，英国纽卡斯尔大学的科学家，在9个月期间用猪进行减压实验81次，所有受试的猪都患上了减压病，有些还因此死亡。[122]这个例子证明伟大的犹太裔作家艾萨克·巴舍维·辛格的话说得多么好："从人类对其他动物的所作所为来看，他们个个都是纳粹。"[123]

用非实验者的同类来做实验的受试者，导致牺牲对象不断更迭的事件在不断重复。20世纪美国最臭名昭著的以人作为实验观察对象的案例，是在亚拉巴马的塔斯基吉进行的，为了能够观察梅毒的自然病程，故意不给病人治疗。在证明青霉素治疗梅毒有效以后的较长时间里，仍未给予治疗。未给治疗的受害者当然是黑人❶。[124]在最近的10年中，国际上用人做实验的最大丑闻，可能是1987年揭露的发生在新西兰的事件。奥克兰的一所大医院的一位颇受尊敬的医生，决定不给出现早期癌症征象的病人进行治疗。他试图验证他的非正统理论，即这种类型的癌症不会发展，但他没有告诉病人是在进行一项实验。结果他的理论是错

---

❶ 塔斯基吉（Tuskegee）梅毒实验：1932年，美国公共卫生署与亚拉巴马州的塔斯基吉研究所合作，进行一项梅毒研究。对象为399名潜伏性梅毒男性黑人患者，当时青霉素尚未发明，观察梅毒的自然病程。作为交换条件是向实验对象提供免费的医疗、饮食和丧葬保险。1947年起梅毒已经采用青霉素治疗，但这些病人仍然未得到治疗。1972年7月《纽约时报》揭露了这一事件，公众哗然，当局的调查结论是"在道德上是不合理的"，研究立即停止。1973年法院判决向研究对象总共赔偿900多万美元，并提供各种医疗和福利保障。

误的，导致27人死亡，牺牲者都是妇女 ❶。 125

当这类事件曝光后大众的反应显示出，我们给予道德关怀的范围比纳粹扩大了，我们不再准备纵容那种对他人的漠视。但是，我们对许多其他有感知力的生命，似乎仍然没有一点实际的关怀。

我们仍然没有回答在什么情况下（动物）实验是合理的这个问题。说"绝不能做"是不行的。把道德按非黑即白来划分是吸引人的，因为这消除了需要对关于特殊事例的思考，但在极端情况下，这样绝对化的回答总会失灵的。对人拷打几乎总是错误的，但也不是绝对都错。假如我们要立即找到藏匿在纽约一个地下室里且一小时内就要爆炸的核弹，唯一的办法就是刑讯逼供，在此情况下拷打是合理的。同样，如果一项单一的动物实验能够发现治愈像白血病这类恶性疾病的药物，这项实验也是合理的。但实际上，实验的效益总是遥不可及的，没有效益的实验则比比皆是。那么，我们怎样决定什么情况下实验是合理的呢？

我们已经知道，实验人员显示出有利于自己物种的偏见，无论何时他们总是用非人类动物去做实验，因为他们不会认为自己用人进行实验是合理的，即使是用严重脑损伤的人。这个原则可以作为回答我们的问题的指导。由于物种歧视与种族歧视同样不合理，因此，当一项实验的重要性足以使脑损伤的人来参与实验是合理时，用动物做实验也是合情

❶ 这项临床研究是新西兰的一所国家妇女医院的副教授格林医生在20世纪60年代和70年代进行的。研究者认为有些妇女子宫颈涂片细胞异常未必会发展成子宫颈癌，因而未给部分子宫颈涂片细胞异常的原位癌病人进行手术治疗。

合理的。

这不是一个绝对的原则。我不认为用脑损伤的人做实验就一定是不合理的，要是真有可能牺牲一个生命的实验能挽救好几个生命，而且又不能用其他方法挽救这些生命时，则这项人体实验应该做。但这种例子极端罕见，本章所列举的实验肯定都不符合这个标准。显而易见，与任何分界一样，这里也有一个很难决定实验是否合理的灰色区域，但我们现在无须为此感到困扰。如本章所说，目前迫在眉睫的是无数的动物在蒙受骇人听闻的痛苦。从不带任何偏见的观点来看，显然不能证明为了这些目的造成实验动物痛苦是合理的。我们先停止这些实验，然后才会有足够的时间去讨论余下的那些声称为挽救生命或防止更大痛苦所必需的实验该怎么办。

在美国，目前尚缺乏法律来控制上面所说的这类实验，因此最起码的一步是成立一个包括动物福利代表在内的伦理委员会，要求动物实验必须事先经过这个委员会批准，如果实验不考虑潜在的利益和对动物伤害的大小，则委员会有权拒绝批准。我们已经指出，澳大利亚和瑞典等国已经有了这样的制度，而且已被他们的科学界所接受，被认为是公平合理的。按照本书中的伦理论证，这样的制度还远不够理想。这个委员会的动物福利代表来自观点不同的各种组织，显而易见的是，那些受到和接受邀请担任动物实验伦理委员会委员的人，倾向于来自（动物保护）运动中观点不彻底的组织。他们自己或许就不认为非人类动物有资格与人类的利益做平等的考虑，或者即使他们持这种观点，但由于在评审动物实验的申请时无法说服委员会的其他委员，他们或许会发现这种观点并不可能被付诸实际。因此，他们反倒可能坚持适当地考虑变通的方法作为替代，真正努力去减少痛苦，而得到一个切实明显的潜在利益，对于权衡实验的重要性是否超过实验中无可避免的动物的疼痛或痛苦，也是相当重要的。当今动物实验伦理委员会的运作，几乎不可避免地会以物种歧视的方式采用这些标准，考虑动物的痛苦要比考虑人类的潜在利益少得多。即使如此，强调这样的标准，会消除许多目前被容许的痛苦的实验，也会减少其他实验引起的痛苦。

　　在一个歧视非人类动物根深蒂固的社会，伦理委员会也无法迅速解决这些难题。因此，有些支持动物解放的人士便不同他们打交道，转而要求立即废除所有的动物实验。在最近一个半世纪里，反对活体动物解剖运动已经多次提出过这种要求，但在所有国家都没有能够赢得大多数选民支持的迹象。同时，在实验室遭受痛苦的动物数量却在持续增加，如本章前面所述，直到最近才有突破。这样的突破是由那些人的工作所取得的，他们发现要是思想上总持"全或无"的想法，对动物而言实际上就是"全无"。

　　要求立即终止所有的动物实验，于大众而言难以接受的原因之一是，实验人员会说，如果接受这种要求，就等于放弃寻找仍然对我们和我们的孩子们致命的重大疾病的治疗方法。在美国，实验人员实际上可以对动物为所欲为，做出改进的一种方法，可能是要去问持这种论点为动物实验辩护的人，是否准备接受伦理委员会的裁定，这个伦理委员会像其他许多国家的那样，包括有动物福利方面的代表，同时有权对动物所付出的代价与人类可能获益的大小加以权衡。如果仍然反对，证明这些人把治疗重大疾病需要动物实验作为辩护理由只是一种欺骗，是转移注意力，误导大众，放纵实验者的想法——对动物为所欲为。否则，为什么实验者不准备让伦理委员会对实验做决定；要知道，委员会的成员肯定会与社会大众一样，切望见到重大疾病的终结。如果同意，应当要求实验人员签署一份成立这样一个伦理委员会的声明。

动物利益与人类利益

假设我们能够比那些较为开明的国家已经做出的微小改革走得更远，假设我们能够对动物的利益与人类相似的利益做平等的考虑达到某一点，那就意味着当今我们见到的庞大的动物实验产业就会结束，世界各地的笼子就会清空，实验室就会关门。但是，不应就此认为医学研究将完全停止，或者以为未经实验的产品会像洪水一般涌进市场。就新产品而言，这有可能。如我前面所说，我们将会凑合用较少一部分的产品，使用业已证明安全的成分，这对我们不会有什么重大的损失。但对于真正必须实验的产品和其他各种研究，则可以而且能够找到不用动物的替代方法。

在本书第一版中我曾经说，"科学家不去寻找替代的方法，正是因为他们对手上所用的动物不够关心"。接着我预言，"由于过去在这个领域做得很少，只要加紧努力，早期的结果必能取得更大的进步"。在过去10年中，已经证明这些话都是对的。我们已经看到，在寻找替代动物来测试产品方面已经取得很大成果，不过这不是由于科学家突然对动物发起善心，而是动物解放人士艰苦奋斗开展运动的结果。动物实验的其他领域也可能发生同样的变化。

尽管用实验迫使成千上万的动物吸入烟草的烟雾好几个月乃至以年计，但证明吸烟与肺癌的关系，仍是根据人的临床观察资料。[126]每年美国政府在癌症研究上持续不断地投入数以10亿计的美元，但同时又对烟草工业实行补贴。相当多的研究经费用于动物实验，其中许多实验与癌症的防治相去甚远，因为研究人员懂得，把他们的工作贴上"癌症研究"的标签，要比别的标签能获得更多的经费。同时，我们在与大多数癌症的斗争中却一直在吃败仗。1988年，美国国家癌症研究所发布的资料显示，即使排除人口老龄化因素，近30年中每年癌症死亡率大约上升1%。最近报告美国青年人的肺癌死亡率下降，可能是这个趋势逆转的首个迹象，因为肺癌引起的死亡要比其他癌症多。然而，如果肺癌死亡率在下降，这个可喜的趋势也不是由于治疗的改进，而是年轻人吸烟减少了，特别是男性白人。而肺癌的生存率几乎没有变化。[127]我们知道，80%～85%的肺癌是由吸烟造成的，因此我们应当问自己：既然戒烟确实能预防肺癌，难道强迫成千上万的动物吸入烟雾引起肺癌的实验是合理的吗？如果人们已经知道吸烟有引起肺癌的危险，仍然决心继续吸烟，而让动物为这个决定付出痛苦的代价，这难道是正当的吗？

肺癌治疗效果不佳的记录和一般癌症的差不多。尽管在有些癌症的治疗方面人类已取得了很大进步，但从1974年至今，临床结果显示：癌症病人的5年生存率提高不到1%。[128]预防，特别是教育大众采取健康的生活方式，是一项前景光明的措施。

现在越来越多的科学家承认，动物实验实际上常常妨碍我们对人类疾病的理解和治疗的进步。例如，设在北卡罗来纳的国家环境卫生科学研究所的研究人员最近警告说，动物实验或许不能筛选出使人致癌的化学物。人暴露于砷可以引起癌症，但砷对实验动物并不致癌。[129] 1985年，美国著名的沃尔特·里德陆军研究所应用动物研究培育出来的一种疟疾疫苗，在人身上大都无效，而哥伦比亚的科学家用志愿者开发的疟疾疫苗被证明更为有效。[130] 现在，为动物实验辩护的人常常大谈研究治疗艾滋病药物的重要性，但首次分离出艾滋病毒的美国人罗伯特·加洛说，法国科学家丹尼尔·扎古里研究的一种潜在的疫苗，刺激人体产生抗体的能力比在动物体内的作用更好，因而他补充说，"用黑猩猩试验所取得的结果并不令人振奋……或许我们应该更加积极地在人身上进行实验"。[131] 很有意思的是，艾滋病患者支持这种号召，同性恋活动分子拉里·克雷默说："让我们做你们的豚鼠吧！"[132] 显然这种呼声是有道理的。如果直接在志愿者身上做实验，会更快地发现治疗方法。由于艾滋病的特点以及同性恋社团许多成员之间关系密切，是不会缺少志愿者的。当然，必须让志愿者真正知道他们在做什么，而且在没有任何压力和胁迫的情况下参加实验。但是，要得到他们同意并不过分。为什么引起人死亡的一种致命性疾病，却要用那些通常不会得艾滋病的动物进行实验呢？

为动物实验辩护的人喜欢说，动物实验已经显著提高了我们的期望寿命。例如，在修改英国动物实验法的辩论中，英国制药工业协会在《卫报》上刊登了整版广告，标题是："他们说人生从40岁开始，但不久前那个年龄还是生命终结之日。"广告接着说：现在如果一个人在40多岁死了会被认为是悲剧，但在19世纪，参加40多岁人的葬礼却司空见惯，那时人们的平均期望寿命只有42岁。这"主要由于应用动物实验进行研究取得的突破，才使我们大部分人能够活到70多岁"。

这种说法确实是谎言。这个特别的广告如此露骨地误导大众，致使社区医学专家戴维·圣乔治博士写信给《柳叶刀》杂志说："这则广告在解释统计资料时犯了两个重要的错误，所以是一个好教材。"他还引用了1976年托马斯·麦基翁出版的一本很有影响的著作《医学的作用》[133]，这本书引发了一场争论：19世纪中叶以后人类死亡率的下降，社会和环境变化的作用与医疗措施相比，哪一个贡献更大。他补充说：

> 这个争论已经解决，现在普遍认为医学措施对人口死亡率只有边际效应，而且影响也主要在后期，即死亡率已经出现大幅度的明显下降以后。[134]

J.B. 麦金利与S.M. 麦金利在研究美国十大传染病死亡率的下降以后，也得出类似的结论。他们的研究证明，除脊髓灰质炎外，其他各种传染病在新的医疗方法出现之前，死亡率都已在大幅下降（推测是由于卫生条件和饮食营养的改善）。单就1910年至1984年美国人口的死亡率下降40%来看，他们的"保守"估计是：

> 死亡率下降的因素中，主要针对传染病的医学措施或许只占3.5%。确实，由于医学声称在减少这些疾病造成的死亡上最为成功，因此，3.5%代表医疗在美国的传染病死亡率下降中贡献的估计值上

限，是合理的。[135]

请记住，这3.5%是所有医学措施的贡献，而动物实验本身可能只占其中一小部分。

毫无疑问，任何对于实验动物利益的切实考虑，会对有些科学研究领域产生妨碍；如果不用动物进行实验，有些知识不易取得也是毫无疑问的。为动物实验辩护的人常提到一些重大发现，如早期哈维发现血液循环，还有班廷与贝斯特发现胰岛素及其治疗糖尿病的作用，脊髓灰质炎病毒的发现及其疫苗的发明，使心脏直视手术和冠状动脉搭桥手术成功的几种发现，以及对免疫系统的了解和克服器官移植的排异作用等。[136]而一些反对动物实验的人，则否定动物实验对这些发现是必不可少的说法。[137]我不打算参与这一辩论。前面我们已经知道，从动物实验获得的知识，对于人类的（期望）寿命延长至多只有很少一点贡献，而对改善人类的生活质量的作用就更难估计。从根本上说，有关动物实验价值的争论实在是不会有答案的，因为即使有价值的发现是通过动物实验做出来的，我们也不能断言，要是一开头就不用动物实验，而是开发其他研究方法，医学的成就会是怎样。有些发现可能会延迟，或者根本没有，但也会避免许多错误的导向，从而医学可能会向很不相同的、更有效的方向发展，强调健康的生活方式甚于治疗。

无论如何，动物实验合理性所涉及的伦理问题，并不能因为动物实验对我们人类有益而变得无关紧要，不论这种有益的证据怎样有说服力。平等考虑利益的道德原则，把某些获取知识的手段排除在外。没有什么追求知识的神圣权利。我们已然接受了对科学事业的许多限制。我们不认为科学家有普遍的权利，在未经同意下对人进行痛苦的或致命的实验，虽然有许多例子说明，这种实验获得的知识会比其他方法快得多。现在，我们需要增加现有的对科学研究的限制。

最后，必须认识到，世界上重大的健康问题大都持续存在，并不是因为我们不知道怎样预防疾病和维护人民的健康，而是因为没有人付出足够的力量和金钱，去实践我们已经知道怎样去做的事情。在亚洲、非洲、拉丁美洲和西方工业国家贫困地区猖獗的疾病，大体上我们已经知道怎样治疗。在获得适当的营养、卫生环境和医疗卫生的社区，这些疾病已经消失。据估计，全世界每周有25万儿童死亡，其中四分之一死于腹泻引起的脱水。这只需要一种简单的治疗，即口服补液疗法就可以使这些儿童免于死亡，这种疗法早就有了，不需要动物实验。¹³⁸那些真正关心改善人类健康的人，只要他们离开实验室，把我们已有的医疗知识和资源运用到那些最需要的人身上，就可能对人类健康做出更有成效的贡献。

不管怎么说，仍然还存在实际问题，要改变普遍的动物实验，应该做些什么呢？无疑，需要采取行动改变政府的政策，但究竟什么行动最为适当呢？普通老百姓又能做些什么来推动政策变化呢？

立法者有忽视选民对动物实验的抗议的倾向，因为科学界、医学和兽医社团对他们的影响过分强大。在美国，这些社团在华盛顿有注册的院外政治游说集团，极力反对限制动物实验的议案。由于议员们无暇去了解这方面的专业知识，他们就听信"专家"所言。但这是一个道德问题，而不是科学问题，"专家"通常在动物实验中存在利益关系，或者由于深受伦理知识的洗脑，以致他们不能超然局外，客观地对同行的做法进行批判性审视。更有甚者，现在已经出现了像美国生物医学研究协会这样的专业公关组织，其唯一目的就是要在大众和立法者中提高动物研究的形象。这个协会出版书籍、制作录像带和举办研究人员怎样为动物实验辩护的研讨会。与许多这类组织一样，这个协会发展得很快，因为现在有更多的人关心动物实验的问题了。我们已经知道另一游说团体——英国制药工业协会，这些组织是怎样误导大众的。立法者都必须懂得，在讨论动物实验时，他们必须与这类组织，以及医学、兽医、心理学和生物学等学术团体或协会打交道，这如同在讨论空气污染时，需要与通用和福特汽车公司打交道一样。

进行改革的困难还在于涉及一些从中获利的大公司，包括繁殖、捕捉及销售动物的公司，制造和销售饲养动物的笼子和饲料的公司，以及动物实验设备公司。这些公司准备花费巨额经费，来反对使他们失去获利市场的立法。由于这类集团的经济利益，以及医学和科学的社会声望，在实验室结束物种歧视的斗争，注定是困难而持久的任务。那么，什么是取得进步的最佳途径呢？要使任何一个西方民主大国一举立即废除全部动物实验是不可能的。首先，政府不会那样做。只有通过一系列点点滴滴的改革使动物实验的重要性降低，使其在许多领域被替代，同时大众对动物的态度也发生很大变化时，才是动物实验走向终结之日。眼前的任务是努力达到局部的目标，这些目标可以被视为是清除所有对动物剥夺的长征中的里程碑。所有希望结束动物痛苦的人，都可以想方设法揭露他们当地的大学和商业实验室里所发生的事情。消费者可以拒绝购买用动物进行试验的商品，特别是化妆品，因为现在已有其他替代方法。学生应该拒绝他们认为不道德的动物实验。任何人都可以查阅学术期刊，找出什么地方正在进行痛苦的实验，然后设法将之公之于众。

也有必要把动物实验变成政治议题。我们已经说过，立法者收到的反对动物实验的信件非常之多，但要把动物实验变成政治议题，则需要多年的艰苦工作。幸而这种情况在好几个国家已经开始出现。在欧洲和澳大利亚，动物实验问题是政党演说的严肃内容，特别是靠近绿党的政党。1988年美国总统大选时，共和党的竞选纲领上就有，必须简化审批药物和化妆品动物实验替代方法的手续并使其过程得以加快。

对实验动物的剥夺是广泛的物种歧视的一部分，除非消除了物种歧视，否则动物实验便不可能完全终止。但是，肯定有一天，我们的子孙后代在读到人们在20世纪的实验室里的所作所为时，将会与我们现在读到古罗马角斗竞技场和18世纪进行奴隶交易时的残暴情景一样，感到极其恐怖和不可思议。

III
在工厂化的饲养场里

还未成为你的盘中餐之前，
它是如何生活的？

被当作机器的动物

绝大多数人与非人类动物最直接的接触方式是在餐桌上：我们吃它们，居住在现代化城市和郊区 ❶ 的人尤其是这样。这个最简单的事实，是我们对待其他动物态度的出发点，因而也是我们每个人能够身体力行改变这种态度的所在。被利用和虐待的作为食物来饲养的动物，其绝对数量远远超过任何其他受虐待的动物。单单美国，每年饲养和屠宰的牛、猪及羊超过1亿头，家禽数量更是大得惊人，达50亿。（这意味着，在你阅读这一页书时，就有8 000只家禽被宰杀，其中绝大多数是鸡。）正是在我们的餐桌上和我们邻近的超市或肉案上，才直接接触到我们对其他动物一直存在的最广泛的剥夺。

我们对食用动物在饲养过程中受虐待的情况，一般并不了解。在商店或餐馆购买食品，是这一长长过程的完成阶段，在这过程中差不多只有最终产品才由我们的眼睛仔细地挑拣过。我们买的肉或鸡是用干干净净的塑料袋包装着，几乎见不到一点血，所以，没有理由让我们把这个包装同一个活生生的、在呼吸的、会走路的痛苦的动物联系起来。正是我们所用的那些词语隐蔽了原本的真相。比如我们说吃 beef（牛肉），而不是吃 bull（公牛）、steer（菜牛）或 cow（母牛）；吃 pork（猪肉），

---

❶ 在工业化国家，中产阶层的住宅大都在郊区。

而不是吃 pig（猪）；但由于某种原因，我们真实面对一只羊腿（a leg of lamb）的自然状态才觉得较为心安。"meat"（肉）这个词本身具有欺骗性，原意是指任何固体的食物，未必是动物的 flesh（肉）。这种用法仍然存在，比如"nut meat"（干果的肉），这似乎有用"flesh meat"（动物的肉）来替代的意思，但实际上按其自身的本相同样有理由被称为"meat"（肉）。我们通过应用较为广义的"meat"（肉）来回避我们现在吃的是真正的 flesh（肉或动物的肉）这个事实。❶

　　这些文字上的掩饰只是对我们的食物本源高度无知的表面反映。试想一下"农场"❷所唤起的想象中的图像：一排房子，一座粮仓，由一只昂首阔步的公鸡领着的一群母鸡，在晒谷场上扒食；一群奶牛从田野里被带回去挤奶，或许还有一头母猪在果园里随处走动，用鼻子拱土，后面跟着一窝小猪在跑，高兴得直哼哼。

　　符合我们想象的田园诗般的农场已经极其少见，可是我们仍然想象农场是一个赏心悦目的地方，与我们身居的追钱逐利生活的工业化城市有着天壤之别。在为数不多的想象养殖场动物生活状况的人中，知道现

---

❶ 这是按英语特点和西方文化的阐释。中世纪欧洲的宴席上也曾是整鱼、整禽、羊羔或四分之一的牛犊等，甚至还有更大的野味和烤猪、烤牛。随着文明的进步，很多人为此感到难堪和恶心，18世纪以后这种饮宴文化发生变化，现在人们已不愿再把盘中肉与被屠杀的动物相联系。（N. 埃利亚斯著，王佩莉译：《文明的进程》，北京：生活·读书·新知三联书店，1998: 202 ～ 208）早在2 300年前孟子就说过："君子之于禽兽也，见其生，不忍见其死；闻其声，不忍食其肉。是以君子远庖厨也。"现在中国人毫不忌讳吃活的动物，为了追求新鲜味美，特别喜好挑选活生生的动物当面宰杀，包括家禽、鱼、兔子，甚至猫、狗和各种野生动物；在餐厅饭馆里还明白地向客人炫示即将上桌供他们享受的正是活生生的动物，甚至直接吃鲜活的动物，如醉虾、猴脑。
❷ 农场（farm）在本书中多译作"饲养场"或"养殖场"。

代养殖场饲养动物方法的人更少。有些人不知道动物在被屠宰时是否痛苦。凡是在公路上见过运牛卡车的人，大概都会知道饲养场的动物在运输时极其拥挤和痛苦。但是，很少有人怀疑下面的说法：运输和屠宰只是禽畜心满意足、轻松度过一生的终结，毕竟是短暂和不可避免的，而这些动物在活着时天性得到了满足和愉悦，不像野生动物必须面对艰苦的环境，为生存奋斗。

这些令人宽慰的假设，与现代饲养场的现实几乎完全不同。首先，饲养场已不再是单纯的乡下人所经营的那种饲养活动了。在近50年里，大公司和流水作业法已经把饲养场变成养殖综合企业。这个过程是从大公司控制家禽生产开始的，饲养家禽原本是农妇的工作，而现今整个美国的家禽生产全部被50家大公司所垄断。在鸡蛋生产方面，50年前一家大的蛋鸡场可能有3 000只母鸡，现在许多公司已超过50万只，最大的达1 000万只以上。其余的小饲养场也不得不采用巨型饲养场的经营方法，否则就会被淘汰。原先与农业毫不相干的公司，为了减税或从多种经营中获利，也已经成为巨型饲养场的经营者。现在，灰狗❶长途客运公司也饲养火鸡，而你吃的烤牛排或许是来自约翰·汉科克人寿保险公司，或者来自十几家石油公司中的一个。这些石油公司也投资养牛业，其兴建的饲育场可以养牛10万头以上。[1]

这些大公司以及必须与它们竞争的公司，丝毫没有关于植物、动物

---

❶ 灰狗（Greyhound）原称灵缇，一种跑得快的猎犬。

与自然相和谐的观念。养殖场经营的竞争性很强，竞争的方法就是降低成本、增加产出。这样，现在饲养已成为"工厂化饲养法"，动物被当作机器对待，把低廉的饲料转化成价格高出一筹的肉品，任何省钱提高"转化率"的新方法都会被采用。本章内容大部分讲述这些饲养方法，以及应用这些方法对动物意味着什么。目的是要证明，动物在这些方法的饲养下，从出生到屠宰都过着悲惨的生活。然而我要再次指出，这不是说干这些事情的人残忍而邪恶，相反，消费者和生产者的态度并没有什么根本的不同。我要叙述的饲养方法，只是本书其他章节所说的对动物的态度和偏见的合乎逻辑的运用。只要我们把非人类动物排除在我们的道德关怀范围以外，把它们当作满足我们自己欲望的东西，结果必定是这样。

如同前一章一样，为了使我的理由尽量客观，我的叙述不是根据我个人对养殖场及其动物饲养条件的观察，要是那样做就会有人指责我是根据自己少数几次参观条件最差的饲养场的经历所写的，存在挑选和偏见。因此，我的资料主要来源于养殖工业主办的杂志及其商业报刊，这些报刊中当然只出现对养殖业最为有利的报道。

不用说，在养殖业杂志中，找不到直接揭露动物遭受痛苦的文章，特别是现在这个问题的敏感性已经引起这个行业的重视。养殖场杂志对动物的痛苦问题本身并不关心，有时向场主建议避免造成动物痛苦的做法，只是因为在那种条件下动物的体重会减轻；同时也敦促他们在运送动物去屠宰时的操作不要太粗暴，因为如果动物受伤的话，肉上有淤青会卖不出好价钱。这些报刊当然不提应当避免在动物很痛苦的状况下圈饲的观点，因为这种做法本身是恶劣的。《动物机器》的作者露丝·哈里森❶是揭露英国集约化饲养法的先驱，她得出的结论是，"只有在不牟利图财的地方才会承认残忍"。[2]那肯定不仅是在英国养殖业报刊字里行间所表露出来的观点，在美国也是一样。

尽管如此，我们仍然可以从养殖业报刊里了解许许多多关于养殖场动物的状况。我们从中得知，有些场主在不受任何限制的情况下对待动物的态度；从中还了解到正在采用的新方法和新技术，以及这些技术带来的问题。要是我们知道养殖场动物的一点需要，这个资讯就足以使我们勾勒出当今动物养殖的一般状况。我们可以聚焦于这一现状的突出重点，将其转变成饲养场动物福利的一些科学研究；由于动物解放运动的压力，农业和兽医期刊上有关这类研究的文章也在日益增加。

---

❶ 露丝·哈里森（Ruth Harrison, 1921—2000），英国著名的动物福利倡导者。

肉鸡：吃它们的肉，吃它们的蛋

　　鸡是从传统饲养场相对自然的条件下被分离出去的第一种动物。人类利用鸡的方式有两种：吃它们的肉和吃它们的蛋。现在已经开发出大规模生产这两种产品的标准技术。

　　农业综合企业的鼓吹者认为，养鸡工业的兴起是饲养业最为成功的事件之一。在第二次世界大战结束时，餐桌上的鸡仍比较少见；那时鸡主要来自小的个体养鸡户或被蛋鸡饲养场淘汰的公鸡。当今美国，由大公司控制的高度自动化的工厂化养鸡厂，每周要宰杀1.02亿只肉鸡❶。美国每年宰杀肉鸡达53亿只，其中一半以上是由8家大公司生产的。[3]

　　把鸡从农家场院的家禽变成制造的物品，最基本的一步是把它们饲养在室内。一个肉鸡业主从孵鸡场获得1万只、5万只或更多的雏鸡，放进一个长长的、没有窗户的鸡棚或鸡舍里，一般是在地板上饲养，但为了使相同面积的鸡舍饲养更多的鸡，有些饲养场采用层架式鸡笼。鸡舍的环境条件由人工加以控制，让鸡吃得最少，长得最快。饲料和饮水是从吊在顶棚上的料斗自动添加的。按农业研究人员的建议来调整光照，例如，为使雏鸡体重迅速增加，在头一两周，每天24小时保持照明，促使小鸡进食增加，然后灯光稍微暗淡下来，每两小时明暗交替一

---

❶ 肉鸡（broiler）或称仔鸡、童子鸡（chicken）。

次，据说鸡在经历一段时间的睡眠后更容易进食。最后，大约在6周龄时，仔鸡的个头长大造成拥挤，这时灯光全部熄灭，以减少拥挤造成的互斗。

鸡的自然寿命是7年，而仔鸡长到7周就被送去宰杀。仔鸡在出笼前的体重是4至5磅，在鸡舍拥有的面积可能只有0.5平方英尺，比一张标准信纸还小（相当于一只体重2千克以上的鸡仅拥有面积450平方厘米❶）。在这种拥挤条件下，正常照明会导致鸡的应激反应或压力，精力无处发泄会引发争斗，互啄羽毛，有时互相残杀和互食。据研究，光线暗淡可以减少这种互斗行为，所以，鸡在最后一周可能完全生活在黑暗之中。

按饲养场主的说法，啄羽和互相残杀是"恶癖"——啄癖。然而，这种恶癖不是天生的，而是动物在现代集约化养鸡场里饱受应激反应和拥挤之苦造成的。鸡是高度社会性的动物，在农家场院里鸡群发展成等级制的社群，有时称为"啄序"。鸡在食槽边或别处都会对比自己地位高的鸡表示屈从，也接受比自己地位低的鸡对自己的谦让。在等级建立前或许会发生一点冲突，但常常只是显示力量，而无须争斗。著名的动物行为学家康拉德·洛伦茨❷曾经描述过去鸡在小规模饲养条件下的情景：

---

❶ 1英尺＝30.48厘米。0.5平方英尺折合公制为464.5平方厘米。
❷ 康拉德·洛伦茨（Konrad Lorenz, 1903—1989），奥地利鸟类学家与动物心理学家，现代动物行为学的开创者，获1973年诺贝尔生理学或医学奖。引文来自他的著作《所罗门王的指环》。

动物在它们的群体中相互认识吗？它们确实彼此相识……凡是养鸡的人都知道……它们之间存在非常明确的等级秩序，每只鸡都害怕地位比自己高的鸡。经过几次较量后，未必需要打斗，每只鸡就会知道，在鸡群中哪些是它必须敬畏的，哪些是必须对它表示尊敬的。在维持鸡群的啄序中，起决定性作用的不仅是鸡的体力，还有勇气和精力，甚至信心。[4]

其他研究证明，一个多达90只鸡的鸡群，都可以保持稳定的社会秩序，每只鸡都知道自己的地位，但一个鸡舍里养8万只鸡，相互拥挤在一起，显然就是另一番情形了。鸡群不再能建立起社会秩序，而是常常互相打斗。除了那么多的鸡在一起无法相互识别外，单是极度拥挤就足以使它们时常激动和兴奋，人和其他动物在这样拥挤的情形下都差不多。下面是养鸡场主早就知道的事情：

鸡在集约化饲养的条件下，啄羽和互相残杀容易成为严重的啄癖。这注定会使产出降低，盈利减少。鸡感到厌倦时，便啄其他鸡显眼部位的羽毛……虽然无聊和厌倦容易导致啄癖，但鸡舍的限制、拥挤和闷热也是促发的因素。[5]

由于互斗会造成经济损失，场主必须阻止这种啄癖。尽管他们知道其真正的原因是过度拥挤，但行业竞争太强，消除拥挤的同时可能损失边际利润，因此不做改善。如果每个鸡舍产出的仔鸡数减少，而建筑物、自动化喂饲设备、保持室温和通风所消耗的能源以及人力成本仍然一样，则收入会随之减少。这样，场主需要设法避免由此造成的经济损失所引起的后果。虽然鸡的恶癖是养鸡场的反常饲养方式所造成的，但为了防止啄癖，还要使饲养条件变得更加反常，完全熄灭照明即是其中的一种方法。更严厉的步骤则是现在养鸡工业普遍采用的"断喙"。

"断喙"是20世纪40年代从加利福尼亚州圣地亚哥市开始的。最初采用喷灯将雏鸡的上喙灼断，使它们长大后无法啄羽。不久这种粗糙的技术被改良的焊接烙铁所替代。如今使用的专门设计的断喙器，则是一种装有热刀片的类似断头台的机器。将雏鸡的喙插入断喙机中，热刀片立即将喙的末端切去；操作非常迅速，每分钟可做15只。但如此仓促的操作意味着刀片的温度和锋利程度也在不断发生变化，结果雏鸡在草率的操作中造成喙的严重损伤。

> 刀片过热会引起小鸡的嘴起泡。刀片冷却或变钝可导致鸡喙末端肉球状增生，这种增生使局部变得非常敏感。[6]

佐治亚大学属下的家禽研究人员莫尔丁，在一个家禽卫生会议上报告了他的实地观察。他说：

> 由于不正确的操作造成很多小鸡的鼻孔被灼伤或被严重割伤，这无疑会引起急性和慢性疼痛，影响进食行为和产量。我曾为私人养鸡场评估断喙的质量，大多数养鸡场认为只要断喙70％就够了……

新进来的为小鸡断喙的工人是按只付酬，而不考虑工作质量。[7]

即使断喙手术适当，如果认为那像剪指甲一样是无痛操作则是错误的。几年前，由动物学家罗杰斯·布兰贝尔教授领导的一个英国政府的专家委员会研究发现：

> 在角质层和骨质之间，有一层高度敏感的软组织，类似人指甲下的"活肉"。断喙的热刀片切断这个角质、骨质和敏感组织的复合结构时，会引起严重疼痛。[8]

再者，断喙造成的损伤是长期的。断喙的雏鸡接连几周会出现食量减少和体重下降的情况，原因很可能是受损残喙的持续性疼痛。[9]英国农业与食品研究理事会家禽研究中心的布鲁沃德与金特尔，研究了断喙母鸡的残喙，发现其中受损的神经会再生，向内生长的神经纤维继而缠成团块，称之为神经瘤。[10]业已证明，人在截肢后残端的神经瘤是引起急性和慢性疼痛的原因。他们认为，断喙所形成的神经瘤可能与此相同。接着，金特尔以家禽科学家的谨慎态度在科学期刊上著文，表达自己的意见：

> 总之，公平地讲，我们不知道断喙可能引起鸡的不适或疼痛的程度究竟如何，但在一个有爱心的社会，在没有否定的证据时，我们应当相信鸡的不适和疼痛值得关注。要防止鸡群互相残杀和啄羽，最基本的解决办法是采取更好的饲养方法，在照明亮度无法控制的饲养场

所，唯一的解决办法就是把鸡饲养在不会表现互斗习性的环境中。[11]

其实，还有其他的解决办法。为了预防互残，大多数养鸡业者都按常规采用断喙法。此法虽能显著减少鸡与鸡之间相互伤害的数量，却无法减少鸡群的应激反应和过度拥挤的现状，而这些才是导致这种反常现象的第一位原因。老式的养鸡场在一大片地方养一小群鸡，根本无须断喙。

过去，鸡是被分别给予照看的，如果一只鸡欺负别的鸡（虽然不常见，但可能发生），就会被从鸡群中挑取出来。同样，如果鸡生病或受伤也会得到医疗照顾，要么很快就会被杀掉。而现在一个人要照顾成千上万只鸡，就不可能那么做了。美国一位农业部长曾经饶有兴致地记述，一个人是怎样照看6万到7.5万只仔鸡的。[12]最近《家禽世界》刊登了一篇关于戴维·德勒哈姆仔鸡鸡舍的故事。他一个人不仅要照顾一个鸡舍里的8.8万只鸡，还要干60英亩❶地的农活！[13]在这里，"照顾"一词与过去的含意已不相同了。因为，如果一个养鸡人每天花一秒钟照顾一只鸡，一天24小时把这8.8万只鸡看一遍都不够，更不用说做其他杂事和这么大面积土地的农活了。而且由于光线非常暗淡，查看工作也更加困难。其实，现代养鸡场主所能做的事只是把死鸡拣出来而已。采用这种饲养方式损失少数几只鸡，要比多雇工人分别地照看鸡的健康来得省钱。

---

❶ 约合364亩。

　　为了完全控制照明和在一定程度上控制温度（鸡舍一般都需要采暖，极少降温），仔鸡的鸡舍没有窗户，封闭密实，依靠人工通风。鸡在出笼屠宰以前从来不见阳光，呼吸的空气里弥漫着它们自己的粪便所产生的浓重氨臭。在通风适当时，鸡能在正常的环境下生活，但如果机器发生故障，鸡立刻就会发生窒息。甚至一旦停电，就会造成重大的灾难，因为并非所有饲养场都有备用的发电设备，而停电的可能性又很大。

　　鸡舍可能还有一种被称为"挤堆"的现象，这也是令仔鸡窒息的一个原因。鸡舍饲养的仔鸡变得神经紧张、烦躁不安，意外的强烈光线、大的噪声或者外人闯入，都会引起鸡群的恐慌，突然出现骚动，鸡向角落逃窜。在惊慌失措寻求安全的狂奔中，它们像"叠罗汉"那样挤在一起，因此便像一个场主所描述的那样，它们"在鸡棚的一角，一个叠一个地被闷死，成为一堆可怜的鸡尸"。[14]

　　即使鸡群逃脱了这些危险，还可能有饲养场经常流行的各种传染病的侵袭。一种新的致命性疾病，简称为"猝死综合征❶"，其发病原因仍然不明。显然这是仔鸡产业在反常条件下饲养造成的后果，在加拿大和澳大利亚的鸡场里，仔鸡猝死综合征的死亡率平均约为2%，不管什么地方采用这种养鸡方法，估计死亡率都与此相似。[15]猝死综合征的表现如下：

---

❶ 猝死综合征，也称急性死亡综合征（acute death syndrome, ADS, 或 sudden death syndrome, SDS）。

  鸡突然发病，死前的特征是失去平衡、猛烈扑动翅膀和剧烈地抽搐……在开始失去平衡时，鸡会向前倾或向后倒，在急剧扑动翅膀时仰面朝天或扑倒在地。[16]

  迄今为止所有的研究结果都不能清楚地解释，为什么这些外表健康的仔鸡突然虚脱死亡。但是，英国农业部的一位家禽专家认为，这正和养鸡业努力追求的目标——快速生长有关。

  有理由推测，仔鸡的死亡率升高可能与遗传和营养上的过度提升有间接关系。换句话说，或许我们要求仔鸡的生长速度太快了，指望在7周内体重增长50～60倍……达到"突然翻盘"，茁壮生长的仔鸡（一般是公鸡）突然死亡，也可能与这种"超负荷"生长有关。[17]

  生长率过高也会引起鸡的伤残和畸形，以致养鸡场要额外杀掉1%～2%的仔鸡，由于患严重疾病的鸡才会被杀掉，因而遭受伤残痛苦的鸡，其比例一定比这个比例更高。[18]一种特别伤残类型的研究作者断言："我们认为催生鸡可能会长得太快，以致它们的身体结构处于崩溃的边缘。"[19]

  鸡舍里的污浊空气对鸡的健康有害。在鸡生长的7至8周里，鸡舍地面的垫料从来不换，也不清除鸡粪。尽管有机械通风，空气中却弥漫着氨臭、灰尘和微生物。正如我们所预料的一样，研究证明灰尘、氨气和细菌对鸡肺有伤害作用。[20]澳大利亚墨尔本大学的社区医学科，进行过一项鸡舍的空气对养鸡人健康危害的调查。他们发现，养鸡人中约70％曾说眼睛疼，约30％经常咳嗽，近15％患哮喘和慢性支气管炎。因此，研究人员警告说，人待在鸡舍里的时间越短越好，进鸡舍要戴防毒面具。但是，这篇报告对鸡的防毒问题却未置一词。[21]

由于仔鸡必须要在腐烂、肮脏和弥漫着氨气的垫料上站立、蹲伏，因而它们身上容易发生脚爪溃疡、胸部水疱和脚腕灼伤。"鸡零碎"是指不能整只出售的伤残鸡剩余的那些部分，然而鸡脚受伤对养鸡业不构成问题，因为宰杀后的鸡爪反正是要切掉的。

如果鸡长期生活在拥挤、弥漫着氨臭、满是灰尘，而且连窗户也没有的纵深很大的鸡舍里有很大压力的话，那么它们头一次也是唯一一次见天日的时候，其压力也不会小。这时候，鸡舍的大门猛地突然打开，那些已习惯于阴暗环境的鸡被抓住双脚倒提起来塞进鸡笼，叠架在卡车上。然后，把它们送到"处理厂"去宰杀、清洗，最后装进清洁的塑料袋。到了厂里，鸡笼从卡车上被卸下来，鸡可能仍然要等待好几个小时才被宰杀；在这段时间里它们既没有食物，也没有饮用水，饥渴交加。最终鸡被从笼里提出来，倒挂到传送带上，送至刀口，结束它们苦难的一生。

鸡经过拔毛、清理干净胴体后卖给千家万户，人们在大嚼鸡的尸骸时不会停下来想一想，他们正在吃的东西是否曾经也是活生生的动物，或者问一下为了让自己能够买到、吃到这个动物的身体，人们对这个动物干了些什么。要是真的有人停下来去追问一下，他们能在哪里找到答案呢？如果他们的资讯来自养鸡业巨头弗兰克·珀杜——美国第四大仔鸡生产商，他们首先得到的回答肯定是其自我推销：鸡在他的"饲养场"里得到无微不至的照顾，"过着很安逸的生活"。[22]普通人怎么会知道珀杜饲养场那长150码❶的鸡舍里，竟然养着2.7万只鸡呢？他们怎么会知道单是珀杜的大规模生产系统，每周宰杀680万只鸡呢？他们又怎么知道那里也像其他养鸡场一样，为了防止鸡在工厂化饲养的压力下互残而被断喙呢？[23]

珀杜的宣传在兜售一个众所周知的神话，即饲养业得到的经济回报与禽畜的良好生活条件是密切相关、同时并进的。工厂化饲养的辩护者常说，如果禽畜生活得不快活就不会长肉，因此也就赚不到钱。养鸡业的状况显然驳斥了这个哄人的神话。《家禽科学》杂志发表的一篇研究说，假定每只鸡的活动面积只有372平方厘米，比饲养业的标准面积小20％，在这么小的面积下即使有6.4％的鸡死亡（鸡在高密度饲养时的死亡率比低密度时高），鸡的体重也较低，鸡的胸部水疱发生率较高，但仍然可以赚钱。正如作者所指出的，养鸡业盈利的关键不是按每只鸡的利润计算，而是靠鸡场的整体盈利。

> 随着鸡的饲养密度增加……每只鸡的平均利润减少，但如按鸡舍单位面积的利润计算，效益却提高；随着整群饲养密度的增加，盈利增加。虽然在极高密度的试验中，鸡的生长率有所降低，但盈

---

❶ 1码＝0.9144米，150码约合137.16米。

利仍未减少。[24]

有些读者看了这段描述后，可能打算以后不再买仔鸡，改买火鸡了。我要提醒这些人，作为感恩节家庭晚餐传统大菜的火鸡，现在的饲养方法已与仔鸡相同，也要断喙。据《火鸡世界》说，最近几年"火鸡的产量激增"，而且在继续增长。1985年饲养火鸡2.07亿只，营业额高达20亿美元，20家大公司饲养的火鸡占80％以上。集约化饲养的火鸡一般在13至24周后宰杀，比仔鸡活的时间长两倍多。[25]

母鸡：铁丝笼中的囚徒

塞缪尔·巴特勒❶曾经写道："一只母鸡，只不过是一只蛋制造另一只蛋的手段。"毫无疑问，巴特勒认为自己是在讲笑话。但是，佐治亚州一家养鸡公司的总裁黑利说，母鸡是"生蛋的机器"，这话的含义就严肃得多了。因为这家鸡场的规模是 22.5 万只，他掌控着这么多蛋鸡的性命。为了强调他的务实态度，黑利补充说："产蛋的目的是赚钱。如果忘记这个目的，我们就忘记了鸡场的全部目标。"[26]

这不只是一个美国人的看法。英国一家农业杂志就这样告诉读者：

> 说到底，现代的蛋鸡只是一种效率很高的转化器，把饲料转化为最终产品——鸡蛋。当然，它还不大需要保养。[27]

在商业期刊特别是广告里，把母鸡说成是把饲料转化为鸡蛋的最有效率的工具的说法，十分普遍。可以设想，这种观念不会给蛋鸡带来好的后果。

蛋鸡经历的很多程序与仔鸡相同，但也有些不同。为了防止蛋鸡拥挤造成互相残杀，也与仔鸡一样必须断喙，由于它们活的时间较长，所以常常经历第二次断喙。英国国家家禽研究所所长迪克·韦尔斯建议蛋

---

❶ 塞缪尔·巴特勒（Samuel Butler, 1835—1902），英国作家。

鸡在"5至10日龄"时断喙，因为这时雏鸡所受的压力较此前断喙小，而且还是"减少早期死亡的良好方法"。[28]大约在12至18周龄，母鸡从成长期的鸡舍转移至产蛋场所时，常再次接受断喙手术。[29]

蛋鸡在幼小时就开始受苦。刚孵出来的雏鸡由"挑拣手"把雄雏和雌雏分开。雄雏由于没有商业价值，会立即被抛弃。有些公司用煤气把它们毒死，但最常见的做法是将它们直接扔到塑料袋里，让它们相互挤压窒息而死。还有些公司则把雄雏活活地碾成肉糜，再将其加入到饲料里去喂它们的姐妹们。美国每年杀死的雄雏至少在1.6亿只。[30]要讲出雏鸡遭受过多少痛苦是不可能的，因为没有任何记录可查。鸡场对待被遗弃的雄雏，就像我们处置垃圾一样。

母鸡因为下蛋被允许活得较长，但这并非幸事。过去雌雏一般在户外饲养，目的是让它们长得强健些，将来能更好地经受笼养的生活。现在雌雏也已被移入鸡舍，很多饲养场在雏鸡刚被孵出时就把它们关进了笼子，因为鸡笼层层叠架起来，鸡舍可以饲养更多的鸡，以降低管理成本。可是雌雏生长得很快，必须及时转移到较大的笼子里去，这个做法很不利，因为"死亡率可能有所升高……而且处于换笼过程中的雌雏必定会发生断腿或头部被碰伤的情况"。[31]

现在所有大的鸡蛋工厂，不管采用什么饲养方法，母鸡都是笼养。在起初采取笼养方法时，每个笼子只养一只。当时的想法是，养鸡人可以观察哪些鸡产蛋少、经济上不合算，然后再把这些鸡杀掉。后来发现每个笼子可以养好几只鸡，如果养两只则可以降低每只的平均成本。那还是开始的第一步，现在已无须记录每只母鸡产蛋的数量了。用笼养是因为一个鸡舍可以饲养一大群鸡，集中供暖、供应饲料和饮水，可以充分利用自动化设备，节省人力。

在经济上保持最低的人力成本，意味着蛋鸡和仔鸡一样不可能分别得到照顾。纽约州北部一家养鸡场的场主艾伦·海恩斯沃思回答记者的提问时说：他照看3.6万只蛋鸡，每天只需要4个小时，他的妻子照看2万只小母鸡，"她每天只需花15分钟，查看一下自动喂食器、水杯和头一夜死掉的鸡就行了。"

这种照顾当然不能确保庞大的鸡群的需求，如那位记者的报道所述：

> 人们走进小母鸡的鸡舍，会立即引起整个鸡群的大骚动。咯咯的叫声大得震耳，2万多只鸡因害怕人的侵扰，冲向鸡舍的远端。[32]

洛杉矶西北50英里的朱利叶斯·戈德曼鸡蛋城是首批百万蛋鸡场之一。1970年，《美国地理杂志》对这个鸡场非常感兴趣，并进行了调查。当时这种规模化的养鸡方法还比较新颖，200万只蛋鸡被饲养在一个个长长的鸡舍里，每个鸡舍有9万只鸡，每个16×18英寸（约合41×46厘米）的笼子里养了5只。蛋鸡场的副总裁沙梅斯向记者讲述他们照顾那么多只鸡的办法：

> 每个鸡舍有110排鸡笼，我们只查访了其中两排鸡的食量和产蛋量记录。当产蛋量下降至不经济的水平时，管理者就把整个鸡舍的9

万只鸡全部卖出，用于做馅饼或鸡汤。因而无须记录每一排鸡笼，更不需要观察每一只鸡。当你手上有200万只鸡时，你只能依靠统计与抽样的方法。[33]

在绝大多数鸡蛋工厂中，鸡笼都被分层叠架起来，附有食槽和水槽，饲料和水从中心供应系统自动输送到各排的笼子。笼底是由铁丝网做成的斜面，斜度通常是1∶5，虽然鸡站在上面很难受，但蛋可以滚到笼子的前面，养鸡人容易用手去捡，而现代化工厂则由传送带将蛋直接送到包装厂。

笼底用铁丝网做成，还有经济上的原因，那就是鸡粪容易漏下去，可以好几个月清理一次。（有些饲养场清除鸡粪比较勤，有些则很久才会清理一次。）可惜鸡的爪子不适合站在铁丝网上，只要有人肯去检查一下，就会发现鸡脚的损伤。由于缺乏坚实的笼底承受重力，鸡的趾甲长得很长，久了甚至可以和笼底铁丝缠在一起。美国养鸡组织的前主席，在一份养鸡业杂志上著文回忆说：

> 我们说鸡长大后就被固定到了铁丝笼子上，这一点也不夸张，因为鸡的趾甲像是缠绕在铁丝上，松不开来。这样，鸡的趾甲迟早会绕着铁丝长成完整的一圈，幸亏鸡被缠在笼子的前面，还可以获取食物和饮水。[34]

下面，我们应当考虑一下蛋鸡在笼子里的生活空间。1954年，英国通过的《鸟类保护法》旨在防止虐待鸟类。此法的第八款第一分款如下：

> 凡是拥有或囚禁任何鸟类的人，如果所用的笼子或任何其他容器的高度、长度或宽度不能使该鸟自由地伸展翅膀，则此人将触犯本法律，应按规定受处罚。

虽然任何笼养都应当被反对，但保护鸟类规定的底线是，笼子必须大到足以让被囚禁的鸟能自由展翅，保护动物免受无法容忍的囚禁，使其实现基本需要免遭挫折。这样，或许我们设想，英国的鸡笼至少能够让鸡得到这个最低限度的自由了吧！那就错了。前面引用的第八款第一分款附有一个很短却很重要的限制性条款：

> 但本分款不适用于家禽……

这个令人惊讶的限制性条款表明，在以善待动物著称的英国人中，口腹的欲望和同情心的力量有着如此鲜明的对比。在自然界，我们称作"家禽"的这些鸟类，对于展翅的渴望绝不低于其他鸟类。我们所能得出的唯一结论是，英国的议员们只有在他们的早餐不受影响时才会反对残忍。

美国的情况与此十分相似。1970年的《动物福利法》及其后几次修正案所制订的标准，要求笼子给动物"提供充足的空间，允许每个动物都能展现正常的姿势和合群的调整，有适当的运动自由"。但是，这一法律适用于动物园、马戏团、宠物商店和实验室，却不包括作为食物的动物饲养场。[35]

那么，怎样用一般鸟类的最低标准来衡量蛋鸡的笼子呢？要回答这个问题，我们需要知道最普通的蛋鸡翼展约30英寸❶。虽然笼子的大小各不相同，但按《家禽论坛》杂志上的说法为：

> 标准大小为12×20英寸（约合31×51厘米），可以养1～5只鸡。每只鸡所占面积因每笼所养的鸡数而不同，在240～248平方英寸（约合1 548～1 600平方厘米）之间。现在的趋势是要使鸡更加拥挤，以降低建筑物和设备的平均成本。[36]

很明显，这样的笼子太小，每只鸡都不能充分展翅，更不用说一个笼子里养5只了。如引文所说，养鸡业的标准是每笼养4～5只，而不是1～2只。

自本书第一版问世以来，科学界和政府的委员会对现代集约化饲养场的母鸡饲养条件已经有很多研究。1981年，英国下院农业委员会发布了一份关于动物福利的报告，其中写道："我们亲自看过实验用的和商业用的层架式鸡笼，对所见到的情况十分反感。"这个委员会建议英国政府应该采取主动，在5年内逐步淘汰鸡笼。[37]然而，英国霍顿家禽研究站对母鸡各种活动所需空间的一项研究，更有说服力。这项研究发

----

❶ 约合76厘米。

现，母鸡休息时身体所占的面积一般为637平方厘米，如果让鸡能轻松转身，每只需要1 681平方厘米。每笼5只时，笼的大小应能使每只鸡都能接近笼子的前面去饮水和取食，这样，笼子的长度至少为106.5厘米，深41厘米，每只鸡拥有873平方厘米（约合42×16英寸）面积。[38]《家禽论坛》中所说的最小的每只鸡应占笼子的均面积为48平方英寸，与标准的12×20英寸笼子养5只鸡时每只可占面积为310平方厘米正好相当；如果养4只，每只鸡可占面积387平方厘米。❶

虽然英国政府没有按照上述建议采取行动，淘汰鸡笼，但进行变革是可能的。1981年，瑞士开始一项用10年逐步淘汰鸡笼的计划，到1987年，笼养鸡的只均面积不小于500平方厘米，1992年1月1日起，再使用传统的鸡笼属于非法，所有蛋鸡都可以得到带有遮护装置和柔软底板的巢箱。[39]在荷兰，1994年起，再采用一般的鸡笼将属于非法，每只母鸡可占的面积最低为1 000平方厘米，还要另附带巢箱和扒食区。1988年7月瑞典通过的法律更进一步规定10年后废除鸡笼，并且要求牛、猪和毛皮动物必须"尽可能在自然的环境中"饲养。[40]

欧洲其他国家仍在辩论未来层架式鸡笼的存废问题。1986年，各欧洲共同体国家的农业部长制定的最低标准规定，每只蛋鸡的生活空间不得小于450平方厘米。现已决定，这个最低标准到1995年开始在法律上生效。英国农业部的格利德索普实验养殖场副场长曼迪·希尔博士估

---

❶ 原文分别是300平方厘米和375平方厘米。

计，英国有650万只鸡需要更换笼子，这表示目前有那么多鸡的生活空间比这个低得荒唐的标准还要低。[41]但是，英国总共大约有5 000万只蛋鸡，90％左右为笼养，这也说明新的最低标准只不过是把绝大多数蛋鸡场目前使用的高密度的养鸡笼子写进法律而已。其实只有少数养鸡场的鸡被饲养在比这个标准更拥挤的笼子里，需要换笼。同时，1987年欧洲议会建议，欧洲共同体应在10年内逐步淘汰层架式鸡笼。[42]但欧洲议会只有建议权，渴望结束笼养的欧洲人不能高兴得太早。❶

　　然而，即使已经开始解决这个问题，美国还是远落后于欧洲。欧洲共同体规定每只鸡的最低标准为450平方厘米，相当于70平方英寸。美国蛋农联合会建议美国的标准为48平方英寸，[43]但饲养场实际达到的面积仍然常比这个小。纽约州莫里斯山的海恩斯沃思养鸡场，在12×12英寸的笼子里挤着4只母鸡，只均面积为36平方英寸。记者补充说："海恩斯沃思在鸡太多、鸡舍不足时，每个鸡笼塞5只。"[44]真实的情况是，不论官方或半官方有什么建议，没人知道一个笼子里装了多少只鸡，除非有人去检查。澳大利亚政府的《行业规范》建议，在18×18英寸的鸡笼里养的鸡不得超过4只。但是，1988年，一位事先未经预约前去维多利亚州一家饲养场参观的人发现，有一个那样大小的笼子里竟装了7只

---

❶ 2012年1月1日，欧盟发布法令：各国彻底淘汰层架式鸡笼，10日内由大型鸡笼、棚屋或开放空间所取代。大型鸡笼要求每只蛋鸡的生活空间面积最少要有750平方厘米，高度最低为45厘米，还要设有栖木、巢箱、沙浴池等，以满足蛋鸡行为习性。同时禁止销售在层架式鸡笼中饲养的母鸡所下的蛋。比利时、保加利亚、塞浦路斯、法国、希腊、意大利、匈牙利、拉脱维亚、荷兰、波兰、葡萄牙、罗马尼亚和西班牙等13个国家尚未达标，欧洲委员会已经开始对这些国家提出诉讼。今后所有触犯此法令的欧盟国家将会面对法律惩处。2012年新西兰新出台的动物福利法规于12月7日生效，其中包括禁止使用铁丝制作的层架式鸡笼。

鸡,其他许多笼子装了5～6只,不过该州的农业局却拒绝起诉场主。[45]
7只鸡装在18英寸见方的笼子里,每只仅占46平方英寸或299平方厘米
的面积,即2只鸡的活动空间只有一张标准信纸的大小,鸡在笼里实际
上是挤在一起的。

除了瑞士、荷兰和瑞典以外,在包括美国、英国在内的几乎所有发
达国家的养鸡场里,鸡的各种自然本能都严重受挫,它们不能走动、扒
食、沙浴梳理、筑巢生蛋或展翅。它们不是一个鸡群的组成部分,不能
互不妨碍,弱者不能逃避因环境反常引起发疯的那些强者的攻击。极度
拥挤产生一种病态,科学家称之为"应激",与人类处于极度拥挤、囚
禁和基本活动受挫时发生的应激类似。这种应激导致仔鸡互啄和互相残
杀。对于生存时间较长的蛋鸡,得克萨斯的博物学家贝迪契克还观察到
其他征象:

> 我仔细观察过这种方法饲养的鸡群,在我看来,它们很不快
> 乐……我观察层架式鸡笼里的鸡,在正常情况下该是刚脱离母亲,独
> 自在草地上捉蚱蜢的时候,它们的精神似乎就不正常了。真的,毫不
> 夸张地说,层架式鸡笼确实已经成为鸡的"疯人院"。[46]

噪声是鸡苦恼的另一指标。鸡在田野里扒食通常都很安静,只是偶
尔咯咯叫,但关在笼里的鸡却都非常吵闹。上面我引述过参观海恩斯沃
思农场小母鸡舍的记者的话,他说那里是"全面的大骚动"。下面是这
个记者对鸡舍的报道:

　　鸡舍里的母鸡真是歇斯底里一般，小母鸡鸡舍的喧闹还没有达到这个样子。为了挤到自动饲料槽前吃食或饮水，母鸡们相互践踏，咯咯叫着乱成一团。母鸡就是这样在无休止的生蛋中度过短暂的一生。[47]

　　不能做窝或筑巢，并在窝里生蛋，是母鸡的又一苦恼。康拉德·洛伦茨曾说，生蛋过程是对笼养母鸡的最大折磨。

　　对于动物的习性有所了解的人，看到笼里的母鸡怎样一再趴到笼中其他鸡的身下，看到它们想要找个有遮掩的地方下蛋而不得，我们都会感到心痛。在这种环境下，母鸡肯定是尽量忍住不把蛋生下来。它们的天性厌恶在许多鸡的相互拥挤中生蛋，就像文明人羞于在众人面前大便一模一样。[48]

　　洛伦茨的看法得到一项研究的支持：母鸡能够不怕艰难，克服重重障碍去寻找一个产蛋窝。它们在窝里下蛋的愿望十分强烈，寻找产蛋窝就像挨饿20个小时以后去觅食一样迫切。[49]为什么鸡在进化中获得隐蔽生蛋的本能呢？一个原因可能是生蛋时产道口发红湿润，如果暴露在其他鸡的面前，可能会因被啄破而流血，并且有进一步被啄残或吃掉的危险。

　　还有证据表明，母鸡做窝的本能绝不会丧失。我的几位朋友从鸡场收养了几只商业产蛋期结束，即将送往屠宰厂的母鸡。当这些鸡被关在光秃秃的铁丝笼里一年多以后，将它们放到后院里，只要给些干草，它们立刻就做起窝来。瑞士的法律要求，到1991年底，鸡场要为所有蛋鸡提供加遮护装置的巢箱，底板要柔软或带垫草。瑞士科学家甚至研究了母鸡喜爱的垫草类型，他们发现不论笼养鸡还是用垫草饲养的鸡都偏爱燕麦皮或麦秸，这些材料是它们的首选，没有鸡愿意在铁丝网上生蛋，它们也不喜欢塑料制作的装饰草。研究的发现很有意思，几乎所有用垫草饲养的母鸡在巢箱里只待45分钟，而笼养的母鸡87%在巢箱里待了45分钟以后仍然不肯离开，对新找到的安乐窝高兴得着迷。[50]

在笼养过程中，鸡的其他基本天性受到压抑的真实情景也反复被表现出来。两位科学家观察发现，刚被孵出来就被圈笼中饲养的母鸡，在6个月后从笼子里被放出来，不到10分钟就有半数的鸡扑动翅膀，但鸡在笼子里不可能施展这个动作。[51]另一个保持羽毛品质所必需的本能行为——沙浴梳理，也与此相同。[52]在农家院子里，鸡会去找块合适的细土地面，磨蹭出一个坑来，把沙土扒拉到羽毛上，然后再用力把沙土抖掉；关在笼子里的鸡也有这种本能。一项研究发现，铁丝笼养的鸡"肚毛脱落得很多"，"其重要原因是鸡缺乏做沙浴的适当材料，以致关在笼子里的鸡要在笼底的铁丝网上进行沙浴"。[53]另一位研究人员发现，尽管鸡在笼里没有沙土来梳理羽毛，但确实仍然有沙浴的行为，虽然每次时间较短，却比养在沙土地面上的鸡做得更勤。[54]沙浴的冲动非常强烈，即使铁丝网把肚子上的羽毛都搓掉了，母鸡还是不断地做。再者，如果把鸡从笼里放出来，它们会立即进行沙浴，享受快乐。眼看着一只沮丧、胆怯，几乎没有毛的母鸡，被放到一个合适的环境下，不久就恢复了羽毛和天性的尊严，真令人高兴极了！

看看挤在一个笼子里的母鸡，就可以充分体会到，现代化蛋鸡场的鸡总是处于严重的沮丧状态中。它们在笼里站也不舒服，趴也不舒服；即使有一两只鸡在笼里的处境稍好些，但只要其他的鸡动弹一下，它们也随之发生动摇。这情景就好像三个人挤在一张单人床上想睡一夜好觉那样，徒劳挣扎着要无可奈何地挨过整整一年，而不是一个夜晚。还有随之而来的苦恼是，由于鸡的身体和铁丝笼壁的摩擦以及鸡群内部个体总是相互啄羽，一起生活几个月之后鸡就开始掉毛，铁丝也会直接造成鸡的皮肤损伤。因此，过一段时间之后，鸡的羽毛就会变得稀少，皮肤常被铁丝搓得鲜红，甚至皮开肉绽，特别是在尾部附近。

蛋鸡啄羽，与肉鸡一样是应激的征象。如前述一份研究报告所说，这是"由于环境中缺乏适当的刺激"。[55]业已证明，在一个丰富多样，有栖木、供扒食的垫草和巢箱的环境下，母鸡发生互啄和羽毛损伤的概率要比一般笼养少得多。[56]一个研究组的报告认为，啄羽是造成进一步伤害的原因。

> 皮肤抓伤和撕裂，特别是在背部……当背部的皮肤没有羽毛保护时很容易发生。因此，恐惧、掉毛和疼痛有可能是这个综合征的一部分。[57]

最后，在大部分的笼子里常有一只鸡（在大的笼子里可能不止一只），失去抵抗的意志，被挤到一边任其他的鸡将它踩在脚下。在农家场院，这些可能是啄序地位较低的鸡，正常情况下并无大的影响，但在笼子里，这种鸡只好蜷缩在角落，常居于笼底斜面的低处，被笼里的同伴抢水争食时踩在脚下。

这些证据虽然足以说明，再去研究母鸡是否喜欢笼养是多余的，但牛津大学动物学系的道金斯博士仍然做了这种研究，为上述现象提供深入的科学支持。在笼里和草地饲养场都生活过的鸡，只要让它们选择，它们就会去草地。其实，绝大多数的鸡宁可待在没有食物的草地上，也不愿意进入有食物的笼子。[58]

最后，死亡率是表示母鸡生活条件不好的最令人信服的指标。由于普通鸡的正常寿命比蛋鸡的容许寿命（1.5～2年）要长得多，所以只有在最恶劣的环境下才会出现鸡的死亡率升高。像集中营里的囚犯一样，母鸡即使在最悲惨的情况下仍然极力求生。可是，蛋鸡场的母鸡年死亡率为10%～15%，显然死亡原因主要是由于过度拥挤及其相关问题造成的应激反应。下面是一个例子：

> 据美国加利福尼亚州的库卡蒙加附近的一家5万只蛋鸡饲养场的经理说：在他的饲养场里，每天有5～10只鸡死于密集饲养的应激反应，每年约2 000～4 000只。他说："这些鸡不是死于什么疾病，只是因为忍受不了拥挤生活的应激反应。"[59]

康奈尔大学家禽系所做的细致的对照研究证明：拥挤会增加鸡的死

亡率。12×18英寸的笼子养3只鸡，一年内的死亡率为9.6%，养4只上升至16.4%，养5只则高达23%。尽管有这样的结果，但研究人员仍然建议"在大多数情况下，12×18英寸的笼子应养4只来航鸡"。因为鸡场总的产蛋量越多，资本和人力所获得的回报也越大，在除掉研究人员称之为较高的"鸡只损耗"[60]成本以后，这个回报仍然较大。这份报告断言，如果鸡蛋价高，则"每个笼子养5只的获利会更多"。这种情形与我们在肉鸡部分所说的情况相似，这再次证明饲养场的经理们只有在动物更加拥挤的状况下才能赚大钱，即使这种条件会造成更多的动物死亡也在所不惜。如同妇女的排卵一样，产蛋是机体的一种生理功能，即使在所有的行为需要都无法满足的条件下，母鸡还是可以生蛋。

所以，鸡为我们产蛋而生，又为我们产蛋而死。那些早死的鸡或许更为幸运，因为身体比它们强壮的同伴充其量只是多过几个月的痛苦生活。母鸡产蛋减少时就被送往屠宰场，去做馅饼或鸡汤，那是它们仅有的用途。

替代这个常规的归宿可能有另一条路，但这条路也绝不舒服。在母鸡产蛋开始减少时，用"强制换羽"的方法可以使它们恢复产蛋能力。鸡在自然状况下，随着季节变化会脱掉老毛长出新羽，强制换羽的目的就是迫使鸡重复这个生理过程。不论是自然的还是人工的方法，换羽后母鸡的产蛋量都会增加。母鸡被饲养在由人工控制环境的鸡舍里，温度和光照时间没有季节性变化，人工诱导换羽对它们的身体冲击很大。平常，鸡是自由取食和饮水的，强制换羽的典型做法是突然中断它们的食物和饮水。例如，新近英国农业部的一本小册子还建议，在强制换羽的第二天应当：

> 断绝食物、光照和水。食槽的饲料完全清空，收捡起鸡蛋，然后断水、关掉照明，持续24小时。[61]

标准做法是两天后恢复给水，再过一天给食，在其后的几周内恢复正常照明。有些鸡因经不起这个过程的冲击而死亡，活下来的鸡恢复了产蛋能力，这也只能延长6个月左右的生命。在英国，由于动物福利组织施加压力，自1987年以来这种强制换羽的做法已属非法，鸡必须每天都能得到食物和饮水。在美国，强制换羽仍然合法。不过，许多农场主认为鸡很便宜，不值得用这样麻烦的办法去延长鸡的产蛋时间，宁可在母鸡过了产蛋高峰以后再换一批新鸡。

最后，农场主并没有对那些为他们大量生蛋的母鸡产生丝毫的同情心，在它们等待被宰杀期间一点饲料也不给。这连杀人犯的待遇也不如，杀人犯在赴刑场前还能大吃一顿。《家禽论坛》的一个版头标题建议"生完蛋的鸡要撤除食物"，其下的文章提醒场主，宰杀前30小时内喂鸡是浪费，因为屠宰加工厂是不会为鸡肚子里的残留饲料付钱的。[62]

猪：沮丧症候群患者

　　在西方国家常作为肉用的动物中，猪无疑是最聪明的。猪的聪明程度与狗相当，甚至比狗更聪明。猪可以作为宠物，可以训练它们像狗一样懂得简单的指令。乔治·奥威尔在《动物庄园》❶中选择猪作为领袖，不论在科学上还是在文学上都是有道理的。

　　当我们考虑猪的饲养条件是否令人满意时，务必记住它们是拥有高智力的动物。虽然凡是有感知力的生命，不论聪明与否都应当被平等考虑，但能力不同的动物有不同的需要，而所有动物的共同需要是身体舒适。前面我们已经说过，鸡的这一基本需要被剥夺了，我们将要看到，猪的这一需要也被剥夺了。母鸡除了需要身体舒适以外，还要一个正常鸡群的社会结构性环境。小鸡刚出壳就没有母亲的温暖和咯咯声的抚慰，使它们怅然若失。研究证明，即使雏鸡也会因感到单调和厌倦而痛苦。[63]不论鸡的痛苦程度有多大，但猪肯定会加倍痛苦。爱丁堡大学的研究人员发现，把商品猪放进半自然的围场里，猪有固定的行为模式：它们组成稳定的社群，筑造共同的猪窝，在窝的远处有便溺场所，白天它们会花很多时间在林地的边缘拱土觅食。母猪快要分娩时便离开公共的猪窝，寻找一个合适的地点刨坑，垫上干草或细枝，建造自己的窝。

---

❶ 乔治·奥威尔（George Orwell, 1903—1950），英国作家。《动物庄园》（*Animal Farm*）为其代表作之一。

它在那里产仔，大约待上9天，然后带着小猪回到猪群。[64]如同我们下面就要说的，在工厂化饲养场里，猪不可能按照这些本能的行为模式生活。

在现代的工厂化饲养场里，猪除了吃食、睡觉、站立和躺下以外，不能再有其他活动。为了清洁场地的方便，它们身下一般没有垫草或其他垫料。这种饲养方式令猪厌烦和难受，但它们几乎都会增长体重。偶尔也有场主注意到他们的猪喜欢刺激兴奋，英国一位场主写信给《农场主周刊》，讲述他把猪放进一座闲置的农场住宅的情景，它们在屋子里四处玩耍，楼上楼下相互追逐。他得出结论：

> 我们的猪需要各式各样的环境……还应当安排不同样式、形状和大小的小玩意儿……它们和人一样不喜欢单调与乏味。[65]

这个常识性观察已得到科学研究的支持。法国的研究证明，被剥夺自由或情绪沮丧的猪，如果给它们戴上皮带或链子，它们血液中与应激有关的皮质激素❶水平就会下降。[66]英国的研究证明，猪被关在光秃秃的环境下会感到非常乏味和厌倦，如果在它们面前放一槽食物和一槽泥土，它们会先选择拱一会儿泥土，再去吃食。[67]

在光秃秃的、过分拥挤的饲养条件下，猪同鸡一样有产生"恶癖"——咬癖的倾向。猪不是相互啄羽和互食，而是互咬尾巴。在猪舍

---

❶ 即肾上腺皮质激素，又称皮质类固醇激素或甾体激素。

里，这种咬癖引起猪的互斗和体重下降。但是农场主不会去改变产生恶癖的条件，而是采取消除这种现象的另一种办法，就是割掉猪的尾巴，因为猪没有喙，不能用断喙来预防互斗。

对此，美国农业部推荐的做法是：

> 断尾是预防猪在密集圈饲时互相咬尾的常见做法，所有养猪场都应当这样做。在尾根部0.25～0.5英寸处用切割钳或其他钝器断尾，钝器的挤压作用有助于止血。有些饲养场用鸡的断喙器来断尾，这种方法可以烧灼切面伤口。[68]

农业部推荐的这种做法格外不光彩。在我说明不光彩的原因之前，先引用一位养猪场场主直言不讳的看法：

> 猪痛恨被切掉尾巴，它们真的恨死断尾了！我认为，如果我们多给猪一些空间，可能就用不着断尾；因为空间较大时它们就不会发疯和作恶。在有足够的生活空间的环境下，它们其实是脾气十分温顺的动物。但这样的猪舍太费钱，我们花不起。[69]

除了给猪较大的空间外，一位研究农场动物的权威科学家提出了另一种可能的办法：

> 根本的原因……可能是由于找不到适当的目标，猪只好用异常的方式进行它们所特有的活动。在猪圈里垫草的话，咬尾巴的情况就

会减少，可能因为草有"娱乐"作用，至少部分原因如此。[70]

现在我们可以看出，为什么说美国农业部推荐使用的冷酷方法很不光彩。第一，完全没有提及在断尾时必须应用止痛剂或麻醉药。第二，完全没有指出猪需要断尾是因为猪舍太拥挤、没有垫草或缺乏吸引它们兴趣的东西。问题是感到厌倦的猪对任何有吸引力的东西都会去咬，如果咬了其他猪的尾巴，伤口流血，这血又会吸引另一些猪来咬，因此受伤的猪被咬得更加厉害。[71]美国农业部和养猪场场主，都是要对动物下刀，而不是改善猪所需要的生活条件，这完全是现代动物饲养业的典型心理。

密集圈饲的猪与笼养的鸡情况相似的另一方面，是应激反应造成的痛苦，在很多情况下猪因此死亡。由于单个猪在饲养场的总体盈利中的贡献要比单只鸡大得多，因此，猪场对单个猪死亡的重视程度远比养鸡场对单只鸡死亡的重视程度高得多。猪有一种被称为"猪沮丧症候群"的疾病，根据《农场杂志》的一篇文章描述，症状是"极度沮丧……僵硬、皮肤出现红斑、气喘、焦虑，而且常常猝死"。[72]这种疾病特别令场主伤脑筋，如这篇文章所说，"让人揪心的是，饲养费用已经全部投入、猪快达到出栏的体重时，你常常发现猪由于应激综合征死掉了"。

有证据表明，随着猪的密集圈饲日益普遍，猪的应激综合征发病率急剧升高。[73]圈养的猪非常脆弱敏感，诸如受到异样的噪声、突然出现的亮光或场主家的狗的侵扰都可引起这些症状。但是，要是有人建议不用密集圈养法来减少猪的应激反应，结果肯定会和几年前《农场主与畜牧业者》杂志中的下述说法一样：

这些猪的死亡绝不会抵消总产量较高所获得的额外回报。[74]

与肉鸡和蛋鸡产业不同，养猪业还没有普遍采用全部密集圈饲，但趋势是朝着这个方向发展。密苏里大学的一项调查发现，早在1979年，54％的中型养猪场和63％的大型养猪场采用全部密集圈饲设施。[75]大型企业对养猪业的控制日益增加，1987年，美国养殖业联合会主席威廉·霍说，"10年内，养猪业将与现在的养鸡业一样，主要的养殖企业在100家以内"。[76]这是个由来已久的真实情景：小的个体饲养场正在被大型养殖工厂挤垮，一个大厂每年"制造"出5万至30万头猪。世界上最大的、每周宰杀850万只肉鸡的泰森食品（公司），现在也已经进入养猪行业。这个公司是拥有69座繁殖场和哺育场的综合企业，每年猪的出栏数在60万头以上。[77]

所以，现在绝大部分的猪都在暗无天日的屋子里度过一生。猪在繁殖场出生、吃奶，先在哺育场饲养，然后进入饲育场长到出栏的体重。除留做种猪的以外，其余的猪都在5至6个月的年龄、体重达到220磅（约合99.8千克）上下时被送往屠宰场。

采用密集圈饲法的主要原因之一，是节约人力成本。应用集约化饲养系统，包括自动化喂饲，漏缝地板便于粪便流出和清洗，整个工序只需一个人操作。与其他密集饲养法一样，此法节约成本的另一原因是猪的活动空间缩小，吃进同样的饲料但"无益的"运动消耗减少，提高了每磅饲料的增重率。所有这些正如一个养猪场主所说："我们千方百计要做的，是改变动物的生存环境以获取最大利润。"[78]

除了应激、厌倦和拥挤以外，现代化密集圈饲法还给猪造成一些健康问题，其中之一是空气不好。下面引用美国伊利诺伊州斯特劳恩的莱曼饲养场的养猪人的话：

> 氨气时刻在侵蚀着猪的肺……污浊的空气真成问题。我在这里工作片刻就感觉到氨气直往我的肺里钻，但起码我夜间不在这里，可猪不行。因此，我们不得不一直喂它们四环素，这还真能有助于解决问题。[79]

这个猪场的条件并不算特别差。在讲这些话的前一年，莱曼还被美国猪肉产业联合会授予"全美伊利诺伊猪肉"的荣誉称号。

猪的另一个健康问题是，猪舍的地面设计是为了便于清除粪便等污物和保持清洁，而不是为了猪的舒适。大多数猪舍的地面是坚硬的混凝土，或覆盖着漏缝地板。这两种地面都不合适，容易造成猪的腿脚受伤，但《农场主与畜牧业者》的编辑关于漏缝地板的讨论，清楚地道出了猪场主对这个问题的态度。

> 就常理而言，畜舍用漏缝地板饲养消费性的牲畜，看来是利大于弊，动物一般在发生严重伤残以前就被屠宰了。反之，种畜活得

时间较长，它们的腿部必须生长发育良好，一旦造成损伤就会得不偿失。[80]

一位美国场主说得更直截了当：

> 在这里，我们不是靠生产的动物模样好看赚钱，而是靠重量赚钱。[81]

虽然动物一般在发生严重伤残前就会被屠宰，这样可以减少场主的经济损失，但动物长期站立在不适合的地面上，令它们难受，如果不是猪过早地被杀死，引起的腿脚伤残会更加严重。

解决的办法当然是让猪脱离那光秃秃的混凝土地面。一位养了300头母猪的英国养殖场主这样做了，他把猪放到院子里，地上铺上干草，还有猪窝。他说：

> 当我们把所有孕猪都限制在猪圈时，由于猪发生擦伤、肠绞、跛腿、溃疡和髋部疾病……造成很大的损失。我们可以证明，户外饲养的母猪，跛腿和互斗造成的伤害都很少。[82]

现在只有极少的猪能在铺着秸草的院子里过这样奢侈的生活，大趋势是在朝着错误的方向发展。荷兰、比利时和英国不仅养鸡业带头工厂化，而且养猪场也开始把小猪关进了笼子，美国的业主也正在仿效。小猪笼养的好处，除一般认为能限制猪的运动，吃得少、增重快和肉嫩以外，主要还是因为可以提早断奶。母猪停止哺乳后，几天内就可以受精，这时用公猪交配或通过人工授精可使母猪再次怀孕。如果让小猪像原先那样自然地吃奶三个月，母猪每年至多生两窝，提早断奶可以生2.6窝。[83]

现在大多数的场主至少还让母猪哺乳一周，再把小猪关进笼子饲养。但最近的报告说：加拿大的农业研究人员赫尼克博士开发出一种机器母猪，"他的发明能使集约化繁殖法下每窝的产仔数增加。迄今由于母猪泌乳能力的影响，产仔数总是受到限制"。[84]专家预测，应把机器哺育法和其他新技术如超额排卵法（增加母猪产生受精卵的数目）结合，高度自动化的猪生产系统使每只母猪一年可产仔45只，而不是先前的年平均16只。

这些发展在两个方面令人担忧。第一，对仔猪的影响是它们一出生就被剥夺了母爱，被关进了铁笼子。哺乳动物分娩后母子过早分离，引起亲子双方的痛苦。至于笼养，如果一个普通人把狗终身关在笼子里饲养，就有被以虐待动物罪起诉的危险，但把与狗智力相当的猪在相同条件下圈养，猪场反而可能得到减税的回报，在某些国家甚至还可能得到政府的补贴。

令人忧虑的第二点是，这项新技术正在把母猪当作活的生殖机器。一家大公司——沃尔肉品公司的经理竟然说："应当把种猪看作是一件贵重的机器，其功能与香肠机一样，从中挤出小猪来，对待它们也按机器处理。"[85]其实美国农业部也鼓励业主这样看待猪："如果把母猪看成是一个猪的制造单位，改善产仔和断奶过程的管理，将使每只母猪每年产出断奶的小猪数更多"。[86]母猪的一生只能在怀孕、产仔、生下幼崽被剥夺，然后再怀孕的循环中重复，即使是在最好的条件下，这样的生存也没有什么快乐可言，何况母猪的生活条件并不好。母猪怀孕和生产都受到严密的监禁，怀孕时通常会分别被限定在金属畜栏里，栏宽2英尺（约合0.6米），长6英尺（约合1.8米），比猪的身子大不了多少，或者在猪的脖子上套上链圈紧紧拴住，甚至监禁和链拴两种办法一起用上。猪的行动严重受限，前后挪动一步都很困难，更不用说转身了，其他活动也都不能进行，这样的生活要持续两三个月。用这种残暴的方式单独监禁猪的理由，仍然是为了节省饲料和人力。

母猪临产时被移到"产仔栏"。（在英语中，人的生产被称为 give birth，即生孩子或分娩，而猪的生产则称 farrow，即产仔或下仔。）这里对猪的活动限制比原先的猪栏更死。许多国家广泛采用一种钢铁栏杆，即产仔限位栏，不给母猪一点活动的自由，这个装置也被称为"铁娘子"❶。这种做法的目的表面上是避免母猪翻身压伤小猪。可是，如果给母猪提供较为自然的环境也能达到同样目的。

母猪整个一生几乎都在严格的限制下过着被监禁的生活，在怀孕和哺乳育仔时是这样，在被剥夺了哺乳育仔的权利时也是一样。这种环境十分单调，猪根本没有机会去选择或改变其环境。美国农业部承认，"母

---

❶ 铁娘子（Iron maiden），是欧洲中世纪一种酷刑的刑具。

猪被关在保定栏里，不能满足它想做窝的天然渴望"，这种沮丧也会影响它们产仔和哺乳的能力。[87]

母猪对监禁饲养的反应非常明显。荷兰瓦赫宁根大学克罗宁的博士论文是研究监禁饲养的母猪行为。他描述了母猪头一次被链子拴在猪栏里的情景：

> 母猪把身子向后猛烈地甩动，拉扯链子；不断剧烈地扭动头部，来回扭转身体，挣扎着试图逃脱。同时常常拼命地尖叫，偶尔还有些猪会用身体冲撞拴栏的侧壁。有时猪会精疲力竭，虚脱倒地。[88]

母猪采取暴力想逃脱的努力可持续三个小时。克罗宁的报告说，当母猪平息下来时，通常会长时间躺在那里，把鼻子从栏杆下伸出来，有时发出轻声的呻吟和哼哼唧唧的哀鸣。过一段时间母猪就会出现应激反应的征象，如啃栏杆、空咬和来回摆头等。这些被称之为刻板行为。凡是去过动物园的人，都见过养在光秃秃的混凝土围栏里的狮子、老虎或熊的刻板行为，它们老是对着围栏不停地来回走动。可是，母猪连走动也不行。我们知道，在自然环境下，猪是非常活跃的动物，每天要在寻找食物和探究周围环境上花好几个小时。现在，如同一位兽医所说，啃栏杆"便成为猪在那个光秃秃的环境中，对所能得到的与少数有形实物的接触"。[89]

1986年，一个由政府支持的研究组织——苏格兰畜舍研究所，就"严密的监禁会引起母猪痛苦吗？"这个问题的科学证据，发表了一篇评论。在分析了20多篇不同的研究论文后，作者认为，母猪的刻板行为与人类的神经症患者的不断洗手和两手相互绞扭等强迫行为相似。他们对所研究的问题的回答是，"母猪因被严密监禁而造成严重的精神痛苦"，这是无可置疑的。[90]英国政府的一个顾问机构——英国农场动物福利委员会，在1988年报告中以更官方的语言做出同样的结论：

> 我们认为，猪栏和链拴系统都不能满足特别重要的某些福利标准。由于这类设计，使在栏的动物不能活动和表现自己的自然行为模式；本理事会成员所见的各种类似畜舍系统，很少有可能减轻动物由于被监禁所造成的持续不断的应激反应……我们建议……政府应紧急立法，阻止人们继续建造类似的畜舍。[91]

母猪只有和公猪在一起时，才有很短时间能在稍大的猪栏里自由活动，但仍然在室内。母猪一年至少有10个月处于怀孕和哺乳期，这期间都不能走动。在人工授精广泛应用后，这种天性敏感的动物除了同自己生下来的小猪有非常短暂的接触以外，便失去最后的活动机会，连与自己同种的伙伴唯一的自然接触❶也被剥夺了。

1988年，在母猪监禁饲养法被推行20多年后，一篇重要的研究发现，被监禁的不幸的母猪和配种的公猪还要忍受饥饿的煎熬，这成为它们的又一种痛苦。催肥上市的猪需要吃多少就会被喂多少，但在业主看

---

❶ 指交配。

来，种猪只要勉强达到最低需要，能让它们配种繁殖就行，吃多了只会浪费金钱。这项研究证明，按照英国农业研究理事会所推荐的饲料定量来喂种猪，只能达到让它们随意吃饱的60％。而且，猪在吃完每日的定量饲料后仍然像吃前一样按压饲料杆，企图得到额外的食物，表示它们吃完了还觉得饥饿。正如科学家们所言：

> 孕猪和公猪喂食量的商业标准虽然适合场主的需要，但不能满足猪的要求。人们常常想当然地认为，在动物福利不好的情况下，就不可能达到高水平的产出。可是，种猪的食物定量标准过低造成的饥饿，可能是造成应激的一个主要原因。[92]

这再次显示，业主的利润和动物的利益是冲突的。这种情况经常出现，实在令人吃惊，而农业综合企业的游说组织却不断向我们保证，只有被照顾良好的、心情愉快的动物才能有高产出。

小肉牛：保持贫血，不许动

在集约化饲养的各种做法中，道德上最令人深恶痛绝的莫过于小肉牛的饲养方法。这种饲养法的要点，是限制贫血的牛犊的活动，用高蛋白饲料喂养以生产出细嫩色淡的小牛肉来，供应豪华餐厅的食客。幸而这种饲养的规模很小，远不能与鸡、牛或猪的庞大数量相比。不过，这种做法仍然非常值得我们关注，因为它既对动物造成了极度残酷的虐待，而且在为人提供营养的方式上又毫无效率。

小牛肉就是婴幼牛犊的肉，最初是指在断奶前被屠宰的牛犊的肉。据信这种小牛肉要比开始吃草的牛犊的肉颜色浅淡、肉质更嫩，但实际上是差不多的，因为几周龄的牛犊在开始吃草时仍然很幼小。过去，少量的牛犊是牛奶场淘汰下来的小公牛，生下来一两天就被装车送往市场，在那里，牛犊饥肠辘辘，加上因环境陌生和失去母亲而心生恐惧。在出售后，它们便会立即被送往屠宰场。

至20世纪50年代，荷兰的小牛肉生产商发明出一种方法，让牛犊的饲养时间延长而肉质不会变老，颜色也不会变红，诀窍是把牛犊置于极其残忍的条件下饲养。如果牛犊在室外饲养，自由走动会使肌肉发育、肉质变老，吃草会使牛犊的肉色加深，而且牛犊活动还消耗热量，在饲料上要花更多的钱。因此，小牛肉生产商家把新生牛犊从拍卖场买回去，直接关进牛犊舍。这种牛舍由粮仓改建而成，或者专门建造；舍内有一排排宽1.83英尺（约合0.56米）、长4.5英尺（约合1.37米）的隔栏，地面为混凝土，其上覆盖着板条。牛犊会被链子拴住脖子，等牛犊大到在狭窄的隔栏里无法转身时，人们才把链子解掉。牛栏里既没有干草，又没有其他垫料，因为牛犊吃草可使肉的颜色变深。牛犊吃的完全是液体饲料，基本成分是高脂奶粉❶，并加有维生素、矿物质和促进生长的药物。牛犊在这样的条件下被饲养了16周，在送往屠宰场时才离开隔栏。在养主看来，这个饲养系统的妙处在于，新生牛犊刚饲养时才90多磅，出栏时体重就增加到400磅。由于小牛肉通常会被溢价出售，所以这种方式饲养小肉牛的利润十分丰厚。

1962年，小肉牛饲养法由普罗维米（Provimi）公司引入美国。这是一家设在威斯康星州沃特敦的饲料公司，普罗维米是由"蛋白质、维生素和矿物质"几个词的英文字头组合而成，表示它的饲料含有丰富的营养素，使人联想到这个配方除饲养小肉牛外可能还有更大的用途。该公司自吹自擂，称普罗维米创造了"在饲养小肉牛上完满的全新概念"，迄今仍是这个行业中最大的公司，并控制着美国国内市场50%～75%的份额。该公司推动小牛肉生产的目的，在于扩大其饲料市场。普罗维米曾经发行过一份业务通报——《史托街报》❷，讲述它所认为的"小牛肉最佳生产法"，使我们得以了解这个行业的实质。自小牛肉生产方法被使用以来，美国和欧洲一些国家的做法基本上没有变化：

❶ 原文为"nonfat milk"（脱脂奶粉），实际上是用高脂奶粉。
❷ *The Stall Street Journal*，似有意模仿《华尔街日报》（*The Wall Street Journal*）起的名字。

　　小牛肉生产有两个目标：第一是在最短时间内饲养出最大体重的牛犊；第二是使小牛肉的颜色尽可能浅淡，以满足顾客的需要。一切在于利润、风险和投资是相称的。[93]

　　狭窄的隔栏和木条覆盖的地面令牛犊感到严重不适，当它们稍稍长大时，连站起来和卧倒都很困难。英格兰的布里斯托尔大学兽医学院的畜牧系教授约翰·韦伯斯特所领导的一个研究小组在一篇研究报告中说：

　　在75厘米宽的隔栏里，牛犊当然无法伸展四肢、它们只能将身子趴下……当牛犊感到需要散热时，它们就喜欢那样趴着……发育良好的牛犊在气温20℃以上时就有可能热得难受。剥夺了它们散热的最好姿势，只能使牛犊更加难受……在狭窄的隔栏里，超过10周龄的牛犊就不能按正常的姿势趴下来把头偏向一侧，我们认为，剥夺牛犊采取正常的睡姿，是对动物福利的一种显著侵犯。为克服这个问题，隔栏宽度至少需要90厘米。[94]

　　请美国的读者注意：75厘米等于2.5英尺，90厘米等于3英尺，两者都比美国的标准1.83英尺宽得多。

　　隔栏过于窄小以致牛犊无法转身，是它们产生沮丧的另一原因。此外，牛犊不能转身，当然也不能舒适地理毛，而牛犊天生具有转过头来用舌头理毛的天性。如同布里斯托大学的研究人员所说：

因为牛犊长得很快，产生的热量太多，大约在10周龄时要脱毛。此时，它们迫切地想为自己理毛。尤其是饲养在温暖潮湿的环境下，它们也容易受到体外寄生虫的侵扰。在隔栏里，牛犊无法用自己的舌头去舔身体的许多部位。我们认为，剥夺牛犊为自身理毛，无论是限制自由运动造成的，还是更坏的由戴嘴套所造成的，都是对动物福利的侵犯，完全是不可接受的。[95]

用板条覆盖的地面很硬，又没有垫料，牛犊很不舒服，站起、卧倒时膝盖着力更难忍受。此外，有蹄类动物站立在板条上都很不舒服；在牛栏里，漏缝地板像拦畜沟栅一样，也不应当使用，除非板条的间隙很窄。可是，要使粪便易于流出，地面冲洗得干净，板条间隙就必须较宽，而牛犊站在间隙宽大的板条上面就会感到很难受。布里斯托尔大学研究小组描述牛犊"在好几天里都会显得局促不安，于是不愿改换体位"。

牛犊也非常想念妈妈，尤其渴望吮吸，其程度如同人类的婴儿一样强烈。但这些牛犊既得不到乳头，也得不到任何供吮吸的替代物。从被关进牛栏的第一天起（或出生后第三四天），它们只好喝塑料桶里的饲料。曾经有人试用过人造乳头喂养牛犊，但乳头的清洁和消毒都很麻烦，显然场主认为那样做不值得。于是我们常常见到牛犊发疯似的在隔栏上找什么东西来吮吸，但一般找不到。如果你把手指伸给它，它就立刻吮吸起来，就像婴儿吮自己的大拇指一般。

接下来，牛犊需要发育反刍❶功能，即吃下的粗饲料再返回到嘴里来咀嚼。但是，粗饲料含有铁质会使肉色变红，所以提供反刍所需要的粗饲料也是被严格禁止的。牛犊试着啃牛栏隔板的边缘，但也徒劳，因而小肉牛常患消化系统疾病，包括胃溃疡和慢性腹泻。下面再次引用布里斯托尔大学的研究报告：

> 牛犊被剥夺了干饲料，导致正常的反刍发育障碍，从而助长毛球的形成，由此也可引起慢性消化不良。[96]

仿佛这还不够，还要特意让牛犊处于贫血状态。普罗维米公司的《史托街报》解释为什么要这么做：

> 小牛肉的颜色是从这个高档食品市场中获得"顶尖价位"回报的主要因素之一……小牛肉的"颜色浅淡"是高级俱乐部、宾馆和餐厅肯出高价的条件。"浅色"或粉红色的小牛肉，部分同牛犊肌肉的铁含量有关❷。[97]

于是，同其他小肉牛饲料商一样，普罗维米公司的饲料特意降低其铁含量。一般牛犊会从青草和其他粗饲料中补充铁质，但小肉牛吃不到这类饲料，所以患上贫血症，粉色的肉其实就是贫血的肉。这种颜色的

---

❶ 反刍是指哺乳纲偶蹄目的某些草食性动物（如牛、羊），在吞下未经充分咀嚼的草料，经过瘤胃浸软后，再逆呕返回嘴里重新咀嚼的消化过程，俗称倒嚼。
❷ 铁是血红蛋白的基本成分，缺铁性贫血时血液中血红蛋白含量下降。

肉作为高档商品，吸引势利的顾客满足其摆阔气的需要。实际上肉的颜色丝毫不影响口味，色淡肯定不会更有营养，只是表示缺少铁质。

当然，贫血的程度要加以控制。如果牛犊完全缺铁就会死亡，供给正常量的铁，牛肉又卖不出好价钱。因此，铁的供应必须维持适中，既保持肉色浅淡，又不至于让牛犊或大多数牛犊在达到上市体重以前死亡。可是，因为牛犊患有贫血症，身体是不健康的。由于蓄意维持缺铁状态，使牛犊产生对铁的渴求，以致隔栏上的任何铁器都要去舔，所以牛犊栏要用木材建造。普罗维米公司告诉它的顾客们：

> 隔栏用硬木制成而不用金属的主要原因，是因为金属可能影响牛犊浅淡的肉色……要使你的牛犊接触不到任何铁器。[98]

而且还说：

> 必须让牛犊接触不到连续不断的铁来源。（饮用水应加检查，如果含铁量过高，浓度超过0.5ppm时应考虑安装铁质过滤器。）建造牛犊栏时应当不让牛犊接触到锈蚀的金属。[99]

贫血的牛犊对铁质的极度渴求是场主想方设法不让它们在隔栏里转头的原因之一。虽然正常情况下牛犊同猪一样不喜欢接触自己的尿粪，但因尿里含有微量的铁，对铁的强烈渴求已经超过对尿粪的厌恶，因而贫血的牛犊会去舔浸透尿液的板条。场主讨厌牛犊的这种行为，担心它们为了一点铁质吃进尿粪混合物而被感染。

我们已经知道普罗维米公司的观点，生产小牛肉有两大目标，一是使牛犊在最短时间内长到最大体重；二是使肉色尽可能浅淡。上面我们说了达到第二个目标的做法，下面再讲促进体重快速增长的技术。

要使动物快速生长，必须让它们尽量多吃饲料，同时又必须尽量减少把摄取的食物营养消耗在它们的日常活动上。为使小肉牛尽量多吃，绝大多数牛犊不喂水。它们唯一的液体来源是食物，即富营养的代乳品，主要成分是高脂奶粉。由于牛犊舍是保温的，口渴的牛犊在没有饮水的情况下，只得多喝这种液体饲料。牛犊过量进食通常会造成大量出汗，据说这就像一位经理吃得太多太快的那个样子。[100]牛犊由于出汗脱水而更加口渴，接下来还是多吃。无论如何，这种饲养法都对牛犊的健康不利，但按业主在最短时间内生产出最重的小肉牛这个标准要求，牛犊的长期健康是毫无意义的，只要能活着送到屠宰场就够了。所以，普罗维米公司的通报说，出汗表示"牛犊健康，并在最大程度上生长"。[101]

让牛犊过量进食只是成功的一半，还有一半是要保证它们把吃进去的食物尽量转变成体重。要达到这个目的，需要限制牛犊，不让它们运动。如果牛犊寒冷就会消耗身体的热量来维持体温，因此牛舍保温也是有效的方法。然而，在温暖的牛舍里牛犊也会烦躁不安，因为它们每天除了两次进食以外，整天不能活动。所以一位荷兰的专家写道：

> 牛犊为无所事事而痛苦……它们每天进食只需要20分钟！除此以外，什么活动都不能进行……人们可以观察到它们在做磨牙、摇尾

巴、摆动舌头和其他的刻板动作……这种刻板行为可以被看成是由于缺乏活动所做的消遣。[102]

许多场主为了减少牛犊的厌倦和烦躁不安，除喂饲时间以外都会让牛犊完全处于黑暗的环境中。牛舍没有窗子，只需把电灯关掉即可。因此，牛犊除了失去天性需要的亲情、活动和刺激以外，一天24小时至少又有22个小时的视觉刺激和与其他牛犊接触的机会全都被剥夺了。在完全黑暗的牛舍里生活的牛犊更是疾病缠身。[103]

以这种方式饲养的牛犊既痛苦又不健康。尽管业主只选择最强壮、最健康的牛犊来饲养，还会在饲料中常规加入化学药物作为预防疾病的措施，而且牛犊只要出现轻微的症状就会被注射药物，可是消化系统和呼吸系统疾病以及传染病仍然在牛犊中蔓延。饲养场里的牛犊，每一批中常有10％在15周出栏时已经死亡。这么短的时间内死亡率高达10％～15％，对于一般肉牛饲养场是灾难性的，但小牛肉业主可以经受这样大的损失，因为豪华餐厅愿意出高价收购这种产品。

为农场服务的兽医与农场主的关系通常是很默契的，因为付钱的终归是农场主，而不是动物。但从一些迹象可以看出，在极端严酷条件下饲养小肉牛的做法，已经造成兽医与农场主的关系紧张。据1982年一期《肉用牛犊》杂志上的报告：

除了牛犊生病拖延许久、病重才找兽医外，看来兽医对与小肉牛业主的关系并不看好，因为长期以来农场主总是违背公认的畜牧业方法。给牛喂长干草一直被认为是维持正常消化系统的正确做法。[104]

这个痛苦的故事中出现的一个光明前景是，由于窄栏饲养小肉牛的条件过于苛刻，剥削动物福利的做法骇人听闻，以致英国政府现在立法要求，牛犊必须能够自由转身，每天的饲料必须含有"足量的铁质以保持身体健康、精神饱满"，以及必须提供足够的食物纤维，维持正常的反刍本能。[105]这些是动物福利的最低标准，离满足牛犊的需要还相差很远。但是，几乎所有的美国小肉牛业主仍然违反这些标准，欧洲各国的许多业主也是一样。

如果读者想起小肉牛的整个饲养过程是如此的麻烦费力、浪费而又令牛犊十分痛苦，其唯一目的就是为了迎合坚持要吃肉色浅淡和肉质细嫩的小牛肉的那帮人，就无须进一步评说了。

奶牛：生活在不长草的假牧场

我们已经讲过，小肉牛行业是乳品业派生出来的产物。牛奶场为了保证奶牛产奶，必须让奶牛每年怀孕。它们生下来的牛犊立即就会被撤走，这个经历令母牛非常痛苦，而牛犊更是惊恐难熬。在夺走牛犊以后，母牛往往不断地哀鸣和吼叫，持续多日，明确地表达它的感情。有些雌牛犊会被代乳品喂养，到了两岁能产奶时，它们便成为老龄奶牛的替换者。其他牛犊在一两周龄时便被卖到肉牛饲养场，进入育肥栏或饲育场，剩下的卖给小肉牛业主，而后者又必须依靠乳品业供应的奶制饲料，以保持小肉牛的贫血。牛犊即使不卖到小肉牛饲养场，也如英国布里斯托尔大学畜牧系韦伯斯特教授所述：

> 奶牛生下的牛犊，在发育过程中通常会比其他饲养场动物受到更多的伤害。它们生下来很快就与母亲分离，被剥夺了天然的食物——母乳，改用其他廉价的代乳液喂饲。[106]

往昔所见的奶牛在山丘下悠闲漫步的场景像田园诗一般，如今它们已经成为在严密监控和精细调节下的产奶机器。奶牛与自己的犊子在草场上游荡的牧歌式景象，已经从商业牛奶生产中消失。许多奶牛都已经舍饲，有些则分别被关在狭小的隔栏里，只容得站立和卧倒。它们的环境受到精细的控制：按照计算定量提供食物，人工控制室温和照明，使产奶量达到最高水平。有些业主发现16个小时照明和8个小时黑暗的周期性交替，有助于提高奶产量。

在第一个牛犊被夺走之后，母牛就开始了产奶的生活周期。奶牛每天挤奶2次，有时3次，连续10个月。3个月后它再次被迫怀孕，在下个牛犊生出以前的6至8周，挤奶才停止，然后等到新生牛犊被夺走后再次开始挤奶。这种密集的周期性怀孕和超量的乳汁分泌，一般大约只能持续5年，然后，这些"精疲力竭的"母牛被送往屠宰场，变成汉堡包或狗粮。

为了获得最高的产奶量，业主用含高能量的浓缩饲料喂养奶牛，如大豆、鱼粉和酿造副产品，甚至还有鸡粪。牛固有的消化系统并不适合消化这些食物，反刍本能是为了逐步消化发酵的草料。产犊后几周的产奶量最高，这时母牛的热量消耗常常大于摄入量。由于它的产奶能力超出了食物吸收转化的能力，所以开始分解和利用身体的组织储备，"用自身的底气来产奶"。[107]

奶牛是很敏感的动物，应激反应会造成它们心理和生理上的紊乱。它们十分需要与"照料"它们的人建立密切的关系，可是今天的牛奶生产系统，却容不得饲养员一天中对每头牛花上5分钟的时间。在一篇题名为《不需要草地的奶牛场》的文章中，一家最大的"牛奶工厂"吹嘘一项进展，"一个工人在45分钟内能喂800头牛犊，过去通常需要好几个人干一整天才行"。[108]

目前，人们还在迫不及待地寻找干扰奶牛的天然激素和生殖过程的方法，以进一步提高产奶量，方法之一是极力推荐用牛生长激素来大幅提高牛奶的产量，每天注射可使产奶量增加20％以上。但是，注射生长激素除了会导致乳腺的炎症引起疼痛以外，更会驱使母牛的身体超负荷运转，因而它们需要更丰富的食物。可以设想，原本已疾病缠身的奶牛，又给它们带来更多的病痛。美国宾夕法尼亚大学兽医学院大动物内科主任、营养学专家戴维·克朗菲尔德教授，在一次临床试验中发现，注射牛生长激素的奶牛半数以上会发生乳腺炎，而未用激素的对照组则没有这种情况。[109]目前不仅动物福利组织反对应用生长激素，连奶牛饲养者也开始反对了。这是不足为奇的，因为康奈尔大学和美国国会技术评估办公室指出，要是较大的饲养场采用生长激素，会把现在美国约占全国总数一半的8万家牛奶场挤出市场。[110]英格兰西部的一个奶牛场主一语道破，"给母牛注射生长激素的最大获益者是许多迅速起飞的制药厂"。他提出，"起码让我们从满意的奶牛那里获得牛奶，而不是从贪婪的工厂主的针筒里获得牛奶"。[111]

但是，用牛生长激素所增加的产奶量，与新的生殖技术热情鼓吹者所想要的结果相比，根本算不得什么。20世纪60年代农场主开始应用胚胎移植技术生产牛犊。1952年，第一头人工授精的牛犊诞生，实际上现今这已成为标准的繁殖方法。这种技术通过激素注射，可以使一头产奶量特别高的母牛一次产生许多个卵子。应用良种公牛的精子对这种卵子进行人工受精，然后把胚胎从子宫中冲洗出来，再用手术讲卵子移植到普通母牛的子宫。这样，可以用最优良的品种迅速培育出一大批良种牛来。20世纪70年代胚胎冷冻技术得以开发成功，使胚胎移植更易于推广。现在美国每年进行15万个胚胎移植，用此法繁殖的牛犊已至少达到10万头。为了持续不断地创造更高产的奶牛，下一步将是应用基因工程或克隆技术。[112]

肉牛：室内饲养已成趋势

美国饲养肉牛的方式，传统上是像我们在牛仔电影里所见到的那样，在大片空旷的草原上自由地放牧。但是，如今像《皮奥里亚明星报》上一篇幽默的文章中所说，现代牧场已不复往日的景象：

> 一个牛仔的家未必在牧场。其实他的家是一个饲育场，在那里，牛最接近鼠尾草香味的地方是在炖牛肉锅里。这是牛仔的现代模样。这就是诺里斯农场，从前这里两万英亩的稀疏大草原上只有700头牛漫游的情景，如今已变成在11英亩的水泥场地上饲养7 000头牛了。[113]

与鸡、猪、小肉牛和奶牛相比，肉牛仍然有相当多的时间在室外活动，但其数量已经在减少了。20年前，肉牛可以在草地上自由游荡两年左右，现在即使是幸运的牛也只有6个月的生命，就是说改用比草的营养更丰富的饲料来喂养，以达到市场需要的重量和条件，为此牛要被长途转运到远处的围栏饲育场去。在那里，它们吃的是玉米等谷物饲料，6至8个月后会被送去屠宰。

大型饲育场的发展成为肉牛工业的主流。1987年美国屠宰的3 400万头牛中，70%来自饲育场。现在美国的牛肉市场，三分之一来自大型饲育场。这些饲育场的大部分商业资本，是由石油公司或华尔街金融业为寻求退税所投资的。由于牛吃谷物比吃草长得快，所以饲育场有利可图。可是，像奶牛一样，肉牛的胃天生不适合消化饲育场提供的浓缩饲料。为了获取饲料中所缺少的纤维，牛常常舔自己的毛，或相互舔毛，大量的毛被吞进瘤胃可引起脓肿。[114]在谷物中加入粗饲料，是牛所需要和渴望得到的，但会使体重增长速度减慢。

　　饲育场对牛的限制，比不上笼养的母鸡、限位栏监禁的母猪、隔栏的小肉牛以及有些奶牛那样严重。虽然围栏养牛的密度在不断增加，但即使每英亩养900头，每头牛仍然有50平方英尺的空间，大约有一英亩的范围可以走动，而且没有相互隔离。光秃秃的单调环境虽然已引起动物的厌倦，但牛的活动未受限制。

　　养牛场一个非常严重的问题是恶劣的自然条件对牛的影响。由于牧场或饲育场夏季没有阴凉可乘，牛群暴露于日晒之下，冬天又无法避御风寒，它们天生不适应这些自然条件。1987年暴风雪期间，有些饲养场损失惨重，估计有25%～30%的牛犊和5%～10%的成年牛死亡。科罗拉多州的一个养牛场场主说："我们那里下了一场雨夹雪，接下来天气很冷。由于几乎没有防护设备，大部分牛犊会因此被冻死。"在另一次暴风雪中，70%的牛犊死亡。[115]

　　在欧洲，有些牛肉生产商已经追随养鸡业、养猪业和小牛肉业的做法，对肉牛进行室内饲养了。美国、英国和澳大利亚的肉牛业主认为，牛长期在室内饲养，经济上不合算。室内饲养虽然可使动物免于恶劣的天气侵袭，但缺点是过于拥挤，因为业主要在建筑物投资上获取最大的回报。肉牛的密集舍饲一般是被成群地关进牛栏，而不是每头被关进单个的隔栏。畜舍的地面常用板条，目的也是便于清洗，但与猪和小肉牛一样，肉牛站在板条上也很难受，而且可能导致跛脚。

　　动物饲养的各个方面都无法避免新技术的入侵，以及集约化生产的压力。小羊羔曾是春天的欢乐象征，如今也已经被关进暗无天日的羊舍。[116]在俄勒冈州立大学的家兔研究中心，研究人员已经开发出一种家兔笼养系统，正在实验的养兔方法里规定兔笼中的密度是每平方英尺2只。[117]在澳大利亚，一些细毛绵羊现在也被单独或成群地关进畜舍内，目的是保持羊毛的清洁和修长。这种羊毛比一般羊毛贵五六倍。[118]虽然毛皮商家现在喜欢强调"牧场饲养的"毛皮，以减少大众对捕猎野生动物的恶劣印象，但饲养毛皮动物的"牧场"是非常密集的。貂、浣熊、白鼬（雪貂）和其他毛皮动物，都被饲养在很小的笼子里。在冻土地带，美丽的北极狐的自然活动范围达数千英亩，但在毛皮动物饲养场里却被关在42×45英寸大小的铁丝笼里。[119]

动物五项基本自由：转身、梳毛、站立、卧倒、伸腿

我们已经考察了动物饲养方法的主要趋势，可见传统饲养法已经转变为工厂化的动物生产。令人悲哀的是，自15年前本书第一版问世以来，这类动物的境遇改善极少。那时就已经清楚，现代动物的饲养方法与任何动物福利都不相容。露丝·哈里森在她1964年出版的开创性著作《动物机器》一书里，首先公布了这些证据，并且得到有权威性的布兰贝尔委员会的支持。这个委员会是由英国农业部委任的最有资格的专家组成的，除了布兰贝尔本人是著名的动物学家以外，还包括剑桥大学动物行为学系主任索普以及其他兽医科学、畜牧和农业方面的专家。在进行全面充分的考察以后，该委员会于1965年发表了一篇长达85页的正式报告。在这个报告中，委员会坚决反对生产率是表示动物没有痛苦的合适指标的论点，他们说动物体重的增加可以是一种"病态"。他们也反对那种想当然地认为农场的动物是在密集圈饲条件下育种繁殖出来的，早已习惯了在监禁下密集饲养的动物不会感到痛苦的说法。在这篇报告的一个重要附件中，索普强调：对家养动物的行为观察表明，它们"在本质上仍保存着史前的野生动物的天性"，即使动物从未接触过自然条件，但它们天生的行为模式和需求现在依然存在。索普认为：

　　　　这些基本事实已清楚到足以证明人们调整自己的行为是合理的。

给饲养的动物加诸限制虽可接受，但我们还是要保有底线。原始野生动物为适应高等社会组织，表现出特定的行为模式。这些行为模式虽经人工饲养却几乎并未被改变。另外，各物种亦有其天性本能冲动，这些也在人工饲养环境中被压抑了。使动物在拘禁中度过一生的大部分时间，使其不能自由活动，这显然是件残忍的事。[120]

因此，这个委员会根据以下一点也不过分的基本原则提出了建议：

我们原则上反对构成动物天性行为的主要活动大部分受到限制的监禁……一个动物起码应有足够的运动自由，即毫无困难地转身、自己梳理体毛、站立、卧倒和伸展四肢的自由。[121]

这些原则现在被称为"五项基本自由"或"五大自由"❶的原则里，不过，所有笼养的蛋鸡、栏养和拴养的母猪以及隔栏里的小肉牛，仍然都被剥夺了转身、理毛、起立、卧倒以及伸展肢体或翅膀的自由。自从布兰贝尔委员会发表其报告后，大量科学证据表明，这个委员会报告的所有重要的意见都是定论。例如，我们已经知道，索普的关于家养动物仍保持其天生的行为模式的说法，已得到爱丁堡大学的半自然环境下养

---

❶ "五大自由"或称"5个F"，是指动物福利的五个基本要素：第一，为其提供清洁的饮水以及保持健康和精力所需要的食物，使动物不受饥渴之苦；第二，提供适当的栖息场所或房舍，使它们能舒适地休息和睡眠，不受困顿不适之苦；第三，做好卫生防疫，预防疾病和为患病动物及时诊治，使动物不受疼痛和伤病之苦；第四，提供足够的空间、适当的设施以及使其与同类动物在一起，使它们能够自由表现其正常的行为习性；第五，保证动物拥有良好的条件和处置，包括农场动物在运输和屠宰过程中的待遇，使动物不受惊吓也不用忍受精神上的痛苦。

猪研究的充分证明。[122]动物只要有产出就必定能获得了满足的论点是错误的，现在这也被科学家普遍接受。1986年《美国科学家》发表的一篇研究论文代表了一种开明的观点：

> 然而，对家养动物这个论点有几个可能造成误导的点。农场动物的生长和生产能力是在各种条件和环境下选择出来的，其中有些是不利的条件。例如，母鸡即使在严重受伤时仍可像正常时一样继续生蛋，更何况它们的生长和生殖一般是人为操纵的，例如周期性照明变化，或在饲料中加入像抗生素那样的促进生长的药物。最后，在现代化的饲养工厂里，一个工人每年可能要照看2 000头牛或者25万只鸡，可是衡量生长或生产的做法，是产出肉的磅数或产蛋的数量与投入的建筑物、能源和饲料的价格比，而不关心单个动物的产出状况。[123]

澳大利亚政府机构——动物卫生署的基金会主任比尔·吉博士说：

> 有人宣称农场动物的生产率是动物福利的一项直接指标。这种错误的观念必须彻底抛弃。"福利"是指动物个体的安宁，而"生产率"则是指每投入一元钱或一个单位的资源的产出。[124]

我已在本章的好几处仔细论证了这个观点的错误。这个观点能被彻底抛弃当然很好，但是，当农业综合企业的辩护者想要欺骗消费者相信饲养场里一切都好时，毫无疑问这个论点又会冒出来。

反对集约化饲养法的证据的重要意义已被欧洲议会肯定，1987年欧洲议会考虑了一份动物福利报告，并通过一项包括以下各点的政策：

◎ 停止将小肉牛单独关在隔栏里饲养，以及停止剥夺它们摄取铁质
　　和粗饲料的基本需要。

◎ 10年内逐步停止使用笼子养鸡。

◎ 停止将母猪单独监禁在狭窄的保定栏里或被链拴的饲养方式。

◎ 停止常规的切割术，如猪的断尾和公猪的阉割。[125]

　　这些建议以150票对0票通过，2票弃权。但是，正如我们说过的，
欧洲议会虽然是由欧洲共同体内各国选出的代表所组成，但只是一个咨
询机构。强有力的农业综合企业游说活动，正在竭力阻挠这些政策付诸
实施，但这项决议仍是作为欧洲有识之士在这些问题上的观点的反映。
然而，自本书第一版问世以来，不是口头上，而是引起人们付诸行动去
使动物的生活条件得到改善的，却只有少数几件事情。在瑞士，正在逐
步淘汰蛋鸡的笼养，很多店里都可以买到用其他替代方法养鸡所生产的
鸡蛋。这些养鸡新方法允许鸡自由走动、扒食、沙浴、展翅飞上栖木，
同时在用适当材料做窝垫的、有遮掩的巢箱里生蛋。这种方式养鸡生下
的蛋，比笼养鸡蛋的价格贵一点。[126]在英国，农场动物方面唯一的实际
进步是禁止小肉牛的隔栏饲养。如同瑞典在其社会改革上常常走在世界
前面一样，在动物福利方面瑞典也显示了其先进性，1988年瑞典通过法
律，将全面改变农场动物的生存条件。

　　在本章中，我一直在集中讲述美国和英国的状况，因此，其他国家

的读者或许认为，他们自己国家的情况并不那么坏，可是除瑞典以外，其他工业化国家的人都没有理由可以沾沾自喜。在绝大多数国家，动物的境遇和美国的十分相似，而与上面所介绍的国家不同。

　　最后，必须记住，布兰贝尔委员会的"五大自由"或欧洲议会的决议，甚至像瑞典的新立法，如果在英国、美国和任何有工厂化饲养场的地方实行，那将是一大进步，但这些改进都还没有把动物的利益和人的利益做平等的考虑。他们所代表的是在不同程度上的一种开明的和较为人道的物种歧视方式，但仍然是物种歧视。迄今没有一个政府机构，对于这种以为动物的利益没有人类利益重要的观念提出过质疑。议题总是围绕着生产同样的动物产品时是否有"可避免的"痛苦，其代价只是不比过去的痛苦明显增加而已。这个未经挑战的假定是，人可以按自身的目的利用其他动物，因而人可以饲养和屠杀它们，来满足我们的肉食喜好。

多数家禽的命运：阉割、烙印、电昏、母子分离、死亡

本章集中讨论现代集约化饲养法，是因为大众大都不了解这些饲养方法所造成的痛苦，但引起动物痛苦的不止是集约化饲养。不论是现代饲养方法还是传统饲养方法，人类都是在为自己的利益给动物施加痛苦。有些造成痛苦的做法已经延续了多少个世纪，人们早已习以为常。这可能使我们对这些痛苦不屑一顾，但遭受痛苦的动物却不能得到丝毫安慰。举一个例子，想一想肉牛仍然遭受的常规手术吧。

几乎所有的养牛业主都要给它们的牛进行断角、在身上烙号，以及阉割。这些做法都会引起严重痛苦。切掉牛角是因为有角的牛在饲料槽边或运输时会占据较大的空间，挤在一起时可能相互造成伤害，这样农场主就需要为牛的伤痕累累和牛皮的破损付出代价。牛角并非只是感觉迟钝的骨头，切角时连同动脉和其他组织一起被割断，血流如注，特别是等牛犊长得较大才断角时。

阉割是因为人们认为，与公牛相比，阉牛体重增长较多（其实似乎只长了脂肪），担心公牛的雄激素使肉产生怪味，同时阉割的动物也易于管理。大多数养主承认阉割手术一般都不用麻醉，因而引起动物的极度惊恐和剧烈疼痛。操作方法是把动物放倒在地固定起来，用刀切开阴囊暴露出睾丸，把睾丸分别截除，并切断精索。对年龄稍大的动物，可能连精索一起切除。[127]

有些饲养场主出于名声的考虑，为这种痛苦的手术大伤脑筋。《进步饲养场主》的编辑斯克鲁格斯在一篇题为《阉割刀必须被抛弃》的文章中指出，"阉割时造成动物极度紧张"，因而建议，鉴于对瘦肉的需求越来越大，雄性动物可以不用阉割。[128]养猪业也有相同的看法，因为情况比较类似。英国《养猪》杂志的一篇文章这样说：

> 即使是对铁石心肠的养猪场场主来说，阉割操作也是件残忍的勾当。令我十分惊讶的是，反对活体动物解剖的游说组织竟还没有对去势发动决战性进攻。

由于人们现在已经研究出一种方法来检测公猪肉偶有的怪味，文章建议我们"应该考虑放下阉割刀了"！[129]

用灼热的烙铁给牛烙印是惯用的做法，这种做法可以防止牛走失或被盗（有些地方仍有偷牛贼），也有助于保存记录。虽然牛的皮肤比人的厚，但没厚到能耐受火红的烙铁烧灼而不感到疼痛的程度，何况先要把牛的毛剪掉再热烙5秒。为了完成这一操作，首先需要把牛放倒并牢牢地固定起来，或者采用一种"保定栏"的新设计。这是一种可调节的固定装置，能紧紧地把牛困住。即使这样，还是会出现如一本专门手册指出的那种情形，"当你把烙铁放到牛的皮肤上时，牛经常会跳起来"。[130]

还有一种额外的切割伤害，即人们有时用锐利的刀子将牛的耳朵切割成特殊的形状，让人可以在远处或者位于牛的正前、正后方看不见烙印时就能将其辨认出来。[131]

　　这些都是传统式养牛的一些标准做法。其他食用动物的饲养，也采取同样的做法。最后，在考虑传统饲养系统的动物福利时，切切记住几乎所有的饲养方法都强迫动物在幼小时与母亲分离，会引起母子双方很大的痛苦。没有一种饲养方法允许动物像是在自然状况下那样长大，成为由不同年龄组成的动物社群组织的一部分。

　　虽然多少个世纪以来，阉割、烙印和母子分离为农场动物造成了很大痛苦，但是19世纪引发的对动物的人道请愿运动，却是由于运输和屠宰的残酷给动物造成的极度痛苦。那时在美国，动物从落基山脉附近的草原，被驱赶到铁路的起点，在拥挤的火车上饿着肚子度过好几天，直到芝加哥。从旅途上活下来的那些动物，在弥漫着血腥和腐烂恶臭气味的大围场的空气中等待屠宰。工人拖拽着将被屠宰的牛，手持带刺大棒驱赶它走上斜坡，坡顶上站着手持屠斧的屠夫，要是屠夫瞄准了，那是牛的幸运，可惜很多牛非常不幸。

　　从那以后情况发生了一些变化。1906年通过的一项联邦法规定了动物在火车上的运输时间：在没有食物或饮水供应的情况下动物被连续运输的时间需要被限制在28小时内，特殊情况下为36小时，超过这个时间必须让动物下车，进食及喝水，至少在休息5小时后再上车赶路。显然，在颠簸的火车上，动物在没有食物或饮水的情况下度过28～36个小时也一定很痛苦，但这种规定毕竟是一种改善。屠宰法也有了改进，现在大部分动物在屠宰前都会先被击昏，在理论上意味着死亡时没有疼痛，尽管下面要讲此处的争议性，而且还有重要的例外。由于这些改善，我认为今天运输和屠宰的问题还是比工厂化饲养的问题要少一些，因为工厂化饲养把动物当成机器，将廉价的饲料转换成高价的肉类。可是，任何有关你晚餐的谈论，如果不讲那些被制成盘中餐的动物是怎样被运输和屠宰而仅谈论它们上桌前经历了什么，那都是不完整的。

现在，动物的运输并不只是在最后送往屠宰场的路上。过去动物集中在像芝加哥这类大城市里进行屠宰，运输路程一般是最长的，但也往往只有这最后的一次。那时家畜在农场里出生，在散养下长大，一直达到出售要求的体重。在冷藏技术发达以后，屠宰无须那样集中，送往屠宰场的路程也相应地缩短了。然而，如今食用动物特别是肉牛，出生和饲养直到体重达标被出售期间，都在同一个地方的并不常见。牛犊可能在某一个州出生，如佛罗里达州，然后再被运送到数百英里以外的草场去牧养，或许是在得克萨斯州西部；而在犹他州或怀俄明州的牧场饲养一年的牛，有可能被送到艾奥瓦州或俄克拉荷马州的饲育场去。这些动物在被送往饲育场的路程中会辗转2 000英里，可能比送往屠宰场的路程更长，遭受的折磨更加严重。

1906年美国的联邦法规定，动物在铁路运输过程中至少每36小时必须休息、进食和饮水一次，但对公路运输没有规定，因为当时还没有用卡车运输过动物。在80多年以后，联邦法律仍然没有对卡车运输动物提出要求。尽管人们不断努力，试图把火车运输动物规定的法律条款适用于卡车运输，但迄今仍未成功。因此，牛常常要在卡车上度过48小时，甚至72小时也不能下车休息。但是，并非所有的司机都在这么长的路途中，把动物关在卡车上，不给它们休息、进食和饮水，只是有些人只顾完成任务，不管动物在运输中的状况好坏。

动物头一回被装上卡车总会感到惊恐，特别是在装车工人粗暴急促的驱赶下。卡车行驶也是动物未曾有的经历，这会使它们很不舒服。在卡车上一两天没吃没喝，令它们饥渴难忍。在正常情况下，牛会整天不停地吃东西，因为它们的胃很特殊，保持适当的反刍功能需要不断进食。冬天运输时，可能要冒着零度以下的风寒，使它们打寒战；夏天的日晒、炎热和缺乏饮水会造成动物脱水。我们很难想象恐惧、晕车、口渴、饥饿、疲惫以及严重的寒战等加在一起，动物会是什么样的感觉。或许牛犊前几天刚刚经受断奶和阉割的痛苦与应激反应，那情况就更加严重。因此，兽医专家建议，为了提高生存率，牛犊至少在断奶、阉割和接种疫苗30天以后才能被运送。这使动物有机会从一个应激反应中恢复之后再去接受另一次应激反应。但是，这个建议也并非都被遵守。[132]

虽然动物不能表述自己的感觉，但它们的身体反应足以使我们从中了解一些状况。牛有"（体重）缩水"和"运输热"❶这两种反应。在运输过程中，所有动物都有体重减轻的状况，部分原因是由于脱水和肠道排空。这样引起的体重下降易于恢复，但有些持续时间较长，如在一次运输过程中，一头体重800磅的阉牛通常会出现体重减轻70磅左右（约占总体重的9%）的情况，3周后才能恢复。研究人员认为，业内所称

---

❶ 运输热（shipping fever）是由于过度拥挤、寒冷和因运输导致的压力等因素诱发的巴氏杆菌病，包括牛的肺炎和败血症，病原为巴氏杆菌 Pasteurella sp.。

的"（体重）缩水"是动物出现应激反应的征象。当然，缩水令肉品工业大伤脑筋，因为家畜的交易是按重量计价的。❶

"运输热"是牛在运输过程中所发生的一种肺炎，也是运输时动物遭受应激的一个重要指标。此病由一种细菌❷引起，健康的牛对这种细菌具有抵抗力，在严重的应激反应下抵抗力减弱时才发病。

动物缩水和易于感染肺炎表明其受到严重的应激反应影响，但这些动物是幸存下来的，还有些动物没有到达目的地就已经死亡，或者造成腿部骨折及其他损伤。美国农业部督察员指责说：在1986年的动物运输中，有7 400头牛、3 100头牛犊和5 500只猪在到达屠宰场前死亡或受重伤，而局部严重受伤的还有57万头牛、5.7万头牛犊和64.3万只猪，这些都应受到谴责。[133]

在运输途中，动物的死亡经历非常痛苦。在冬天，它们因寒冷而死，在夏天则因口渴和热衰竭而虚脱致死。有些动物从装卸的斜坡上摔下来，倒在围栏场的地上遭受伤痛无人照看直至死亡。由于装车过于拥挤，有些动物被上面的动物挤压窒息而死。也有些因为饲养员漫不经心忘了供给饲料和饮水，饥渴而死；还有些则纯属整个恐怖的经历造成应激反应导致的死亡。或许你今天晚餐正在吃的动物，并不是由这些方式造成的死亡，但是这类死亡是，而且总是向人们提供动物肉品的整个过程所造成的各类死亡的一种。

---

❶ 在中国，各种食用动物商贩常在出售前、运输途中或屠宰前，用残酷的方法给动物注水以增加重量。
❷ 原文误作"virus"（病毒）。

动物在疼痛与惊恐中被屠宰

　　屠宰动物本身是一件令人烦恼的事。有人说，要是我们必须亲自操刀屠宰动物来取肉，那我们都会成为素食者。去过屠宰场的人肯定很少，电视上讲述屠宰过程的影片也不常见。人们或许希望自己买的肉是来自死亡时没有痛苦的动物，但他们并不真想知道动物是怎么死的。可是，那些通过买肉而要求宰杀动物的人，他们不应当回避肉类生产过程的各个方面。

　　虽然死亡从来都不会是愉快的，但也应当没有痛苦。如果按照发达国家的人道屠宰法来进行迅速无痛的死亡，动物应先用电击或一种击昏枪❶击倒，在它们的意识恢复之前割喉或刺杀放血。当动物被带刺的大棒赶上斜坡去屠宰，闻到先前死亡的动物的血腥气味时，它们会感到死亡的恐惧。从理论上讲，死亡的瞬间是可以完全无痛的，可惜理论与实践之间常有一道鸿沟。《华盛顿邮报》的一位记者，最近报道了美国东海岸最大的肉类联合加工企业，由史密斯菲尔德经营的设在弗吉尼亚州的一家屠宰场，有如下的描述：

　　　　猪肉的加工在先进的高度自动化的工厂中完成。在那里切割成

---

❶　击昏枪（captive-bolt gun），将压缩空气或空包弹作为动力，将钢螺栓做成的子弹打进动物的脑内，使其立即丧失意识。

片的咸肉和火腿用塑料袋真空包装，干干净净地从传送带上送出来。但加工过程开始于工厂的后面，那里是充满恶臭、泥乎乎的、血渍斑斑的猪栏。在史密斯菲尔德的格沃尔特利屠宰场，只允许参观者逗留几分钟，以免死猪的臭气沾染他们的衣服和身体。

屠宰过程开始时是把尖声叫的猪从猪栏里赶到一块厚木板上，一个工人电击猪的头部，另一个工人迅速提起被击倒的猪的后腿，扣到传送带的金属挂钩上倒挂起来。有时被击昏的猪从传送带上掉落下来又恢复了知觉，工人急忙扯起猪的后腿再次扣上挂钩，以免猪在那狭窄的厂房里狂奔。杀猪工人用刀子刺进被击昏但仍在扭动着的猪的颈部血管❶，把大部分的血放掉。新宰的猪从溅满血污的屠宰场地被送进烫毛的热锅里。[134]

屠宰场造成的痛苦，大都是由于屠宰线上必须以疯狂的快节奏运转所造成的。经济上的竞争使得屠宰场力求每小时宰杀的动物要比同行对手更多。例如，1981年至1986年间，美国一家大屠宰场的传送带上的速度，从每小时宰杀225头提高至275头。快节奏的工作压力使得工人在操作时不可能细心，而且不仅对动物如此。1988年，美国国会的一个委员会报告，在美国的工厂中，屠宰场员工的损伤和疾病发病率也最高。统计资料显示，全美国的屠宰场每年有58 000名员工受伤，平均每天约160人。如果工人对自己都漫不经心，动物的命运又会怎样呢？屠宰业的另

---

❶ 此处原文为 jugular vein（颈静脉），实际上屠宰割断的主要是大动脉。

一大问题是员工很不舒心，他们通常在这个岗位上干不了多久就会另谋他业，所以许多屠宰场每年的员工流动率常高达60％～100％。这使得在陌生环境下惊恐万状的动物，总是被一批批的新手操刀屠宰而死。[135]

据说英国的屠宰场是按人道的屠宰法规严格管理的，但政府的农场动物福利委员会在调查了一些屠宰场后发现：

> 我们断定，在许多屠宰作业中，动物是被假定神志丧失和无感觉的，实际上待宰动物很可能没有达到感觉不到疼痛的状态。

这个委员会补充说，虽然法律要求由熟练工人操作适当的器械，对动物进行有效的击昏并为它们消除不必要的痛苦，但"实施的状况不令我们满意"。[136]

这篇报告发表后，一位资深的英国科学家对即使适当地应用电击，能否消除屠宰的疼痛也产生了怀疑。萨里大学的生理学讲师、应用神经生物学联合实验室主任哈洛德·希尔曼博士特别提到，曾经经历过电击的人，不论是意外触电还是因精神病接受电休克疗法后都说很痛。他指出，现在电休克疗法一般都在全身麻醉下进行，这是很有意义的。要是电休克能立即使病人失去痛觉，那麻醉就不需要了。因此，希尔曼博士怀疑美国某些州采用电击执行死刑是否人道的问题。在电椅上的死刑犯可能先是暂时的麻痹，而非神志丧失。接着希尔曼博士讲到屠宰场的电击，他说："被电击昏是人道的，因为我们认为动物感觉不到疼痛或痛苦。可以肯定地说这不是事实，其理由与前述用电椅执行死刑的情形相同。"[137]因此，即使现代屠宰场的屠宰方法适当，也并非全然无痛。

即使这些问题可以解决，动物屠宰还有其他的问题，包括英国和美国在内的许多国家，屠宰方式都有例外。某些宗教仪式，要求动物在屠宰时必须完全清醒。在美国，第二个重要的例外是，1958年通过的《联邦人道屠宰法》只适用于把肉品卖给美国政府及其附属机构的屠宰场，而不适用于屠宰数量最大的动物——家禽。

让我们先来讨论这第二个漏洞。美国约有6 100个屠宰场，可是受联邦政府监督，应当遵守《人道屠宰法》的不到1 400个。因此，其余4 700个屠宰场使用古老而野蛮的屠斧也属合法，事实上，这种方法在美国的某些屠宰场里仍在使用。

屠斧实际上是一个很重的大锤而不是斧子。站得比牛高的屠夫操着长柄屠斧，尽力一锤把动物击昏。问题在于目标是移动的，手臂挥过头顶的下砸动作必须仔细瞄准，要想一次成功，大锤必须准确地落在牛头的一点上，而受惊后牛的头又常常在乱动。如果锤子的落点稍有偏差，便可能砸烂牛的眼睛或鼻子，由此会造成牛在痛苦和惊恐中狂奔乱跳，或许还要好几锤才能把它击昏。即使是最熟练的操斧工人，也不能指望其能百发百中。由于每小时要宰杀80多头牛，哪怕是百次中有一次失手，每天就有好多头牛遭受极度的痛苦。应当记住，一个生手要掌握屠斧的技巧需要很多练习，而这种练习是在活生生的动物身上进行的。

为什么这种被普遍谴责为不人道的原始方法，至今仍然在使用呢？其原因与养殖业其他方面的问题相同。如果人道屠宰方法的费用较贵，或者每小时屠宰的动物数减少，而竞争的同行继续使用老办法时，采用人道方法的公司就负担不起损失。击昏枪的开支摊到每头动物身上虽然只有几分钱，但足以令屠宰场用不起。从长期效益来看，电击法比较便宜，但设备昂贵。如果法律不强制采用这些方法屠宰，企业是不会使用的。

人道屠宰法律的另一个重大的漏洞，是按照宗教仪式的屠宰无须遵守宰前击昏动物的条款。有些教规禁止吃屠宰时"不健康和不能活动的"动物的肉，击昏被认为是动物在割喉前有了损伤，所以他们是不能接受的。这就要求屠夫必须在宰杀动物时能一刀使其毙命。

此外，美国的一些特殊情况也使得这种屠宰方法将其人道意图被曲解附会，变得荒唐可笑。这是按宗教仪式要求的屠宰与1906年的《洁净食品与药品法》相结合的产物，这项法律出于卫生的理由，规定被屠宰的动物不得倒在先前被杀死的动物的血污中。实际上，这表示动物被屠宰时必须倒挂在传送带上，或者用其他方法吊起来脱离地面，而不能躺在屠宰场的地上。如果屠宰前动物已被完全击昏，这个要求并不影响动物的福利，因为倒悬是在昏迷以后，但要是动物屠宰时必须清醒，那就会产生可怕的结果。在美国，按宗教仪式屠宰的动物可能要被铁链拴住后腿吊挂起来，在完全清醒状态下扣上传送带悬在空中，要等待2～5分钟才被割喉放血，有时"屠宰线"出问题则会拖延更久。有人曾经这样描述这个过程：

当沉重的铁链扣住一两千磅重的肉牛的一条小腿，牛猛烈地挣扎会造成皮开肉绽与骨头剥离，常常造成腿部骨折。[138]

倒挂的动物发生关节撕裂而且常伴有腿部骨折，并处于极度疼痛和恐惧之中，它们的身体不断地急剧扭动，因此必须钳制动物的颈部，或者用夹钳插入鼻孔，才能让屠夫使其一刀毙命。然而目前有些国家的执教者已接受屠宰前击昏动物的做法。[139]

美国防止虐待动物协会发明了一种"保定栏"❶，符合美国的卫生法规，动物在清醒状态下被屠宰而无须吊起后腿。目前大约80％按宗教仪式进行的屠宰采用这种方式，但按这种方式进行的牛犊的屠宰却不到10％。格兰丁家畜处置系统公司的坦普尔·格兰丁说："由于宗教屠宰不受《人道屠宰法》的限制，因此有些屠宰场便不肯在人道屠宰上花钱。"[140]

对于非宗教人士，或许以为他们所买的肉不是用这种陈旧的方法屠宰的产品，但他们很可能错了。据英国农场动物福利委员会估计，按宗教仪式进行屠宰的动物的肉类流入普通市场的"比例很高"。[141]

---

❶ 保定栏（casting pen）是一种特别设计的旋转的牛栏，牛最后被送到终端，类似保定栏的装置使其头部被固定住并进行屠宰。

新技术给动物带来更多苦难

我们生活在一个各种潮流相互冲突的时代。虽然有些人坚持继续按照宗教的方法屠宰动物，但科学家们则忙于开发革命性技术，试图改变动物固有的天性。1988年，美国商标专利局授予哈佛大学研究人员用基因工程改造老鼠的一项专利，这是人类在设计动物世界时所采取的一个重大举措。这是专门设计的一种对癌症特别易感的老鼠，可以用于筛查可疑的致癌物。这项专利是根据1980年美国最高法院关于人工制造微生物可以获得专利的裁决而给予的，但这是人类第一次将专利授给动物项目。[142]

宗教领袖、动物权利维护者、环保人士和饲养场场主，现在已经联合起来反对这种动物的专利。（饲养场场主们的担心是为了保持竞争力将不得不支付使用专利的费用。）同时，基因工程公司已经和农业综合企业联手，投资研究开发动物新品种。除非社会大众施加压力阻止这项工作进行，否则他们将从短时间里长肉多、产奶量高或生蛋多的动物身上大发其财。

这种做法已经给动物福利造成了明显的威胁。设在马里兰州贝尔茨维尔的美国农业部的饲养场，给猪的身体加入生长激素基因的实验已经成功，但改变基因的猪受到严重的健康损害，包括患肺炎、发生内出血和重症跛行性关节炎。这批猪显然大都夭折了，只有一只活了2年。这只猪曾在英国的电视上亮相，上了《财富节目》，这非常合适。可是那只猪却站不起来了。[143]一位研究负责人对《华盛顿时报》说：

> 与波音747相比，我们现在处于莱特兄弟❶的阶段。我们要经历好多年的坠机和起火，暂时还不能飞得很高。

但是，"机毁人亡"的是动物，而不是研究人员。《华盛顿时报》也援引那些为基因工程辩护者的话作为拒绝动物福利的论点：

> 多少个世纪以来，人类一直在用杂交育种、驯化、屠宰和其他方法剥削动物。未来不会有根本性的变化。[144]

如本章所述，我们长期把动物当作可供自己任意使用的东西，最近30年来，我们一直在用我们的最新科学技术来使动物更好地为我们利用。基因工程或许在某种意义上具有革命性，但另一方面，只是在"把动物按我们的目的改造"的领域增加了一种方式。人类真正需要的是从根本上改变观念和习惯。

---

❶ 莱特兄弟（Wright Brothers）是对美国航空先驱奥维尔·莱特和威尔伯·莱特两兄弟的称呼。1903年12月17日他们驾驶自行研制的固定翼飞机实现了人类史上首次飞行，被誉为现代飞机的发明者。

IV
做素食者

如何既给环境减负，
又能使粮食增产？

成为一个素食者

既然我们已经明白了物种歧视的实质，也看到了这种歧视对非人类动物所造成的后果，因此现在要问：我们能怎么办呢？对于物种歧视有许多事情是我们能够做，而且应当做的。例如，我们应当写信给我们的民意代表或议员，关注本书所讨论的议题；我们应当让亲友意识到这些议题；我们应当教育我们的孩子关心所有的有感知力的生命个体；我们应当为非人类动物公开提出抗议，只要有起作用的机会就去做。

虽然这些事情我们都应当做，但还有另外一件更为重要的事情我们能做。这件事使我们为了动物所做的所有其他活动得以巩固，连贯一致，并赋予更大意义。这件事是我们为自己的生活承担责任，尽我们所能使生活免于残忍。第一步就是停止吃动物。但是，许多反对虐待动物的人在成为素食者这条界限面前止步不前。18世纪英国的人道主义文学家奥利弗·戈德史密斯说，这种人"同情动物，可同时又吃他们同情的对象"。[1]

作为严格的逻辑问题，既同情动物又要用它们来满足口腹的欲望或许并无矛盾。如果一个人反对使动物遭受痛苦，但不反对在动物无痛苦的情况下被杀死，那么这个人就可能坚持吃那些活着时没有痛苦，又在迅速而无痛苦的条件下被屠宰的动物。可是在实践上和心理上，一个人既对非人类动物关心，又继续在餐桌上吃它们，是不可能调和的。假如我们准备剥夺其他动物的生命，只是为了获得特别的食物来满足我们的口味，那么，这个动物只不过是为了达到我们目的的一种工具。无论我们的同情有何等强烈，总归有一天我们还会把猪、牛和鸡看成是可供我们使用的物品，而且当我们发现要继续用付得起的价格去购买这些动物的身体作为食物，就必须对它们的生活条件做些改变时，我们就不大可能认为那些改变过于苛刻。工厂化养殖只不过是为了实现"动物是为了我们的目的"的手段这个观念在技术上的应用。我们十分珍视自己的饮食习惯，而且积习难改。我们有一个强烈的利益令自己相信，关心其他动物并不要求我们不吃它们。没有一个有吃肉习惯的人，在评价动物的饲养条件是否会造成痛苦上能够完全摆脱偏见。

大规模养殖食用动物而不造成它们的痛苦，实际上是不可能的。即使不用集约化饲养法，传统的养殖也要使动物遭受阉割、母子分离、打乱社群关系、打烙印做记号、往屠宰场运输和最终被屠宰等痛苦，因此，怎样能够养殖食用动物而又不造成痛苦是很难想象的。或许小规模养殖有可能做得到，但用这种方式养殖动物不可能满足今天大量城市人口的肉类需要。要是可能做到的话，这种方式生产的肉要比现在的市场价格高出好多倍，更何况饲养动物已经是代价高而无效率的蛋白质生产方式。平等考虑动物的福利所饲养和屠宰的动物，其肉品只能是富人才能享受的菜肴。

无论如何，所有这些与我们日常饮食直接有关的道德问题还很不相干。不管对养殖动物不造成痛苦在理论上是否可能，从屠户肉案上和超市买的肉，其实都是来自生前饲养时一点也没有得到真正照顾的动物。因此，我们必须问自己的不是"有时吃肉也是对的吗？"而是"吃这个肉是对的吗？"我认为，反对在不必要的条件下屠杀动物的人和只反对使动物遭受痛苦的人必须联合起来，给予相同的回答：不。

做素食者绝非只是一种象征性姿态，也不是企图把自己与丑陋的现实世界分离开来，洁身自好，因而无须对放眼皆是的残忍和屠杀承担责任。做素食者是一个十分切实有效的步骤，采取这个步骤是为了结束非人类动物遭受屠杀和痛苦而努力。假设此刻我们只是反对造成动物的痛苦，而不反对屠杀，那么，我们怎么能够终止上一章所描述的养殖动物的集约法呢？

只要人们还去购买集约化饲养生产的肉、蛋产品，通常形式的抗议和政治行动就不会导致重大的变革。即使在想象中很爱护动物的英国，由于露丝·哈里森的《动物机器》一书出版引起的广泛争论，政府不得不委派一个无偏见的专家组——布兰贝尔委员会，来调查虐待动物的问题并提出建议，但是，该委员会提出报告后，政府却拒绝执行建议。1981年，下院农业委员会再度对集约化养殖进行调查，这次调查提出的建议是消除最严重的虐待动物的做法，但仍然未能付诸行动。[2] 英国相关改革运动的结局尚且如此，就别指望美国的情况会好一点，这里的农业综合企业的游说力量更加强大。

这并不是说抗议和政治行动等常规的途径没有用处，应当放弃，相反，这些是为有效地改变动物的待遇而进行的整个斗争中一个必要的组成部分。在英国，特别是像世界农场动物福利协会等组织❶，已经把问题暴露在大众面前，甚至成功地结束了小肉牛的窄栏饲养。最近，美国的动物福利社团也开始鼓动大众关心集约化养殖动物。但是，单有这些办法还不够。

---

❶ 世界农场动物福利组织（Compassion in World Farming, CIWF）是世界上主要的动物福利慈善组织，特别关注农场动物，与欧盟国家和多个组织合作，从事农场动物福利事业，1967年在英国注册，在爱尔兰、荷兰和法国设有办事处。该组织反对活的农场动物出口，反对残忍的屠宰方法和工厂化饲养的各个环节。工厂化饲养被认为是这个星球上对动物而言最为残忍的事。CIWF 在中国和欧洲国家有研究项目。

你对动物的关怀是否真诚？

靠大量剥削动物来赚钱的人无需我们批准，但他们要我们的钱。养殖工厂要求大众支持的，主要是购买他们所生产的动物的肉。（许多国家政府的巨额补贴是另一种支持。）只要他们能把集约化养殖的动物卖出去，他们就会继续使用这种养殖方法，从而就有对抗政治上进行改革所需要的资源，他们就能够对批评进行辩护，声称他们只是为大众提供所需要的产品。

因此，需要我们每一个人停止购买现代化养殖场的产品，即使我们还不相信吃生前活得愉快、死时没有痛苦的动物是错误的。素食是联合起来进行抵制的一种形式。对于绝大多数素食者，这种抵制是一辈子的事，因为一旦打破了吃肉的习惯，他们便不再认可为了满足自身微不足道的口腹之欲去屠杀动物。但是，对于只是不认可使动物遭受痛苦而不反对屠宰动物的人，抵制当今的屠户和超市的肉类，也是无可逃避的道德责任。在我们对肉类和动物工厂的全部产品进行抵制以前，我们，我们当中的每一个人，都在对现代化养殖场及其养殖食用动物所采取的残忍行径的持续存在、繁荣和发展，起支持和推动作用。

正是在这个节骨眼上，物种歧视的影响直接侵入我们的生活，我们每个人对非人类动物的关怀是否真诚必须接受检验。在这里，我们有机会自己去做一些事情，而不只是向政客们诉说，希望他们去做什么事情。对远离自己的问题表明立场很容易，但对发生在家门口的事情，像种族歧视一样，物种歧视就现出原形了。我们一面在抗议西班牙斗牛、韩国人吃狗肉或加拿大人屠杀幼小的海豹，一面又继续吃母鸡在拥挤不堪的笼子里生下的蛋，或者吃小牛肉，这种牛犊生前被剥夺了母爱和适当的食物，被关在狭窄的牛栏里，连自由地卧倒和伸腿都不行。这种情形正像有人一面反对南非的种族隔离制度，同时又要求邻居不要把房子卖给黑人一样。

为了使素食的联合抵制作用更有成效，我们不要怯于说自己拒绝吃肉。在什么都吃的社会里，素食者总是被人问起饮食与众不同的原因，有时可能招致不快，甚至令人尴尬，但这也正好是个机会，告诉大家他们可能没有意识到的对动物的残忍。（我第一次是从一位素食者那里得知有工厂化养殖场的，这人不厌其烦地向我解释，他为什么不吃与我同样的食物。）如果抵制是终止对动物残忍的唯一途径，那么我们必须鼓励尽可能多的人参与抵制。只有我们自己做出榜样，抵制才能有效。

人们有时说，他们买肉的时候动物已经死了，企图以此为吃肉辩护。这种话我经常听到，说话的人也常常十分严肃，不过一旦我们把素食当作是一种抵制行动时，这个合理说法的缺点便显而易见了。当西泽·查维斯 ❶ 为增加葡萄园工人的工资和改善生活条件而努力，发起抵制葡萄的运动时，由非工会组织廉价劳工所采摘的葡萄已经充斥在商店

---

❶ 西泽·查维斯（Cesar Chavez, 1927—1993），美国著名的农业劳工领袖。

里了。我们并不能使采摘那些葡萄的劳工再得到工资补偿，也不能使已死的动物复生。这两种情况抵制的目标并非要改变过去的事实，而是阻止我们所反对的情况继续下去。

我强调素食在抵制上的重要作用，读者或许要问，如果抵制不能扩展开来，而且被证明效果不好，那么做素食者是否能达到什么目的呢？但是，在没有成功的把握时，我们常常必须试一试，如果这是反对素食所能提出的全部理由，那就不能称其为反对的理由。因为，要是他们的领导人需要在还没有经过努力时对大家保证成功才可以开始反抗，就不会有哪一个反对压迫和非正义的伟大运动存立于世。然而，就素食运动来说，即使整体上的抵制尚未成功，但我认为通过我们的个人行动，确实也达到了一些目的。萧伯纳 ❶ 说过，在他的送葬队伍中将有大批的羊、牛、猪、鸡和鱼群，所有这些动物因他素食而免遭屠杀，对他表示感激。虽然我们不能说出哪一个动物因我们素食而受益，但可以设想，我们的素食和原有的许多素食者加在一起，将会对工厂化养殖和屠宰食用动物的数量产生一定的影响。这个假设是合理的，因为养殖和屠宰的动物数量取决于这个过程的盈利大小，而盈利则部分取决于对产品的需求。需求越小，价格越低，盈利也就越小；盈利越小，则养殖和屠宰的动物也会越少。这是经济学的基本常识，可以从家禽类商业报刊公布的数字中很容易地找到。例如，鸡肉的价格与鸡棚里开始痛苦生活的雏鸡

---

❶ 萧伯纳（G. Bernard Shaw, 1856—1950），爱尔兰作家。

数量存在直接的关系。

因此，素食确实比大多数其他抵制或抗议运动的作用更为强大。为反对南非种族隔离制度而抵制南非产品的人，除了迫使南非白人改变其政策外，什么成就也没有。（虽然不管结局怎样，这种努力都是很值得做的。）素食者不论生前是否能亲眼见到他们的努力会导致一个大规模的抵制食肉运动，从而终止养殖场的残酷行径，他们都相信自己的行动确实有助于减少动物所受的痛苦和屠杀。

此外，做素食者有一种特殊的意义，因为素食是用实际行动来驳斥对工厂化养殖的辩护，这种辩护司空见惯，又是完全荒谬的。时常有人说，工厂化养殖方法是为养活急剧增长的世界人口所必需的。由于揭露这个真相如此重要，以致我将暂时撇开本书的动物福利主题，来简略讨论食物生产的基本问题，尽管我在本书中强调的动物福利完全独立地作为提倡素食的理由，也足以令人信服。

我们该吃什么？

此刻，世界上还有大量的人在挨饿，还有更多的人虽然够吃，但得不到所需要的营养，其中大多数是蛋白质摄取不足。问题是，用富裕国家所采用的方法养殖家禽、家畜有助于解决世界上的饥荒问题吗？

每只动物要生长发育达到可以供人食用的个头和重量，就必须吃东西。比如说，如果一头牛犊在无法开垦的牧场上吃草，这个牧场只长草而不能种植谷物或供人食用的任何其他庄稼，那么，牛为人类提供蛋白质就是净收益，因为迄今为止还没有更经济的方法直接从草里提取蛋白质，而长大的牛犊能为我们供应蛋白质。但是，如果我们把同一头牛犊放到围栏饲育场或任何其他圈养场所，情况就发生了变化。这时牛必须吃饲料；不论牛犊及其同伴拥挤在多么狭小的牛栏里，都必须用大片的土地种植玉米、高粱、大豆或其他粮食来饲养它们，就是说我们要用自己可以吃的东西作为牛的食物。牛犊要把吃下去的大部分食物消耗在维持自己生命的基本生理需要上，不管怎样严格地限制牛犊的活动，要它们活下去就必须消耗食物，而且食物还必须用于牛犊身体的非可食部分（如骨头）的生长发育。只有满足身体的生理需要后剩余的那部分食物才能转化成肉，最后供人食用。

在牛犊的饲料中，有多少蛋白质被它身体消耗掉了，又有多少转化成供人吃的肉呢？答案令人吃惊。要用21磅的蛋白质喂牛犊，才能生产出1磅供人吃的动物蛋白质，回报率不到投入的5％。难怪弗朗西斯·拉佩称这种饲养法为"反向蛋白质生产工厂"！[3]

我们可以用另一种方式来说明这个问题。假设我们有1英亩肥沃的土地，可以用来生产含高蛋白的植物性食物，如豌豆类或大豆类的产品，也可以用来生产谷物饲养家畜，然后将其宰杀吃肉。如果种植豆类，这1英亩地可以生产300～500磅的蛋白质，如果种谷物饲养动物，人所得到的只有40～45磅蛋白质。很有意思的是，虽然大多数食用动物将植物蛋白转化成动物蛋白的效率比牛高，例如猪"只"需喂8磅植物蛋白就可以产出1磅供人食用的动物蛋白，可是如果按每英亩土地可以产出多少蛋白质来计算，猪的这个优点就不存在了，因为猪不能消化牛可以利用的饲料蛋白质。每英亩土地可以生产出植物性食物蛋白和肉类蛋白的比值，尽管各种估计并不相同，但绝大多数估计的比值是10比1，有些甚至高达20比1。[4]

如果我们利用动物的奶、蛋，而不是宰杀动物吃肉，回报率就高得多。不过，动物仍然必须利用蛋白质来维持它们自己的生命，最有效率的奶、蛋生产方式，每英亩饲料产出的蛋白质至多相当于植物性食物所能提供的四分之一。

当然，蛋白质只是人类所必需的营养素的一种。如果我们把植物性食物提供的总热量（卡路里）与动物性食物加以比较，则植物性食物更具有优势。如果每英亩土地种植燕麦或花椰菜，其热量产出与生产谷物饲养动物转化为猪肉、牛奶、鸡肉或牛肉进行比较，即使养猪的转化效率最高，种植每英亩燕麦所得到的总热量也是猪肉的6倍，是花椰菜的近3倍。种植每英亩燕麦产出的总热量，比养肉牛高25倍。用其他营养素来比较，也打破了肉类生产和乳品工业所制造的神话。例如，每英亩生产的花椰菜，其中的铁含量比养牛产出牛肉的铁含量高24倍，燕麦则是其16倍。虽然每英亩谷物养奶牛产奶的钙含量比燕麦高，但种花椰菜则比牛奶高5倍。[5]

所有这些数字对于世界粮食形势的意义非常重大。1974年，美国海外发展委员会莱斯特·布朗估计，只要美国人每年的肉类消费减少10%，就可以节省1 200万吨以上的谷物供人类食用，或者足够养活6 000万人。美国农业部前助理部长唐·帕尔伯格说过，只要美国的家畜饲养量减少一半，节省下来的粮食就足以供应不发达国家人口所短缺的热量（卡路里）的4倍以上。[6]富裕国家饲养动物生产肉类所浪费的粮食，如果分配适当，确实足以消除全世界的饥饿和营养不良。因此，答案很简单，工业化国家采用的养殖动物作为食物的方法，对于解决人类的饥荒毫无帮助。

肉类生产也对其他资源形成很大压力。设在美国华盛顿特区的环境智囊机构——世界观察研究所的研究员德宁计算过，饲育场养出的肉牛，每磅牛排要花5磅粮食、2 500加仑❶水、相当于1加仑汽油的能源和大约35磅的表层土壤侵蚀。现在，北美土地的三分之一以上已成为

---

❶ 1加仑等于4.5461升。

畜牧场，美国一半以上的农田用于种植饲料，禽畜养殖业的用水量占水的总消耗量的一半以上。[7]在所有这些方面，植物性食物对我们的资源和环境的要求都远远低得多。

让我们首先考虑能源的利用。有人可能以为，农业是利用土壤中的肥力和太阳能来增加我们可利用的能源。传统的农业确实是这样。例如墨西哥的玉米，每卡的矿物能源投入能产出的食物热量为83卡，而发达国家的农业却大量依赖矿物燃料。在美国，能源利用效率最高的粮食是燕麦，每卡矿物能源也只能生产食物热量2.5卡，马铃薯略高于2卡，小麦和大豆约为1.5卡。然而，与美国饲养的家畜相比，即使这些微薄的能源回报已算是大丰收了，因为各种动物性食物的生产都要消耗比这高得多的能源。效率最高的牧场所饲养的牛，消耗3卡矿物能源可产出1卡热量的牛肉，而效率最低的饲育场养的肉牛，牛肉每卡热量需要消耗33卡能源。生产蛋类、羊肉、牛奶和鸡肉的能源利用效率在以这两种方法生产的牛肉之间。换句话说，仅就美国的农业而言，种植谷物的能源利用效率一般至少是牧场养牛的5倍，是养鸡的20倍，饲育场养牛的50倍。[8]美国的动物养殖业经营，完全依赖贮存于地下千百万年以石油和煤炭资源为积累形式的太阳能。农业综合企业的经济效益是由于肉类比石油更值钱，但从合理且长远的利用有限资源的角度来说，则完全是不可理解的。

就用水而言，饲养动物与生产谷物相比也很不值得。生产每磅牛肉所需要的水比生产等量小麦高50倍。[9]美国《新闻周刊》对养牛用水量的生动描述是，"一头1 000磅肉牛所消耗的水可以托起一艘驱逐舰"。[10]美国、澳大利亚和其他许多国家的干旱地区所依赖的大量地下水源，由于养殖业的抽取已日益枯竭。例如，美国从得克萨斯州西部延伸到内布拉斯加州的大片养牛地带，由于饲养场持续不断地抽取地下水，著名的奥加拉拉地下蓄水层的巨大地下湖的水位不断下降，井水正趋于干涸。像石油和煤炭一样，地下水也是历经千百万年才形成的另一种资源，正在不断被肉类生产所耗尽。[11]

我们也不应忽视养殖动物对水的其他方面的影响。英国水利管理协会的统计数据显示，1985年养殖场造成的水污染事件超过3 500起。例如，那年一个养猪场的化粪池破裂，25万升猪粪尿流入裴瑞河，造成11万条鱼死亡。现在，当局水利部门起诉的严重河水污染案件中，半数以上是饲养场造成的。[12]这不足为奇，因为一个6万只鸡的小型蛋鸡场每周就排出82吨鸡粪，2 000只猪的饲养场每周排粪27吨、尿32吨。在荷兰，饲养场每年产出的禽畜粪便达9 400万吨，其中只有5 000万吨经无害化处理后进入田地。据估算，把剩下未经处理的部分装入火车车皮，可以从阿姆斯特丹一直排列到加拿大的西海岸，连续1 600公里。可是，这些排泄物并没有被运走，而是被倾倒在荷兰的土地上，导致自来水的水源污染和饲养场地区天然植物的死亡。[13]在美国，农场动物每年产生的粪便量约为人粪便的10倍，达20亿吨，其中一半来自工厂化养殖场，这些排泄物是不能自然地回到田地里去的。[14]正如一个养猪场主所说，"除非肥料比人工值钱，否则粪尿对我没有什么价值"。[15]因此，那原本可以恢复土地肥力的禽畜粪便，最终却污染了我们的河流。

而因肉类需求所导致的最愚蠢的行为是挥霍森林。历史上有毁林放牧，今天仍然如此。在哥斯达黎加、哥伦比亚和巴西，在马来西亚、泰国和印度尼西亚，正在砍伐热带雨林作为养牛的牧场，但这些国家的穷人并不能从牛肉生产中获益；牛肉不是送往大城市供有钱人享用，就是出口。在过去25年里，中美洲的热带雨林差不多毁掉了一半，主要是为了向北美供应牛肉。[16]地球上大约90%的动植物种分布于热带，其中许多物种在科学上尚无记录。[17]如果按现在的毁林速度继续下去，这些物种将迅速消失。此外，毁林还造成土壤侵蚀，径流量增加造成洪水泛滥，农民将不再有薪柴使用，而且可能引起降雨量减少。[18]

现在我们刚知道森林具有多么重要的作用，可惜森林已经在消失了。由于1988年的北美旱灾，许多人知道了温室效应对地球的威胁，这主要是由于大气中二氧化碳排放量增加造成的。森林保有的碳量极其巨大，尽管人类一直在砍伐森林，但世界上现存森林所贮存的碳，估计仍比每年燃烧矿物能源释放到大气中的碳量高400倍。毁林释放的碳是以二氧化碳的形式进入大气。相反，新成长的森林会吸收大气中的二氧化碳，变成活性物质。毁林加剧温室效应，而大规模植树造林同时结合减少二氧化碳排放的其他措施，是缓解温室效应的唯一希望。[19]如果我们不这样做，地球变暖意味着在未来50年内出现大范围的干旱，气候变化造成进一步的森林破坏，大量物种因不能适应其环境的变化而灭绝，还有极地冰帽消融，导致海平面上升，一些沿海的城市和平原将

被洪水淹没。如果海平面上升1米，15％的孟加拉国的土地将被淹没，
1 000万人口将无家可归；一些地势较低的太平洋岛国，如马尔代夫、
图瓦卢和基里巴斯❶的存在也将受到严重威胁。[20]

　　养殖动物在与森林争地。富裕国家对肉类的庞大胃口，意味着农业
综合企业比希望保护和恢复森林的人们付得出更多的金钱。毫不夸张地
说，我们为了汉堡包，就拿我们地球的未来作赌注。

---

❶ 马尔代夫是印度洋上的岛国。图瓦卢（Tuvalu）和基里巴斯（Kiribati）都是位于南太平洋的岛国。

不该吃什么？

在素食的问题上我们应当走多远呢？主张彻底改变我们的饮食习惯是明确的，但我们除了植物性食物以外，什么都不应当吃吗？我们的确切界限在哪里？

划一条精确的界线总是很困难的。我来提一些建议，但读者会发现我在这里的说法，没有本书前面说过的那样明确且令人信服。要怎样划一道界限，必须由你自己决定，而你决定的界限或许与我的并不完全一致，这无关紧要。我们无须给每个人划定界限，就能分辨出哪个男人头秃，哪个男人不秃。在基本原则上一致是最重要的。

我希望任何读到这里的读者，都赞成我们在道德上有必要拒绝购买或者吃现代工厂化养殖场条件下饲养的肉类或其他动物产品。这是最明确的界限，也是任何能够超越狭隘的自身利益进行思考的人都能接受的底线。

让我们来看这底线是什么。这意味着，除非我们确实知道肉、蛋的特别来源，否则我们就一定不买鸡、火鸡、兔子、猪肉、小牛肉、牛肉和蛋类。目前，集约化饲养的羊还很少，但是已经有一些，今后还会更多。你的牛肉究竟来自饲育场或其他方式的圈养，还是来自砍伐雨林开辟的牧场，这取决于你所在的国家。但是，除非你住在农村地区并且费很大工夫，才可能买到不是工厂化养殖场的产品。大多数屠夫并不知道他们出售的动物的肉是怎样饲养的。在有些情况下，例如鸡，传统的饲养方法已经不复存在，你几乎不可能买到户外散养的鸡了；而小牛肉则不可能是用人道的方法饲养的。即使称为"有机"的肉，至多不过是动物没有喂饲一般剂量的抗生素、激素或其他药物，比起不能在户外自由走动的动物稍许舒适一点。至于鸡蛋，在许多国家容易买到"散养鸡蛋"，但在美国的大多数地方仍然很难买到。

如果你已经不吃鸡、猪肉、小牛肉、牛肉和工厂化蛋鸡场生产的鸡蛋，下一步是不吃任何屠宰的家禽和家畜。这只是再跨出额外的一小步，因为我们通常所吃的禽畜已经很少不是用集约化养殖法生产的了。对于没有体验过素食是否令人满意的人来说，或许想象中的素食可能是一大牺牲。对此我只能说："试试吧！"买一本好的素食烹饪书，你会发现做素食者根本不是牺牲。采取这额外一步的理由，可能由于我们认为，为了满足我们舌尖的愉悦这个琐碎目的去屠宰动物是错误的，或者知道即使不是集约化饲养的动物，也要遭受第三章（Ⅲ部分）所叙述的各种痛苦。

现在还有更困难的问题，在动物的进化程度上我们应当向下走多远呢？鱼可以吃吗？虾呢？牡蛎呢？要回答这些问题，我们必须把我们关怀其他生命所根据的中心原则记在心上。我在第一章（Ⅰ部分）里说过，我们关怀其他生命的唯一合法边界，是在此界限以外不再能准确地说，其他的生命还有利益。在严格的非比喻的意义上说，一个生命个体要有利益必须能够感知痛苦或快乐。如果一个生命遭受痛苦，在道德上就没有正当理由忽视其痛苦，或者不把这痛苦与任何其他生命相似的痛苦做平等的考虑。然而，反过来也是一样，如果一个生命不能感知痛苦或快乐，就无须加以考虑。

因此，划界的问题就是我们对一个生命能否感知痛苦做出合理决定的问题。我在前面讨论非人类动物能够感知痛苦的证据时，提出了两个指标：一是动物的行为，是否存在引起其扭动翻滚、号叫或企图逃避引起疼痛的来源等；二是其神经系统与我们人类的相似性。根据这两个指标我们向下看进化程度较低的动物时发现，能感知疼痛的证据减弱。鸟类和哺乳类动物感知疼痛的证据是十分确定的，爬行动物和鱼的神经系统在一些重要方面与哺乳动物不同，但中枢神经传导路径的基本结构则与哺乳动物相似。鱼和爬行动物对疼痛的反应大都与哺乳动物相同，其中大多数甚至能发出声音，只是人耳的听觉不能辨别。例如，研究人员可以辨别出鱼能发出振动性的声音和不同的"呼叫"，包括表示"报警"和"激怒"的声音。[21]鱼出水以后，在网里或地上扑动翻滚一直到死，也是痛苦的征象。正是由于鱼不能发出我们听得见的叫喊和啜泣，所以高雅的人们能够整个下午坐在水边垂钓取乐，任那钓上来的鱼儿在身边忍受痛苦的煎熬，缓慢地死去。

1976年，英国防止虐待动物协会成立了一个独立的狩猎和钓鱼调查组，主席为著名动物学家梅德韦勋爵，成员由该协会以外的专家组成。调查组仔细审查了鱼是否有感知疼痛的证据，结论是，毫无疑问鱼能感知疼痛的证据与其他脊椎动物的同样充分。[22]关心痛苦甚于关心屠杀的人或许要问，假使鱼能感知痛苦，在一般的商业捕鱼过程中，鱼受到的痛苦实际有多大呢？ ❶ 看起来，鱼似与家禽和家畜不同，没有遭受食用动物饲养过程的痛苦，因为鱼一般都不是饲养的，人类对它们的伤害只是捕捞和杀死。事实并非完全如此。养鱼业是正在迅速崛起的工业，作为工厂化饲养的一种类型，其集约化程度与饲育场养牛相同。养鱼业开始是养殖淡水鱼，如鳟鱼，但挪威人发明了在海洋里用网箱饲养鲑鱼的技术，现在一些国家正在采用此法养殖各种海鱼。 ❷ 养殖鱼类潜在的福利问题，如放养密度、洄游本能遭到抑制和受处理时的应激等，尚无调查研究。可是，即使是非养殖的鱼，商业捕捞的死亡过程比其他动物，例如鸡，要长得多，因为鱼是用渔网捕捞上来的，放置在空气里缓慢地死去。鱼鳃只能从水中吸收氧气，而不能从空气中吸取，以致鱼在离开水后便不能呼吸。你在超市里买的鱼或许就是由于窒息慢慢憋死的。如果是深海的鱼，被拖网渔船捞上来后可能因减压而使其痛苦地死亡。

　　如果鱼是捕捞的而不是养殖的，则反对吃集约化养殖鱼类的生态学理由对于吃鱼就不适用，因为我们不会浪费谷物或大豆来喂养海洋鱼类。可是，现在实行的集约化商业海洋渔业存在不良的生态学问题，这就是竭泽而渔，用集约法迅速把鱼捕捞殆尽，以致近些年来鱼的捕捞量急剧下降；原先十分丰富的几种鱼，如北欧的鲱鱼、美国加州的沙丁鱼

---

❶ 在爬行动物和鱼之间还有两栖类动物，如蛙类和大鲵。家养的牛蛙和野生的各种青蛙和蟾蜍，有人残酷地将其活剥后食用。大鲵俗称娃娃鱼，尽管属于国家保护的动物，但仍有人不惜违法去吃。
❷ 中国很多地方用网箱养鱼，造成严重的水污染。

和新英格兰地区的黑线鳕现在已经十分罕见，失去了商业捕捞的价值。现代的捕捞船队用细密的拖网，有步骤地把所到之处的大小鱼儿一网打尽，其中那些原非渔业捕捞目标且被称为"垃圾"的鱼，可能占捕捞量的一半，而这些死鱼又被丢回到海里。[23]由于拖网渔船的巨大渔网沿着未受干扰的海底拖过，使海底的脆弱生态系统遭受破坏。像其他养殖业的生产方式一样，这种捕捞法也浪费石油燃料，能源消耗超过其产出。[24]更有甚者，每年有数以千计的海豚被捕捞金枪鱼的拖网套住淹死。过度捕捞除了造成海洋生态系统的破坏以外，对人类也有不良的后果。世界各地靠捕鱼为生的沿海小渔村的居民，现在都感知到传统的食物来源和经济收入都枯竭了。从爱尔兰西海岸的社区到缅甸和马来西亚的渔村，情况都是一样。发达国家的渔业已经成为由穷人向富人再分配的又一种类型。

因此，出于对鱼和人两方面的关怀，我们应当避免吃鱼。那些仍然吃鱼但不再吃其他动物的人，当然已经在反对物种歧视的道路上迈出了重大的一步，但两者都不吃则跨越的步伐更大。

除了鱼之外，人们常吃的其他海洋动物是否存在感知疼痛的能力，我们便不再完全有把握。甲壳动物如龙虾、蟹、对虾和虾的神经系统与人类的很不相同，但牛津大学的动物学家、英国皇家学会会员约翰·贝克博士说，甲壳动物的感觉器官高度发达，其神经系统复杂，神经细胞与我们人类的十分相似，对某些刺激的反应迅速而强烈。因此，贝克博士认为龙虾也能感知疼痛。他确信日常所用的杀死龙虾的方法，把它们放进开水里,龙虾至少疼痛2分钟。他还对其他被认为比较人道的杀死方法进行了试验,如把龙虾放在冷水里缓慢加热,或者把龙虾放进淡水里至它们停止活动,这两种方法都不过是延长了垂死挣扎的痛苦时间。[25]如果甲壳动物能感知痛苦,它们所受的痛苦便很大,因为不仅死亡过程会引起痛苦,而且在运输和在市场上保持鲜活的过程中也遭受了痛苦。为了保持新鲜,它们常常在活的时候被装箱,相互挤压在一起。因此,即使对这些动物是否感知痛苦尚有置疑的余地,但它们可能遭受很大痛苦的事实,加上我们并非必须吃它们不可,也能得出简单明了的结论,即在没有否定的证据之前应当相信这些动物确实能够感知痛苦。

牡蛎、文蛤、贻贝和扇贝等软体动物,一般都是很简单的生物。(章鱼是软体动物,但是一个例外。章鱼比其亲缘关系远的软体动物发达得多,推测它有较强的感知能力。)像牡蛎这类动物,有无感知痛苦的能力仍然存疑。因此,在本书出第一版时我建议将虾和牡蛎排除在外似乎是恰当的。所以在我开始素食后那段时间偶尔还吃牡蛎、扇贝和贻贝。虽然我们没有把握说这些动物具有感知痛苦的能力,但同样也几乎没有把握说一定没有感知痛苦的能力。况且,要是它们能感知痛苦,那我一顿的牡蛎或贻贝就会造成相当多的生命的痛苦。由于不吃这些动物轻而易举,所以现在我想最好是不吃了。[26]

就我们通常吃的动物来说,这些已是进化阶梯上的最低级的动物了,其余的基本上都属于素食者的饮食范围。然而,传统的素食者的饮食还包括一些动物性食品,如蛋和牛奶。有些人还要在这一点上非难素食者言行不一。他们说，vegetarian（素食者）这个词和 vegetable（植物、蔬菜）的词根相同，因此素食者只应当吃植物性食物。从历史上看这种批评似是而非，只不过在字面上吹毛求疵。英语的 vegetarian（素食者）一词是1847年英格兰素食者协会成立后才普遍使用的，但该协会章程允许会员吃蛋和奶，所以"素食者"一词应用于只吃这类动物性产品的人是合适的。鉴于这个语言上的既成事实，那些既不吃动物的肉，也不吃蛋、奶和乳制品的人就自称为 vegan，"全素食者"或"全素者"。然而，单就用词这点来说并不重要，我们要问的是，吃这些动物性食品在道德上是否适当？这是一个现实问题，因为完全不吃动物性食物也可以获得足够的营养，这个事实虽然还未被大众普遍理解，但人们都知道素食者可以长寿而且健康。稍后我将对营养问题略加讨论，这里只要知道我们不吃蛋和奶，营养也能保证。那我们有什么理由非要吃这些不可呢？

我们已经知道，鸡蛋工业是现代工厂化饲养最为残酷的集约化饲养法之一，对母鸡的无情剥夺，用最低的代价生产最大数量的鸡蛋。如同我们强烈抵制集约化饲养法生产的猪肉和鸡肉一样，我们也有责任抵制集约化饲养母鸡所产下的蛋。但是，假如你能买到散养鸡生的蛋能不能吃呢？这在道德上没有什么理由反对。如果母鸡生活得很舒服，有遮蔽的生蛋窝箱，还可以在户外随意走动、扒食，它们似乎也不在意自己生下的蛋被取走。反对吃这种鸡蛋的主要理由是，小公鸡被孵出来后就直接奔赴刑场了。母鸡也在产蛋减少时被宰杀掉。因此，问题是母鸡的愉快生活（加上为人生蛋带来的利益），是否足以超越系统的另一方面——屠宰。这个问题的答案因人们对屠宰的看法而异，屠宰与造成痛苦不同。本书的最后一章将对有关的哲学问题做进一步的讨论。[27] 为了与那一部分所说的理由保持一致，一般来说我不反对用散养的方式养鸡生蛋。

牛奶和乳制品如乳酪和酸奶是另一类的问题。在第三章（Ⅲ部分）我们已经知道，牛奶生产造成奶牛及其牛犊的痛苦有以下几个方面：首先必须使奶牛怀孕，接着就是母牛与牛犊的分离；许多牛奶场对奶牛的监禁程度日益加剧；由超高营养饲料饲养和追求最大产奶量饲养法引起的健康和应激问题，以及采用每天注射牛生长激素造成的更大应激。

饮食里没有乳制品，原则上是没有问题的。亚洲和非洲的许多地区，实际上婴儿只吃母乳。在这些地区，有很大比例的成年人（肠道）缺乏消化牛奶中乳糖的能力，喝牛奶会出现不适❶。中国人和日本人长期以来就用大豆制作我们用牛奶做成的食品。现在西方国家很多地方也有豆浆了，有些试图减少摄取脂肪和胆固醇的人，常吃豆腐冰淇淋❷。还有用大豆制作的乳酪、涂抹食品的酱和酸奶❸。

那么，全素食者说我们不应该吃乳制品是正确的。他们用生动的实例证明，一种完全不用剥夺其他动物的饮食既切实可行又营养丰富。同时应当指出，在现今这个充满物种歧视的世界里，保持如此严格的正确

---

❶ 这是因为肠道缺乏乳糖酶，饮牛奶后可出现腹痛和腹泻。
❷ 由一定比例的嫩豆腐、植物油、糖、香草香精和米汤或米浆，或豆腐、蜂蜜、香草香精和少许食盐混合搅拌制成。
❸ 如用豆制品制作的花生酱来代替传统用奶制品。

道德标准是很不容易的。合情合理的行动计划是，采取慎重的步骤，可以舒舒服服地逐步改变你的饮食。虽然原则上所有的乳制品都不应当吃，但实际上在西方社会要想同时不吃肉又不吃乳制品，要比只是完全不吃肉困难得多。当你的目光落在食品标签上去寻找不含乳制品的产品时，你绝不会想到有多少食品中加了乳制品，甚至想买一份马铃薯三明治都成问题，因为上面都可能涂了奶油或人造黄油，后者含有乳清或脱脂奶粉。如果你放弃吃动物的肉和笼养鸡生的蛋，而用增加吃乳酪来代替，那仍会使有些动物不能获益。可是，下列办法是一种合理而又可行的策略，尽管并不理想。

◎ 用植物性食品代替肉类。

◎ 如果能买到，就用散养鸡场所生产的鸡蛋代替工厂化养鸡场的鸡蛋，否则就不吃鸡蛋。

◎ 用豆浆、豆腐或其他植物性食品代替牛奶和乳酪，但不必拒食所有含乳制品的食品。

立即从一个人的饮食习惯中完全消除物种歧视，是十分困难的。那些采取"我在此支持"的策略的人，就已经是对反对剥削动物的运动做出了明确而公开的承诺。动物解放运动最为紧迫的任务，就是说服尽可能多的人做这一承诺，使抵制肉食的行动传播开来，并引起广泛注意。但是，如果因为我们传递出想要立即停止各种剥削动物的行为的愿望，同时也传递出放弃吃肉的人除非同时不吃乳制品，否则便和吃肉的人没有多大不同的看法，其结果可能导致许多人面对素食止步不前，使剥削动物的行为照旧。

对于非物种歧视者可能要问的，他们应该吃什么，不应该吃什么的问题，上面这些话至少是部分的回答。如同这一节开始所说，我的评述只是建议。在至诚的非物种歧视者❶当中，饮食的细节或许也互不相同，但只要基本原则一致，就不应当影响朝着共同的目标努力。

---

❶ 即全素食者。

素食使人心有自然

许多人都乐意承认素食的理由很充分，可是在理性的信念与需要打破一生的饮食习惯的行动之间，常常存在差距。这种差距不是什么书本可以弥合的，最终要靠我们每个人将信念化为行动。不过在以下几页里我试图把这个差距缩小。我的目标是使由杂食饮食向素食过渡变得容易些，而且更有吸引力，让读者不至于把改变饮食看成是不愉快的任务，而是乐见一种崭新而有趣的烹饪方法，不但全都是新鲜食品，而且也有来自欧洲、中国和中东的非同寻常的无肉菜品。这与绝大部分的西方饮食习惯除了肉还是肉，使人厌倦的老一套吃法大不相同。对素食的愉快享受还因为味美、营养丰富的食品直接来源于大地，既不浪费土地的物产，也不会引起任何动物的痛苦和死亡。

实行素食使人与食物、植物和大自然建立起一种新型的关系。肉类污染了我们饭菜的纯净，无论我们可以（通过烹调）做出什么花样来，晚餐的那道主菜实际上仍然来自屠宰场的血淋淋的东西。生的和未加冷藏的肉品易于腐败产生恶臭。吃了这些食物使我们的胃肠负担增加，难以消化，好几天才很费劲地排泄出去❶。[28]我们吃植物性食物，质量就不同了：这些食物是大自然为我们准备的，我们收获时不会遭到任何反

---

❶ 这句原文是：When we eat it, it sits heavily in our stomachs, blocking our digestive processes until, days later, we struggle to excrete it. 最后部分译作"好几天才很费劲地排泄出去"。

抗。由于没有肉来麻木我们的口味，我们体验到直接从地里采摘的新鲜蔬菜的愉悦。我觉得亲自采摘蔬菜做晚餐的想法如此令人满足，以致在素食不久我就在后院里开辟了一块菜地。过去我不曾想过要做这种事情，现在我的好几个素食朋友也在这样做。这种方式使我们的饮食中少了鱼肉，却令我与泥土、植物和四季节气有了亲密的接触。

烹调也是我在素食后才感兴趣的事情。益格鲁 - 撒克逊的菜单主要就是肉，再加上两样煮烂的蔬菜。对于吃这个菜单长大的人，缺少了肉对想象力而言，则是一种有意义的挑战。当我在大众场合演讲，讨论本书所说的问题时，常有人问我：除了肉我们还能吃什么？问话的口气显然是，在提问人的脑子里把肋排肉或汉堡包从他或她的盘子里撤掉，剩下来就只能是马铃薯泥和煮卷心菜了，因而疑惑于用什么来代替肉呢？难道就是一堆豆子吗？

或许有人会喜欢这种饭菜，但对绝大多数人的口味来说，是要重新考虑全面计划主菜，使其包括各种搭配，也许在边上配点色拉，而不是单独放在一个盘子里。举例来说，好的中国菜就是一种或几种高蛋白食品的良好搭配；中国人烹调的素菜可以把豆腐、坚果、豆芽、蘑菇或面筋烩在一起，配上清淡的炒蔬菜和米饭。印度的咖喱烩兵豆❶作为蛋白质的来源，配上糙米饭，再加些爽口的凉拌黄瓜，同样是令人满意的美餐。意大利宽面条配沙拉也是一样，还可以用素豆腐圆子和细面条做

---

❶ 兵豆是一种豆科兵豆属植物的种子，中国作为补荒作物种植。

盖浇面。这样简单的饭菜可以包括谷类和蔬菜。大部分西方人很少吃小米、粗面粉或荞麦，但搭配这些粮食可以使我们的饭菜样式耳目一新。在本书第一版中，我曾提供一些食谱和素菜烹调法要点，帮助读者改变饮食，因为当时的素食还很少。但在此后这些年里，已经出版了许多极好的素食烹饪书籍，我所能给的帮助已无必要。有些人起初觉得要改变他们的饮食态度很难，养成大菜不放肉的习惯可能需要时日，可一旦习惯了你就会有很多的新颖菜单可以选择，这时你就会对过去认为没有肉的饭菜难做而感到奇怪。

素食使人更健康

　　素食除了是否可口以外，大部分仔细思量素食的人很可能还担心营养是否足够的问题。这种担心完全没有根据。世界上许多地方有素食的文化传统，那里的人的身体一直很健康，甚至比同一地区的非素食者更加健康。虔诚的印度教徒的素食历史已有2 000多年，圣雄甘地❶终身素食，在暗杀者的子弹结束他充满活力的生命时，他已年近80岁。英国的素食运动迄今已有140多年，现在的素食者已是第三代和第四代了。许多实行素食的杰出人士，如达·芬奇❷、托尔斯泰和萧伯纳都是长寿的，毕生过着创造性的生活。其实，大部分老寿星几乎都是不吃肉的。科学家发现，在厄瓜多尔的维卡班巴山谷的居民中常见超过百岁者，还有活到122岁的男人，这些人每周吃肉不超过一盎司❸。匈牙利曾对所有在世的百岁老人进行调查，发现他们大部分是素食者。[29]很多体育运动的明星并不吃肉，其中包括奥运会长距离游泳项目冠军默里·罗斯，著名芬兰长跑运动员帕沃·努尔米，美国篮球明星比尔·沃尔顿，三项全能"铁人"戴夫·斯科特和奥运会400米栏冠军埃德温·摩西，这说明

---

❶ 甘地（Gandhi, 1869—1948），印度思想家和独立运动领袖，倡导"非暴力抵抗"，印度独立后被印度教极右分子暗杀。

❷ 达·芬奇（Leonardo da Vinci, 1452—1519），文艺复兴时期意大利的画家、建筑师和工程师，在艺术和科学上都卓有成就。

❸ 1盎司＝28.35克。

肉食并不是增强身体耐力所必需的。❶

许多素食者肯定地说，他们比过去吃荤时更加健康而且更富热情，现在有许多新的证据支持他们的说法。1988年，美国公共卫生署主任发布的《营养与健康报告》引用的一项重要研究表明，美国35～64岁素食者发生心肌梗塞的死亡率只是一般同年龄组的28％，更高年龄组素食者的心肌梗塞死亡率仍然比非素食者低一半。这项研究还显示，素食但吃蛋奶者，血胆固醇水平比肉食者低16％，而纯素食者则比肉食者低29％。报告的主要建议是降低胆固醇和脂肪（尤其是饱和脂肪）的摄取量，多吃非精制的粗粮、谷物制品、蔬菜（包括干豆类）和水果。报告建议减少对胆固醇和饱和脂肪的摄入，其实就是不要吃肉（去皮的鸡肉或许例外）以及奶油、黄油和低脂肪以外的所有乳制品。[30]这份报告因为不够细致具体而遭到广泛的批评，有些含糊笼统的说法显然是受了像全美牧场主协会和乳业委员会等团体游说的影响。[31]然而不管怎么游说，也未能阻止在癌症部分报告了如下的研究结果：乳癌与肉食过多有关，而大肠癌也与肉食，特别是与牛肉有关。美国心脏学会多年来也一直建议，美国人的饮食中要减少摄食肉类。[32]关心健康和长寿的膳食安排，如普里特金计划和麦克杜格尔计划，主要或完全都是素食。[33]

---

❶ 默里·罗斯（Murray Rose），曾获奥运会400米、800米和1 500米自由泳3枚金牌，并保持过这些项目的世界纪录。帕沃·努尔米（Paavo Nurmi, 1897—1973），著名中长跑运动员，曾获9枚奥运会金牌，《时代》杂志评选为20世纪最佳运动员。比尔·沃尔顿（Bill Walton），（美国男子职业篮球联赛 NBA）著名中锋，入选篮球名人堂，NBA 50年50位蓝球名人之一。戴夫·斯科特（Dave Scott），曾获世界运动会三项全能的6枚金牌，进入铁人名人堂的第一人。埃德温·摩西（Edwin Moses），两次获奥运会400米栏冠军，曾长期保持这项世界纪录。

　　营养专家已不再争论肉类是否为膳食所必需的了，他们已经一致认为肉类是非必需的了。如果普通人对于素食（不吃肉）仍然心存疑虑，那是出于无知，常常是因为对蛋白质的特点不了解。经常有人对我们说，蛋白质是完善膳食的重要组成部分，而且肉类含有高蛋白。这两点说法都对，但还有另外两种说法却不常听到：第一个事实是，一般美国人摄食蛋白质太多了，超出美国科学院推荐的蛋白质摄取量（这个荐用的摄取量已属高标准了）的45％。其他估计认为，大部分美国人的肉类摄食量是他们身体所能利用的2至4倍。摄取过量的蛋白质不能贮存，有些排泄出体外，有些则转化成碳水化合物，由这种方式导致体内碳水化合物增加，代价太高了。[34]

　　第二个事实是，各式各样的食物都含有蛋白质，肉类只是其中之一，其主要特点是代价最为昂贵。过去曾经认为肉类蛋白质的质量最优，但早在1950年，英国医学会的营养委员会就说过：

　　　　业已公认，必需的蛋白质基本单位❶来自植物性还是动物性食物并不重要，只要以可利用的形式供应且搭配适当。[35]

　　最近的研究进一步证明这个结论是正确的。现在我们知道，蛋白质的营养价值在于其所含的必需氨基酸，这决定蛋白质在体内可利用的程度。虽然动物性食品，特别是蛋、奶，确实含有全面平衡的氨基酸，但

---

❶ 蛋白质的基本单位是氨基酸，这里即指必需氨基酸。

像大豆和坚果类的植物食品所含的氨基酸也很全面。何况同时吃不同的植物蛋白，很容易搭配提供与动物蛋白完全相等的蛋白质。这个原理称为"蛋白质互补"，不过你无须了解太多营养学的互补作用，就可以应用它。农民吃豆类和大米或玉米搭配的饮食，就是在起蛋白质互补作用。妈妈给孩子吃花生酱和全麦面包制作的三明治也是一样，因为花生和小麦所含的蛋白质可以互补。把不同食物中不同类型的蛋白质用这种方式搭配在一起，比分别单吃更易于被身体吸收利用。然而，即使没有不同蛋白质搭配的互补作用，我们所吃的大多数植物性食物，不只是坚果和豆类，而且小麦、大米和马铃薯本身也都含有充足的蛋白质，能够满足我们身体的需要。只要我们不吃主要含碳水化合物或脂肪的垃圾食品，膳食的热量足够，就不会出现蛋白质不足。[36]

在肉类所包含的营养成分中，除蛋白质外，其他的营养素也很容易从素食中获得的，因此无须特别注意。唯有纯素食者才需要特别注意饮食。在必需的营养素中，似乎只有维生素 B_{12}（其实也只有这一种）是一般植物性食物所不能供应的。蛋奶中含有丰富的维生素 B_{12}，但植物性食物中维生素 B_{12} 含量极低，不易利用。可是，从海藻（如海带）、日本传统发酵方法制作的豆酱和亚洲某些地区的发酵豆制品——印尼豆豉中，可以获得维生素 B_{12}，而这些食品在西方国家的健康食品店中都可以买到。我们肠道里的细菌也可以制造 B_{12}。对纯素食者所做的研究表明，他们多年没有吃过明显含有维生素 B_{12} 的食物，但血液的 B_{12} 含量仍维持在正常水平。为了保证不致缺乏，简便价廉的办法是服用含 B_{12} 的复合维生素片，其中的 B_{12} 是用细菌发酵生产的。对纯素食家庭的儿童所做的研究证明，在断奶后只吃补充 B_{12} 的不含动物性成分的饮食，儿童的发育正常。[37]

有一大批人与你志同道合

在这一章里，我尽力回答了对做素食者的怀疑，这是容易讲清楚的。但有些人疑虑很深，仍然犹豫不决，或许另有原因，怕被朋友当成与众不同的怪人。在我和我太太打算素食时，曾经讨论过这个问题，我们担心素食会使我们与非素食的朋友关系疏远，因为那时我们的老朋友中还没有素食者。我们夫妇一道成为素食者，肯定使我们俩人做出决定变得容易，但后来的事情很清楚，我们对朋友的担心原是多余的。我们向朋友解释实行素食的原因，他们认为我们很有道理，虽然他们没有都成为素食者，但也没有因此中断与我们的友谊。其实，我认为他们反倒很高兴请我们去吃饭，向我们显示他们做的素食是多么好吃。当然，你也可能会遇到一些认为你很怪的人，但现在比前些年少多了，因为素食的人越来越多。要是真有人认为你怪，请记住，有一大批人与你志同道合。世上所有最优秀的改革家，最先反对贩卖奴隶，反对民族主义战争和工业革命时期反对童工每天工作14小时、对他们残酷剥夺的人们，开始都是被通过恶行获得利益且遭到人们反对的那些人嘲笑为怪人的。

V
人类的统治

物种歧视简史

终止暴虐，必先认清暴虐

要终止暴虐统治，首先必须认清暴虐统治。人类这种动物对其他动物的统治方式，除了在第二章（Ⅱ部分）和第三章（Ⅲ部分）所叙述的做法以外，还有猎杀野生动物作为运动娱乐或为了获取毛皮等。这些做法不应当被视为孤立的异常事件，只有把这些行为看作是我们人类思想体系的表现，才能清楚地理解我们作为居统治地位的动物对其他动物的观念。

在这一章里我们将会看到，西方的杰出思想家们在各个历史时期所形成和维护的对动物的观点，这些东西被我们继承下来。我把讨论集中在"西方的"，并不是因为西方文化优于其他文化（其实就对待动物的态度来说正好相反），而是因为在过去二三百年里，西方的思想观念从欧洲传播开来，现在已成为大多数人类社会的思维模式。

下面讨论的虽然是历史资料，但我的目的却不在讲述历史。当一种观念深刻地浸润在我们的思想中，被认为是一种无可置疑的真理时，对其进行严肃而坚定的挑战常会招来被嘲笑的危险。正面的抨击可以动摇支持这种态度的志得意满，在前面几章我就力图这样做。另一种策略就是通过揭开历史的渊源，摧毁这一主流态度貌似合理的基础。

由于过去多少代人所做的宗教、道德和形而上的预设在今天已经过时，因而他们对动物的观念已不再有说服力。例如，因为现代人不会再用托马斯·阿奎那❶的说法，来为我们对待动物的态度辩护，所以我们可能容易承认阿奎那是用当时的宗教、道德的和形而上的观念，来掩饰人类为自身利益而赤裸裸地剥削动物。如果我们认清了前人视为正当和理所当然的看法，只是一种牟取私利习惯的意识形态幌子，同时如果我们又无法否认，我们继续利用其他动物，是为了自身的微小利益而践踏它们的重大利益，这或许能说服我们对自己剥削动物的各种惯常做法的合理性采取怀疑的态度，而这些做法一直被我们视为正当且自然的。

西方人对待动物的态度，根源于犹太教和古希腊文化这两个传统。在基督教里这两个源流合二为一，又通过基督教在欧洲传播开来。随着思想家的立场开始独立于教会，在怎样对待人与动物的关系上，才逐渐出现一种比较开明的观点，但根本上我们仍然没有脱离18世纪欧洲所持的态度。因此，我们按历史阶段分三个部分讨论：前基督教时代、基督教时代以及启蒙运动和后启蒙运动时代。

---

❶ 托马斯·阿奎那（Thomas Aquinas, 1225—1274），中世纪意大利神学家和经院哲学家。

基督教之前的思想

从创造宇宙讲起似乎是一个适当的起点。《圣经》里有关创造世界的故事，非常清楚地表现出希伯来人心目中人与动物关系的本质。这是神话反映现实的极好例子。

上帝说：大地要生长出活物，各从其类；生长出牲畜、爬行的动物和野兽，各从其类。一切就那样。

于是，上帝造出各种野兽、各种牲畜和各种地上爬行的动物。神看了很满意。

上帝说：我们要按照我们的肖像，造我们这样形象的人，让他们统治海里的鱼、天空的鸟、地上的牲畜、大地上行走的各种动物。

于是，上帝创造出像他自己形象的人，按照神的形象创造了人；创造了男人和女人。

神赐福他们，并对他们说："要生育繁衍，布满大地，征服大地；统治海里的鱼、天空的鸟和地上行走的各种动物。"[1]

《圣经》告诉我们，上帝按照他自己的形象造人。我们也可以说，这是人按照自己的形象造神。无论哪个说法，都赋予人类在宇宙中一种特殊的地位，人是一切生命中唯一像神的。再者，《圣经》明言神让人统治一切生物。在伊甸园里，这种统治权确实并不包括杀死其他动物作为食物。《创世纪》（1：29）表明，最初人类以草和树上的果子为生，伊甸园也常常被描绘成一幅绝对安宁的景象，屠杀任何生灵都是与其气氛格格不入的。在这个世间乐园里，虽然由人统治，却是一种仁慈的专制制度。

在人类堕落以后（《圣经》把人类的堕落归罪于一个女人和一个动物），屠杀动物显然是被允许的了。上帝在把亚当和夏娃逐出伊甸园前，亲自给他们穿上用动物皮做的衣服。他们的儿子亚伯是个牧羊人，并且用羊向主献祭。后来洪水袭来，为了惩罚人的邪恶，所有生物几乎全遭毁灭。洪水退去以后，诺亚在祭坛上贡献"各种洁净的兽类和鸟类"为燔祭品。上帝祝福诺亚，最终以确定人的主宰地位作为回报：

> 上帝祝福诺亚和他的儿子们说："你们要生育繁衍，布满大地。凡地上的野兽、天空的飞鸟，地上的动物和海中的鱼，都要对你们表示畏惧。这一切都交付在你们的手中。
>
> 凡活着的动物都将是你们的食物，这一切我都赐给你们，如同菜蔬一样。"[2]

这是古希伯来著作中对非人类动物的基本态度。但是，也再次出现了耐人寻味的暗示：在原初纯真的无罪状态时，我们是素食者，只吃"绿色植物"，可是人类经历了堕落和随之而来的邪恶与洪水以后，才被允许把动物也作为食物。这种允许意味着人类的主宰，在此前提下，思想中更富同情心的倾向仍然偶有显露。先知以赛亚谴责用动物献祭，《以赛亚书》中有一幅美好的未来景象，那时狼和羊在一起，狮子像牛一样在吃草，"在我所有的圣山上，它们不再作恶，或者伤害谁"。然而，这是一种乌托邦式的幻象，而不是现世所见的情景。《旧约》里还有一些零散的经文字句鼓励不同程度地善待动物。因此，我们有理由认为，无端的残暴行为是受到禁止的，而"统治"实际上更像是一种"管理职务"，意思是为对上帝负责，人类照顾其管辖下的动物，令它们安宁。然而，对《创世纪》所宣称的人类处于神造万物的顶峰，神允许人类屠宰和食用其他动物这个总的思想，并没有提出严肃的挑战。

西方思想的第二个传统来自古希腊。首先，古希腊的思想并不是单一的，而是分成许多对立的学派，各自坚持其奠基人物的基本学说，因而有相互冲突的倾向。其中一位伟大的人物毕达哥拉斯 ❶ 是素食者，他鼓励信徒尊重动物，因为他相信人死后，其灵魂会变成动物。但是，古希腊最重要的学派是柏拉图及其弟子亚里士多德学派。❷

众所周知，亚里士多德维护奴隶制，认为有些人生来就是奴隶，奴隶制既合理也对奴隶有利。我提起这一点并不是为了败坏亚里士多德的名声，而是因为这是了解他对动物的态度所必需的。亚里士多德主张动物的存在就是为人类服务，与《创世纪》作者不同的是，他没有在人与其他动物之间划下一条鸿沟。

---

❶ 毕达哥拉斯（Pythagoras, 580BC—500 BC），古希腊哲学家和数学家。
❷ 柏拉图（Plato, 427BC—347BC），古希腊哲学家。亚里士多德（Aristotle, 384BC—322 BC），古希腊哲学家和科学家。

　　亚里士多德并不否认人也是一种动物，实际上他把人定义为理性动物。可是，具有共同的动物本性，这一点不足以证明平等的考虑是合理的。在亚里士多德看来，天生是奴隶的人无疑也是人，与其他人一样能够感知快乐和痛苦，可是由于奴隶的理性能力比自由人低下，因此他认为奴隶是一种"活的工具"。亚里士多德公然用一个简单的句子把两者相提并论：奴隶"虽然仍是一个人，但也是一件财产"。[3]

　　如果人的理性能力的差别足以使某些人成为主人，而让另一些人成为他们的财产，则亚里士多德肯定认为人显然具有统治其他动物的权利，而无需更多的论证。他认为，自然界原本是一个等级结构，理性能力低下者就是为能力更强的人而存在的。

　　　　植物为动物而存在，非理性的动物为人而存在，其中家畜供人役使和食用，野兽（无论如何其中大多数是）为了供人食用和作为其他生活用品，例如衣着和各种工具。

　　　　由于大自然不会毫无目的，或徒然无益，她创造的全部动物都是为了人类，这是千真万确的。[4]

　　这些是亚里士多德的观点，而非毕达哥拉斯的观点，后来成为西方传统思想的一部分。

基督教思想

    基督教把犹太人和希腊人对动物的观念及时地结合起来。但是，基督教创立并兴盛于罗马帝国时代，如果把基督教对动物的态度和前基督教时期相比，我们可以看到基督教最初的作用是好的。

    罗马帝国靠征战立国，这就需要将它的大量人力物力投入到军事上，以保卫和扩张其广袤的领土。在这种条件下不会培育出同情弱者的情绪，反过来，尚武美德成为社会风气。由于罗马帝国本身远离战争前线，公民的性格被认为需要通过所谓的竞技变得强悍。虽然每一个学童都知道基督徒是怎样被投入竞技场的狮群里的故事，但这些竞技活动可能作为限制同情心和怜悯情绪（以及内心的其他方面）外露的指征意义，文明人对此罕有能够觉察的。那时男男女女都把观看屠杀人和屠宰其他动物作为寻常的娱乐，如此持续了好几个世纪，竟然没有出现过任何抗议。

    下面是19世纪历史学家莱基的叙述 ❶，从两个角斗士搏斗起始的古罗马竞技所发展的结果：

        简单的搏斗终于变得枯燥乏味，于是人类想方设法采用各式各样的凶残暴行来刺激逐渐消退的兴趣。有时候，把熊和公牛用铁链拴

---

❶ 莱基（William E. H. Lecky, 1838—1903），爱尔兰历史学家和政治家。这段文字引自其名著《欧洲道德史》。

在一起，让它们在沙地上激烈地厮打翻滚。有时用烧红的烙铁或点燃蘸有沥青的标枪矛头来烧灼和刺痛公牛，使它们发狂，然后把披着兽皮的犯人投进疯狂的公牛中与其进行搏斗。在卡利古拉皇帝统治时期的某一天里，就有400头熊惨遭屠杀⋯⋯在尼禄时期，曾经用400只老虎与公牛和大象厮杀。提图斯在竞技场落成典礼的那天，有5 000只动物丧命。在图拉真统治时期，一次竞技活动竟持续了123天，为了壮观和花样翻新，使用了狮子、老虎、大象、犀牛、河马、长颈鹿、公牛和公鹿等动物，甚至还有鳄鱼和蛇。令人遭受痛苦的手法一点也不逊色⋯⋯图拉真皇帝的竞技活动有上万人进行血战。尼禄让基督徒在夜间穿上浸有沥青的衣服，点燃起来为花园照明。图密善皇帝驱使一批虚弱的侏儒相互搏斗⋯⋯❶ 当时嗜血成风，以致皇帝如果疏于竞技，要比忽视向百姓开仓放粮更不得人心。⁵

其实，罗马人并非完全没有道德感，他们高度关注公平正义、公共责任，甚至待人仁慈。这些竞技只是极其丑恶地显示出他们的道德感具有鲜明的界限：如果一个人属于这个界限以内，则在竞技里的那些活动对其而言便是一种无法容忍的暴行，可是如果一个人不在这个界限以内，而是处于道德关怀的范围以外，则竞技所导致的痛苦对其只不过是娱乐。有些人，特别是罪犯和战俘以及所有的动物，都被排除在道德关

---

❶ 卡利古拉（Caligula, 12—41）原名 Gaius Caesar，与尼禄（Nero, 37—68）、提图斯（Titus, 39—81）、图拉真（Trajan, 53—117）、图密善（Domitian, 51—96），均为罗马帝国时期的暴君。

怀范围之外。

　　基督教的影响必须在这个背景下才能加以评价。基督教把人类是独一无二的观念带给罗马帝国，这个观念原本来自犹太教传统，但由于基督教灵魂不灭的信仰的重要性，它更加坚持突出这个观念。在世上所有的动物中，唯有人在肉体死亡后注定有来世。由此产生了人的生命神圣这个基督教独特的观念。

　　有些宗教，特别是东方宗教，宣扬一切生命均为神圣。还有许多宗教认为，只有杀害与自己同一个社团、宗教或族群的成员才构成严重罪恶，但基督教宣扬每个人的生命都是神圣的，而且只有人的生命神圣；连新生婴儿和子宫里的胎儿也有不死的灵魂，因此他们的生命和成年人一样神圣。

　　新教旨应用于人，在许多方面具有进步意义，而且使罗马时代有限的道德范围显著扩大。但是，在《圣经·旧约》中，这个教旨确认了非人类动物的低下地位，甚至进一步加以贬低。虽然《圣经·旧约》断言其他动物受人主宰，但对它们的痛苦至少还有一丝关怀。在《圣经·新约》里则完全缺乏避免对动物残忍的训诫，或考虑它们利益的劝告；耶稣本人被描述为有对非人类动物命运明显漠视的表现，拿他曾经诱使两千头猪猛冲到海里的例子来说，这个做法显然毫无必要，因为耶稣完全有能力驱除魔鬼，无须加害其他生命。[6]圣保罗坚持要重新解释旧摩西法禁止给打谷的牛戴上嘴套的说法，保罗轻蔑地问道："难道上帝还关心牛吗？"他的回答是不会，这法律是"完全为我们自己的"。[7]

　　耶稣做出的这个示范，后来的基督徒没有背离过。圣奥古斯丁在谈到猪的事件和耶稣诅咒无花果树的情形时写道：

　　　　耶稣基督本身证明，以自我克制来避免杀死动物或毁坏植物是极端的迷信，因为他认定我们与牲畜和树没有共同的权利，所以会把魔鬼赶入猪群；❶他见到一棵树不结果子，就用咒语令其枯萎……❷当然，那些猪和那棵树都没有罪。

　　根据奥古斯丁的说法，耶稣力图向我们表明，我们无须按照对待他人的行为道德规范来对待动物。这就是耶稣为什么把魔鬼赶入猪群，而不是直接消灭魔鬼，对耶稣来说消灭魔鬼也是轻而易举的。[8]

　　在此基础上便不难推测，基督教和古罗马人这两种态度的互动会产生什么结果，看看在基督教居统治地位后罗马竞技的变化就可以明白了。基督教的训诫坚决反对角斗士的搏斗，并把杀死对手、自己得以幸存的角斗士视为凶手；观看这类搏斗的基督徒也可能被教会革除出去，到了4世纪末，人的搏斗竞技活动已不复存在。但另一方面，屠杀和折磨各种非人类动物的道德状况并没有改变。在基督教时代，斗兽活动仍在继续进行，只是由于罗马帝国的国力衰落和版图缩小，野兽难得，才使斗兽活动式微。其实斗兽至今仍然存在，如西班牙和拉丁美洲的现代斗牛。

------

❶《圣经·马太福音》8：28 — 33。
❷《圣经·马太福音》7：18 — 20："凡不结好果子的树，就砍下来丢在火里。"

古罗马竞技的原则也可以推广到一般的方面。与罗马时代一样，基督教断然把非人类动物置于同情的范围以外。因而，对人的态度虽然变得温和，情况也已面目一新，可是对其他动物的态度依旧和罗马时代一样残酷无情。确实，基督教不仅没有改善罗马人对待动物的态度中最恶劣的东西，而且不幸的是，先前少数温和派人士点燃起来的较为博大的同情火花，反而被基督教扑灭殆尽，长期不能恢复。

罗马时代曾经有几位学者对痛苦表示同情，不论什么个体遭受痛苦；同时厌恶人类为了取乐，在餐桌上吃有感知力的动物，或者在竞技场上驱使动物。奥维德、塞内加、波菲利和普鲁塔克 ❶ 的笔下都有这类文字。莱基认为，普鲁塔克应当享有“积极提倡善待动物第一人”的荣誉，他认为普适性善行不依赖于灵魂轮回转世的信仰。[9]然而，此后我们等了近1 600年，至今，基督教作家在陈述其抨击虐待动物的理由时，仍众口一词地强调虐待动物也将鼓励对人类施暴的倾向。

有几位基督教圣徒表示过对动物的某种关怀。如圣巴西勒写过一篇祈祷文，劝人善待动物；圣克里索斯托也有过类似的说教，还有圣以撒的教导 ❷。甚至还有像圣诺特 ❸ 等一些圣徒蓄意阻挠狩猎，从猎人手中救下雄鹿和野兔。[10]但是，这些人不能改变基督教主流思想所独有的物种

---

❶ 奥维德（Ovid, 43 BC—17AD），古罗马诗人。塞内加（Seneca, 4BC—65AD），古罗马哲学家、政治家和剧作家。波菲利（Porphyry, 233—305），古希腊哲学家。普鲁塔克（Plutarch, 46—120），罗马帝国时代的希腊作家。
❷ 圣巴西勒（Saint Basil, 329—379），基督教希腊教父。圣克里索斯托（Saint John Chrysostom, 347—407），希腊教父，君士坦丁堡的牧首。圣以撒（Saint Isaac the Syrian），叙利亚人。
❸ 圣诺特（Saint Neot），侏儒圣徒。

歧视。为了证明他们并没有产生什么影响，不必追溯从早期教父到中世纪经院哲学家这一沉闷冗长的过程中基督教关于动物的观念，因为这一过程不是发展而是重复，所以单独把圣托马斯·阿奎那的观点仔细加以探讨也许会更加合适。

在圣托马斯·阿奎那的巨著《神学大全》中，试图集神学知识之大成，把世界哲学家的智慧调和在一起，虽然对于阿奎那而言，亚里士多德在哲学领域十分杰出，被推为"圣哲"。但如果要在宗教改革前的基督教哲学和迄今为止的罗马天主教哲学当中选出一位代表性作家，则非阿奎那莫属。

我们可以从发问开始，按照阿奎那的观点，基督教禁止屠杀的规定是否适用于人以外的动物，如果不适用，为什么？阿奎那的回答是：

> 按一件东西存在的目的去使用它便没有罪。事物的秩序就是有缺陷者为完美者而存在……像仅有生命的植物是为动物而存在，而所有的动物又是为人类而存在。因此，正如圣哲亚里士多德所言：人类为了动物的利益使用植物，以及为了人类的利益使用动物，都不违法（《政治学》I，3。）

> 如今最为必需的用途似乎包括动物用植物作为食物，而人类用动物作为食物，但要不剥夺这些东西的生命是做不到的，因此，为了动物的用途夺取植物的生命以及为了人类的用途夺取动物的生命，都是合法的。其实这与神本身的训诫相符合（《创世纪》1：29，

30和9: 3。)[11]

在阿奎那看来，要点不是杀生以取得食物本身是必需的才合理（因为阿奎那知道有些教派，如摩尼教派禁止杀生，他不可能对人类可以不要杀生也能生活这个事实完全无知，不过我们暂且搁置这一点），而是只有"更完美者"才有资格为食物而杀生。如果动物为了充饥吃人，则应另当别论。

> "凶猛"和"残暴"这两个词来源于野兽的形象。因为野兽攻击人，可能是靠吃人生存，而不是为了某种正义的动机，因为唯有正义的考虑才是合乎理性的。[12]当然，人类早先已经认为杀生食肉具备正当性，否则就不会这样做了！

即使人类可以杀死其他动物用作食物，但还有什么别的事情或许是我们不应当对动物下手的原因呢？非人类动物的痛苦本身算不算是一种恶呢？如果是，因为那种理由使它们痛苦，或者至少对动物施加不必要的痛苦，难道不是错误的吗？

阿奎那没有说对"非理性动物"残忍本身是错误的。在他的道德系统中没有这种错误的位置，因为他把罪恶分成对神犯下的罪、对自己犯下的罪和对邻人犯下的罪。因此，再次把动物排除在道德关怀的范围以外，也就没有残害动物犯罪这一说了。[13]

如果对非人类动物的残酷或许不算犯罪，那么善待它们算是仁慈吗？不算，阿奎那也明白地排除了这种可能性。他说：仁慈无法惠及非理性动物有三个理由：一是"准确地说（它们）不拥有理性动物才有的利益"；二是我们与它们没有同类感；三是"仁慈的基础在于共享永久的幸福，而这是非理性动物无法达到的"。他对我们说，"只有我们把动物想作他人享用的美味食物时"，我们才可能爱这些动物，即"为了神的荣耀和人的实用"。换句话说，我们不可能因为火鸡挨饿就萌发爱心，去喂它们，而是只有我们想到火鸡是某人的圣诞节大餐时，才会去喂它们。[14]

　　所有这些都可能使我们怀疑，阿奎那根本不相信除了人类以外动物也能够感知痛苦。这种观点其他哲学家也有，但显然是十分荒谬的；如果把这个观点加于阿奎那，至少可以为他漠视动物的痛苦而受到的指责找到借口，但阿奎那自己的话排除了这种理解。在讨论《旧约》中一些反对虐待动物的温和训诫时，阿奎那提出我们要分清理智和情感。就理智而言，他告诉我们：

　　　　人怎样对待动物无关紧要，因为上帝将万物交付给人支配。在这个意义上使徒说上帝不关心牛，因为上帝不管人怎样对待牛或其他动物。

　　另一方面，就情感来说，动物引起我们怜悯，因为"即使无理性的动物也会感知痛苦"；然而，阿奎那认为动物遭受痛苦不能作为充分的理由，来证明《旧约》的训诫是合理的。因此，他补充说：

显然，如果一个人养成对动物怜悯的习惯，他会更容易对人类产生怜悯，因而写道："义人顾惜他的牲畜的性命。"[15]（《箴言》12：10）

因此，阿奎那得出一个经常被人重复的观点，即反对虐待动物的唯一理由，是因为对动物的残忍可以导致对人的残忍。没有比这个论证更能清楚地暴露出物种歧视的本质了。

阿奎那的影响一直持续存在。至19世纪中叶教宗庇护九世还不允许在罗马成立防止虐待动物协会，理由是这样做表示人对动物具有义务。[16]因此，这一观点延续到20世纪后半叶，罗马天主教庭的官方立场还没有明显的变化。下面是一段美国罗马天主教的经文，把它与前面援引的700年前阿奎那的话加以对照很有启发性。

> 按照大自然的秩序，有缺陷者是为了完美者而存在，无理性者为有理性者服务。人作为理性动物，为了适当的需要按照这个大自然的秩序允许使用比他低级的东西。人需要吃植物和动物来维护生命和力量。要吃植物和动物就必须先将它们杀死。因此，宰杀本身并不是不道德或不正当的行为。[17]

注意这段经文的要点是，作者追随阿奎那如此紧密，连人类必须吃植物和动物的断言也加以重复。阿奎那在这方面虽然无知得令人吃惊，但尚可用当时的科学知识很有限为他加以开脱。可是，现代的作者只需查阅普通的营养学著作，或者留意观察素食者具有健康的身体就很清楚，再犯与阿奎那相同的错误就有点不可思议了。

到了1988年，罗马天主教会才发表官方声明，指出环境运动开始对天主教的教义产生了影响。教宗约翰·保罗二世在《论社会关怀》的通谕里，呼吁人类的发展应该包括"尊重自然界的生命万物"，并且补充说：

> 造物主赋予人类的主宰权，不是绝对的权力，人也不应该说有"利用和滥用"或任意处置事物的自由……就自然界而言，我们不仅受生物法则的支配，并且要遵守道德规律，违反者不能不受惩罚。[18]

一位教宗竟明确地否定人类绝对主宰的观点，令人充满希望，但要说这标志着天主教关于动物和环境的教义将出现历史性的、急需的方向性变化，尚为时过早。

当然，有许多具有人道精神的天主教徒，在尽力改进教会有关动物的立场方面偶尔也取得过成功。有些天主教作家自知可以通过强调残忍有堕落的倾向，来谴责人类对其他动物的最恶劣的行径。可是大多数天主教徒仍然受教义的限制。圣方济各 ❶ 的例子证明了这一点。

圣方济各是天主教阻碍关怀非人类动物福利教规的杰出异见人物。据传他曾经说："倘若我能谒见皇帝，我要祈求他为了神的爱，为了我的爱，发布法令禁止任何人捕捉或囚禁我的云雀姊妹，命令所有养牛人

---

❶ 圣方济各（Saint Francis of Assisi, 1182—1226），天主教方济各会的创始人。

和养驴人，在圣诞节把他们的牲口加倍喂好。"有许多传奇讲述他对动物的怜悯，而他向鸟讲道的故事似乎明确表示，他不像其他基督徒那样认为人和鸟之间的鸿沟不可逾越。

但是，如果只看到圣方济各对云雀和某些其他动物的态度，可能会对他的观点产生错误印象。圣方济各不只是把有感知力的动物称为姊妹，连太阳、月亮、风和火也都被他视为兄弟姊妹。据他同时代人的记述，他对"几乎所有动物都会产生内心和外显的喜悦，不论是抚摸动物还是见到动物，他的灵魂似乎就进入了天堂而脱离了人世"。这种喜悦还扩大到了水、岩石、花儿和树木。这种情况表示一个人处于宗教的忘我境界，被物我合一的感知深深地打动了。信仰各种宗教和神秘传统的人似乎都有这种体验，表现出同样的泛爱情感。这样来看，圣方济各把爱和怜悯扩大到动物就容易理解了。这也可以使我们了解，他对万物的爱何以能同物种歧视的正统神学观点兼容并存。圣方济各坚持声称："万物都赞颂'人哪，上帝为了你才创造了我！'"他认为，连太阳也是为人类而照耀。这些信仰是他深信不疑的宇宙观的一部分，但他爱万物的动力不一定是出于这种动机。

虽然这种忘我境界的泛爱可以是同情和善良的宝贵源泉，但缺乏理性的思考，也可能会把有益的效果抵消掉。如果我们同等地去爱岩石、树木、其他植物、云雀和牛，而不顾及它们之间的基本差别，特别是无视它们感知力不同的事实，于是我们可以认为，既然人类要吃东西才能生存，而且我们又无法不杀死我们所爱的某些东西去吃，那么我们杀生便无关紧要了。可能由于这个原因，圣方济各虽然爱鸟也爱牛，可没有因此不吃它们。他所制订的托钵修会 ❶ 修士的行为准则，除了某些斋戒日以外，没有规定不能吃肉。[19]

❶ 托钵修会是天主教修会之一，始于13世纪。

给动物带来痛苦的信条

　　随着反对中世纪经院哲学的人文主义思想的兴起，文艺复兴时期似乎已经摧毁了中世纪世界的面貌，动摇了早期关于人类与其他动物相对地位的观念。但是，文艺复兴的人文主义归根结底是人本主义❶，这个词的意义与按人道方式行事的人道主义❷毫不相干。

　　文艺复兴时期人本主义的基本特征是坚持人的价值和尊严，坚持人类在宇宙中的中心地位。古希腊名言"人为万物的尺度"的复活，是文艺复兴时期的主题。当时的人本主义者撇开了一些令人感到压抑的对原罪意识的专注和人相对于上帝的无限权力的软弱，而是强调人的独一无二、人的自由意志、人的潜能和人的尊严，他们拿人的这些方面同"低等动物"的有限天性加以比较。像原始基督教主张人的生命神圣一样，对人的这种态度在某些方面是重大进步，但非人类动物仍然同过去一样，远比人的地位低下。

　　所以，文艺复兴时期作家们撰写的放纵自我的文章，认为"世界上没有比人更值得钦佩的了"，[20]把人类说成"大自然的中心、宇宙的中枢和世界的项链"。[21]如果说文艺复兴在某些方面显露出现代思想的萌芽，

---

❶ humanism 狭义指文艺复兴时期的以人为本的一种思想，译作人本主义；广义则指起源于古希腊的一种欧洲文化传统，可译作人文主义或人道主义。此处原文前后二词均为 humanism，而后面一个为斜体。
❷ 人道主义（humanitarianism）或可译为博爱万物。

但就对动物的态度而言，仍然保持着早期的思维模式。

然而，这一时期我们或许会注意到第一位真正的异见人士——达·芬奇。他因关怀动物的痛苦而成为素食者，并受到朋友的讥笑。[22] 布鲁诺❶受哥白尼新天文学的影响（认为可能还有其他行星，其中有些可能有生命存在），而大胆声言"面对无限宇宙，人只不过是一只蚂蚁"。布鲁诺拒绝收回他的异端言论，于1600年遭火刑处死。

蒙田❷心仪的作家是普鲁塔克，他对那个时代人本主义的傲慢的抨击，当会受到这位和善的罗马人的赞同。

> 傲慢自大是我们与生俱来的原病……同样由于想象力的虚夸，人自比为上帝，自赋以神性，把自己与其他动物区分开来，置身于动物之外。[23]

在拒斥人类的自我陶醉方面，蒙田是自罗马时代以来屈指可数的几位作家之一，这绝非偶然。他在《论残忍》一文中断言，对动物残忍本身就是错误的，而无须与那些导致对人类残忍的倾向联系起来。

那么，随着西方思想的发展，动物的境遇注定会改善吗？旧的宇宙概念、人类中心位置的想法逐渐失去根基，近代科学走向繁荣发展之路，而非人类动物的地位竟如此低下，人们可能想当然地认为这种境况一定会改善的。

---

❶ 布鲁诺（Giordano Bruno, 1548—1600），意大利哲学家和天文学家，因坚持怀疑天主教教义被火刑处死。
❷ 蒙田（M. de Montaigne, 1533—1592），文艺复兴时期法国思想家和作家，著有《蒙田随笔》。

但是，绝对不幸的时刻还没有来临。最后的、最荒唐的并给动物带来最痛苦后果的基督教信条，是由 17 世纪上半叶的笛卡儿哲学造成的。笛卡儿是近代一位特殊的思想家，他不仅被公认为现代哲学之父，也是现代数学的一个重要来源——解析几何的奠基人，但他也是基督教徒，他对动物的观念是这两方面思想的结合。

笛卡儿受机械学这门令人振奋的新科学的影响，主张一切由物质构成的东西都如同一座时钟，受机械原理的支配。这种观点存在一个明显的难题，那就是有关我们人的性质的界定。人的身体由物质所构成，是物质宇宙的一部分，因此，人似乎必定也是机器，其行为应受科学定律所支配。

笛卡儿为了摆脱"人是机器"这个令人讨厌的异端观点，引入了灵魂的观念。他说，宇宙中的事物有两种，除物质的之外，还有精神的或灵魂的事物。人类具有意识，而意识不可能来源于物质。笛卡儿认为意识就是不灭的灵魂，肉体消解后灵魂仍然存在，并且断言灵魂是上帝特意创造的。他还说，在所有由物质构成的事物中，只有人才有灵魂（天使和其他无形的非物质性存在只有意识，而没有任何别的东西）。

因此，在笛卡儿的哲学里，动物没有不死的灵魂的基督教信条，产生了非常奇特的结果，即动物没有意识。他说，动物只是机器，即自动机，它们既不能享受快乐，也没有疼痛或其他任何感觉。笛卡儿说：虽然动物被刀切割时会大声号叫，在力图逃避烙铁烧灼时身体会剧烈扭动，但这并不表示它们能感知疼痛。动物与时钟一样受相同的机械原理的支配，如果它们的行动比时钟复杂，那是因为时钟是人造的机器，而动物是神造的机器，所以极其复杂。[24]

把意识放进物质主义的世界作为问题的"解决方法"，在我们看来是自相矛盾的，许多笛卡儿同时代的人也这样看，但那时看来也有其优点。他为信仰死后重生提供理由，笛卡儿认为这"非常重要"，因为"动物的灵魂与我们人的灵魂一样的观念，以及我们和蝇蚁差不多，无需对后世产生畏惧或寄托希望的想法"是错误的，这容易产生不受道德约束的行为。这个观念还消除了一个令人困惑的古老的神学难题：既然动物没有与生俱来的原罪，也没有来世的报应，公正的神为什么会让它们今世受苦。[25]

此外，笛卡儿还知道更为实际的优点：

> 我的主张与其说是对动物的残忍，不如说是对人类嗜好的宽容，至少是对那些尚未接受毕达哥拉斯迷信的人，因为这解除了人们在吃肉或者杀死动物时担心犯罪的念头。[26]

对于作为科学家的笛卡儿来说，这个教条还带来了另一个幸运的结果。当时，活体动物实验在欧洲开始盛行，由于麻醉术尚未发明，这些实验必定导致动物表现出我们大多数人看来是遭受极度疼痛的征象。笛卡儿的理论解除了实验者在这种情况下所感到的疑虑和不安。为了增进解剖学知识，笛卡儿也亲自解剖过活的动物。当时许多重要的生理学家宣称自己是笛卡儿的信徒和机械论者。目击者对17世纪末詹森教派波

尔卢瓦尔女隐修院 ❶ 的一些动物实验者所做的下列记述，可以清楚地说明笛卡儿学说的方便实用。

> 他们满不在乎地鞭打狗，而且讥笑那些对狗产生怜悯、感同身受的人。他们说这些动物就像时钟，它们挨打时发出的叫声，只是像触动一根小发条产生的噪音，但狗的整个身体毫无感觉。他们把可怜的动物的四只脚钉在木板上，进行活体解剖，观看血液循环，当时这是个重大的话题。²⁷

从这个状况来看，动物的地位确实是到了再也不能不加以改善的地步了。

---

❶ 詹森（Cornelius Jansen, 1585—1638），荷兰天主教神学家。詹森教派（Jansenist）持清教禁欲的态度，反对耶稣会，被罗马教皇斥为异端。凡尔赛附近的罗亚尔港（Port Royal）女隐修院，是17世纪法国天主教西多会的女隐修院，詹森教派的活动中心。

启蒙运动及其后的思想

　　动物实验成为新时尚这件事，对改变人对动物的态度可能起到了部分推动作用，因为实验发现，人类与其他动物的生理学特征非常相似。严格地说，这与笛卡儿所说并不抵触，但这使他的观点没有道理。伏尔泰❶的话一针见血：

　　　　这只狗对人的忠诚和友谊远胜过人，但野蛮人把它捉住，钉在桌子上，活活地解剖它，让你看它的肠系膜血管！可是在狗身上，你发现它的感觉器官完全与你的一样。机械论者，请回答我：难道大自然在这个动物身上安装的所有感觉发条❷，目的就是让它没有感觉吗？ [28]

　　虽然对待动物的态度并没有根本性变化，但各种各样的影响力结合起来改善了人类对动物的态度。人们逐渐认识到其他动物确实能感知痛苦，应当得到某种程度的考虑。人们认为动物没有任何权利，它们的利益也被人类的利益所覆盖。尽管如此，苏格兰哲学家休谟❸还是表达了一种相当普遍的情绪，他说我们"有义务按人道法则文雅地使用这些动物"。 [29]

---

❶ 伏尔泰（Voltaire, 1694—1778），法国启蒙思想家、作家和哲学家。
❷ 机械论者认为狗就像一只时钟，身上装的是感觉发条（springs of feeling），但并没有感觉的作用。
❸ 休谟（David Hume, 1711—1776），英国哲学家。

"文雅的使用"一语，确实恰当地概括了这个时期开始传播的一种观念：我们人类有资格使用动物，但使用方式应当文雅。这个时代的趋势是讲究优雅和礼仪，比较仁慈而少残暴，因而动物随人一道从这种风气中获益。

18世纪也是人类重新发现"大自然"的时期，卢梭❶的高贵的野蛮人（裸着身体在树林里漫步，边走边采摘果实），是将自然理想化的顶峰。由于我们把自己看成是大自然的一部分，我们重新感到自己与"野兽"有亲属关系。但这种关系一点也不平等，至多是人把自己看成是动物家族中仁慈的父亲角色。

人类地位特殊的宗教观念并没有消失，这些观念同较新的和较为仁慈的态度交织在一起。例如，蒲柏❷反对在狗完全清醒的条件下对其进行解剖，理由是虽然"低等动物"已经"屈从于我们的权力"，但如果对它们"处置不当"，我们应当负有责任。[30]

最后，特别是在法国，反教权情绪的增长有利于动物地位的改善。伏尔泰以同各种教条做斗争为乐事，他把基督教的陋习仪式与印度教加以对照。他比当时英国主张善待动物的人士走得更远，认为"食用与我们自己类似的动物的血肉来营养我们，是一种野蛮的习俗"，尽管他自己仍然保持这种饮食习惯。[31]卢梭似乎已经认识到主张素食的充分理

---

❶ 卢梭（Jean-Jacques Rousseau, 1712—1778），法国思想家和作家。
❷ 蒲柏（Alexander Pope, 1688—1744），英国诗人，他的诗长于讽刺。

由，虽然没有身体力行。在论教育的著作《爱弥尔》❶里，卢梭摘录了好几大段与文本语境无关的普鲁塔克的文字，来抨击人类拿动物作为食物是违反自然的、不必要的、血淋淋的谋杀。[32]

启蒙运动对于思想家对待动物的态度的影响并不是相等的。康德❷在其《伦理学讲义》里，仍然对学生说：

> 就动物而言，我们没有直接的义务。动物没有自我意识，其存在只是达到一种目的的手段。人是目的。[33]

但是，1780年，即康德发表这些讲话的同一年，边沁的《道德与立法原理导论》一书出版。在这本书的一段文字中，他对康德的说法做出了明确的回应，我在本书第一章（Ⅰ部分）中引用了边沁的这句话："问题不在于'它们有理性吗？'也不是'它们会说话吗？'而是'它们会感知痛苦吗？'"边沁拿动物的境遇与黑奴加以比较，期望未来的一天"其他动物可以重获因人的暴虐而遭剥夺的那些权利"。边沁或许是谴责"人的统治"是暴虐统治而非合法管理的第一人。

由于18世纪知识的进步，动物的境遇在19世纪有了某些实际的改善，即通过法律形式反对任意形式的对动物的虐待。在英国打响了为动物争取合法权利的第一回合的战斗，而英国国会的最初反应表明，边沁的观念对他的同胞影响不大。

---

❶ 《爱弥尔》（*Emile*）上卷，李平沤译，商务印书馆，1994：196 ～ 198。
❷ 康德（Immanuel Kant, 1724—1804），德国哲学家。

英国第一次提出的防止虐待动物法案，是为了禁止纵狗咬牛这种"运动"。1800年这个法案被提交到下议院，当时的外交部长乔治·坎宁说这个提案是"荒唐的"，并以雄辩的口吻反问道："难道还有什么比纵狗咬牛、拳击或跳舞更无害的吗？"因为当时没有人打算禁止拳击或者跳舞，这位诡计多端的政客似乎对他所反对的提案不得要领，误以为这个提案是企图取缔可能导致不道德行为的"暴民"聚会。[34] 造成这个误解的前提条件是，只对动物造成伤害的行为根本不值得立法。《泰晤士报》的前提与此相同，发表了一篇社论鼓吹这个原则："凡属干涉私人处置个人的时间或财产的做法都是暴政，只要他人没有受到伤害，权力没有置喙的余地"。最终，这个禁止纵狗咬牛的法案没有通过。

1821年，爱尔兰的地主乡绅、高尔韦地区的国会议员理查德·马丁提出防止虐待马的法案。从下面的记述可以看出国会辩论的情景。

> 当奥尔德曼·史密斯提议应当保护驴子时，会场哄堂大笑，以致《泰晤士报》记者几乎听不清会上在讲些什么。当主席重复这项提案时，笑声更大了。另一位议员说，下次马丁还要为狗立法呢！于是引起又一波的哄堂大笑。接着有人高声喊道："还有猫呢！"整个大厅顿时笑声鼎沸。[35]

这个法案也没有通过。但是，翌年马丁的一个法案——对于"肆意"虐待作为"他人财产"的某些家畜者属于违法——终于通过。这是首次把虐待动物作为罪过，可能遭受处罚的立法，尽管前一年还引起哄笑，但驴子已被纳入保护的范围，而狗和猫仍然被排除在外。值得注意的是，马丁不得不把他的法案置于类似保护私有财产条款的框架内，为了照顾饲养者的利益，而不是为了动物本身。[36]

这项法案虽然成为法律，但仍须强制执行。由于受害者不能申诉，于是马丁和许多著名的人道主义者创立了一个团体，搜集证据、提出控告或起诉，因此第一个动物福利组织诞生了，即后来的英国防止虐待动物协会（RSPCA）。

在英国通过第一个温和的禁止虐待动物的法律几年以后，达尔文 ❶ 在日记里写道："人类妄自尊大，认为自己该当是神创造的伟大杰作。愚见以为，人其实是由动物创造出来的。"[37] 20年后，即1859年，达尔文认为，他已经积累了足够的证据，支持自己的理论公开发表。但是，即使在《物种起源》一书中，达尔文仍然小心谨慎地避免那种一个物种进化到另一个物种的学说，扩大到可应用于人的任何讨论，只是说这本著作对"人类起源及其历史"会有启迪作用。其实，达尔文手上已经有了大量关于智人是由其他动物进化的学说的材料，但他很清楚，发表这些材料"只会增加对我的观点的偏见"。[38] 只是到了1871年，当许多科学家已经接受了演化论的一般观点时，达尔文才出版了《人类的由来》，这样才把隐藏在《物种起源》中的一句话的内容充分表达出来了。

这样，一场了解人类自己与非人类动物之间关系的革命开始了……

---

❶ 达尔文（Charles Darwin, 1809—1885），英国博物学家，演化论的创始人。

是真的吗？有人期望，由演化论出版所激起的知识剧变一定会明显改变
人类对动物的态度。一旦支持演化论的科学证据清清楚楚，先前认为人
类在万物中至高无上的地位和我们对动物统治的合理性的所有说法，实
际上都得重新考虑。达尔文的演化论革命是知识上的真正革命。这时人
们知道，他们不是上帝按神的形象创造，并与动物分离的特殊创造物，
相反，他们终于认识到人类自己也是动物。再者，为了支持他的演化
论，达尔文指出，人类同动物的差异远不如一般想象的那么大。《人类
的由来》第三章对人类与"低等动物"的心理能力加以比较，达尔文将
比较的结果概括如下：

> 我们知道，各种感觉和一些直觉，各种情绪和才能，例如人
> 类自夸的爱心、记忆、注意力和好奇心、模仿、推理等，在低于
> 人的动物身上都可以找到，有的只是一些苗头，有的甚至已经很
> 发达。[39]

《人类的由来》的第四章进一步说明，人类的道德意识起源于动物
的社会性本能，这种本能使动物喜欢与同类群居相伴，互表同情和互助
服务。后来，达尔文在其另一著作《人与动物的情感》里，提供了更多
的证据，证明人类与动物的情感生活在很多方面十分相似。

演化论和人类起源于动物的学说曾经遇到巨大的反对浪潮，这段历
史众所周知，在此无须赘述。这说明物种歧视的观点统治西方思想的程
度之深。人类是特殊的创造物，而其他生物则是被创造来为我们人类服

务的观点，不会没有抵抗就自动放弃的。然而，人类与其他物种共同起源的科学证据，是压倒性的、无可反驳的。

由于最终接受了达尔文学说，我们对自然有一种现代认识，自从演化论问世以来，虽有细节上的修正，但没有根本性的变化。只有那些接受宗教信仰而不相信理性和证据的人，才仍会维护人类是整个宇宙的特殊宠儿的说法，或者维护神创造非人类动物是为我们提供食物，神授权我们去统治它们并允许杀死它们的说法。

当我们把这场知识革命与先前的人道主义思想的增长加在一起，可能会认为这下子可都好了。但是，我希望前面几章已经说清楚了，人类的"暴虐之手"仍然压制着其他物种，当今我们给动物施加的痛苦可能超过历史上的任何时期。那错误究竟在哪里呢？

如果我们看看18世纪末相当先进的思想家关于动物的记述，我们或许会注意到一个有趣的事实，就是那时的思想家们已经在一定程度上接受了考虑动物的权利。除个别的例外，这些思想家，即使是其中最杰出的思想家，都在一个节骨眼上停了下来，即他们的论证会导致他们面对抉择，是放弃吃其他动物肉这种极其根深蒂固的习惯，还是承认不能实践自己的道德论证的结论。这是反复出现的模式。在阅读18世纪末及其后的著作时，你会经常读到这样的文字，作者强调人类对待其他动物的压制是错误的，所用的字眼如此激烈，以致使人确信某人终于完全摆脱了物种歧视的观念，因此也就彻底摆脱了物种歧视中最普遍的行为，不吃其他动物的肉了。然而，除了一两个特殊的例子，如19世纪的刘易斯·冈珀茨和亨利·索尔特❶之外，都令人感到失望⁴⁰。通常作者在这里突然一转，设下一个限定性条件，或者引入某些新的什么借口，宽恕了自己食肉的内疚，后者似乎是他论证的肯定结果。当写动物解放运动的历史时，边沁开启的这个时代，将被称为寻找借口的时代。

这些人所使用的借口各不相同，有些相当巧妙，值得我们去对主要类型的例子加以考察，因为这些借口今天仍然存在。

首先是用神作借口，这不应使我们感到惊讶。可以用威廉·佩利❷在《论道德与政治哲学原理》中的一段文字为例。在"人类的普遍权利"的开头，佩利询问我们是否有权利食用动物的肉：

> 为了享乐或舒适，我们限制畜生的自由，切割它们的身体，最后摧残它们的性命，导致它们痛苦和毁灭（我们以为它们的整个生活就该这样），似乎需要寻找某种借口。
>
> 断言这种做法正确的理由是……有些野兽造出来本是为了捕食另一些动物的，依此类推，证明人类生来就是以畜生为生的……（但是）这个争辩的类比是完全站不住脚的，因为野兽没有能力依靠任何其他方式维持生命，而我们整个人类都可以完全依靠果实、豆子、叶菜和根茎为生，就像印度许多部族实际过的生活那样……

---

❶ 刘易斯·冈珀茨（Lewis Gompertz, 1783—1861），1824年伦敦的防止虐待动物协会（后改称 RSPCA）创建人之一。亨利·索尔特（Henry S. Salt, 1851—1939），英国人道主义作家和改革家，著有《动物的权利与社会进步的关系》。
❷ 威廉·佩利（William Paley, 1743—1805），英国神学家、哲学家和效用论者，反对贩卖奴隶。

　　在我看来，自然的事实和秩序提供的任何论据，都很难为人的食肉权利辩护，我们这个权利受惠于《圣经·创世纪》第9章第一、二这两节记录的恩许。[41]

当许多人发现自己无法证明用其他动物作为食物有正当的理由时，都诉诸神的启示，佩利只是其中之一。亨利·索尔特的自传《在野蛮人中生活70年》（他在英格兰一生的记述），记录了他担任伊顿公学校长时的谈话。那时他开始素食不久，头一回和一位优秀的理科教师同事讨论素食问题。在忐忑不安中，他期待着科学思想对他新的信仰进行裁定，但得到的回答却是："难道你不认为，动物是赐给我们当食物的吗？"[42]

另外一位作家切斯特菲尔德勋爵❶则诉诸自然（的秩序），而不是神示：

　　我对于进食如此令人可怕的食物一直感到良心不安，经过严肃的反省，我信服了这是大自然一般秩序的合法性，大自然制订的第一原则是弱肉强食。[43]

根据这个原则，切斯特菲尔德勋爵是否认为人吃人也属合理，未见记载。

本杰明·富兰克林❷应用同样的论据，其弱点与佩利所暴露出来的

---

❶ 切斯特菲尔德勋爵（Lord Chesterfield, 1694—1773）本名为 Philip D. Stanhope，英国政治家和作家。
❷ 本杰明·富兰克林（Benjamin Franklin, 1706—1790），美国政治家和科学家，美国《独立宣言》起草人之一。

相同，这也成为他素食几年以后再度恢复肉食的理由。富兰克林在《自传》里叙述他看朋友钓鱼时，钓上来的一些鱼也吃了别的鱼。于是，他推论出，"既然你们吃别的鱼，我看不出我们为什么不能吃你们"。不过，富兰克林毕竟要比其他一些讲这种理由的人诚实些，因为他承认是鱼放在煎锅里出现"令人垂涎的"味道时，自己才得出这个结论的。他补充说，作为"理性的人"有一个优点，那就是不管想做什么，总能找到一个理由。[44]

对于深谋远虑的思想家，也可以笼统地说这个问题太过深邃，人类的思想无法领悟，来避免遇到饮食上这种麻烦问题。拉格比❶公学的托马斯·阿诺德博士写道：

> 对我来说，整个有关畜生的问题是令人头疼的难解之谜，我不敢去碰它。[45]

法国的历史学家米什莱❷有相同的态度。作为法国人，他说起来可不那么平铺直叙。

> 动物的生命，一个令人忧郁之谜。在这个遥无际涯的世界里，充满着无数无言者的痛苦，万千人的思考。人类误解低于自己的动物近亲与远亲哟，令它们遭受凌辱和痛苦的折磨；抗议人类的残暴在天呼

---

❶ 拉格比（Rugby）为英格兰中部的城市。
❷ 米什莱（Jules Michelet, 1798—1874），他认为历史就是反对宿命、争取自由的斗争史。主要著作有《法国史》和《法国革命史》。

地号。生命啊，即死亡！在我的心田里，每日每时的谋杀，靠动物为生，这些苦涩的难题令我倍感煎熬。这矛盾的难题是多么不幸哟！我们希冀，有另一个世界，在那里这种根基——残忍的宿命不再困扰。[46]

米什莱似乎相信我们不杀生便无法生存。如果这样，他对这"不幸的矛盾"思考的时间越多，他感到的痛苦一定越少。

叔本华❶赞同人类必须杀生才能生活，是犯这个心安理得的错误的另一位哲学家。叔本华把东方思想引进西方产生过影响，在他的著作里，有好几处把西方哲学和宗教里盛行的对动物的"令人厌恶的残忍"态度，与佛教和印度教的态度加以比较。他行文犀利尖刻，对西方的态度有许多尖锐的批评，至今仍然适用。然而，叔本华在一段特别尖锐的批评以后，简短地讨论宰杀动物食用的问题。他几乎不否认人可以过不杀生的生活，因为他对印度教（素食）的做法十分清楚，但他又声称"在北方，人如果不吃动物性食物就无法生存"。叔本华没有给出这个地理上差别的根据，虽然他补充说，为了让动物死得"更加舒服些"，应该用氯仿麻醉。[47]

即使边沁明确地主张需要把权利扩大到动物，但在这一点上他也退缩了下来：

　　　有一个很好的理由容忍人类食用动物，就是因为我们喜欢吃肉；

---

❶ 叔本华（Arthur Schopenhauer, 1788—1860），德国哲学家。

这样做使我们更好，而它们决不会更差。动物与人不同，对于未来的厄运事先不能早有预感。与不可避免的自然死亡过程相比，它们在人类手下死去通常会快一些，痛苦也较少。

在叔本华和边沁的这些话里，我们不禁感到他们降低了论据的正常标准。姑且不谈无痛屠杀的道德问题，他们二位都没有考虑商业性饲养和屠宰动物必然会造成痛苦。不论无痛屠宰在理论上是否可行，大规模屠宰动物供食用，不可能也绝无可能没有痛苦。在叔本华和边沁写下这些话的时候，屠宰远比今天更为残酷。动物经过长途跋涉被驱赶到屠宰地，赶牲口的人唯一关心的是尽快赶路；到达屠宰场后动物还必须在那里待两三天，没有食吃，或许也没有水喝，然后不经过击昏的过程，就直接被以野蛮的方式屠杀。[48]尽管边沁那么说，但是，动物在等待屠宰时对厄运的确有某种预感，起码在它们进入屠宰场的院子里，闻到同类的血腥味时肯定会有。当然，边沁和叔本华不会赞成这个说法，他们食用屠宰的产品，继续支持并视这种普遍的做法是合理的。在这方面，佩利对涉及吃肉的事情似乎有更明确的想法。但是，他可以心安理得地面对事实，因为他有神的恩许支持，而叔本华和边沁就找不到这个借口，必须掉转目光不去看这丑陋的现实。

至于达尔文自己，仍然保留了早他那一代人对动物的态度，尽管他推翻了前人对于动物的观念的知识基础。他承认动物具有爱心、记忆力、好奇心、推理和相互同情的能力，可他依旧吃肉，而且拒绝在敦促英国防止虐待动物协会推动管制动物实验立法的请愿书上签名。[49]他的追随者强调，虽然人类属于自然的一部分，从动物进化而来，但我们的地位并没有改变。当有人指责达尔文的观点损害了人的尊严时，达尔文的最大支持者赫胥黎❶回答说：

> 没有人比我更坚信文明人与野兽间存在宽阔的鸿沟；我们对人类高贵的敬畏，不会因为了解了人在本质上和结构上与野兽相同，而丝毫有所减少。[50]

赫胥黎是对动物持有现代观念的真正代表人物。虽然他十分清楚，臆断"人"与"畜生"间有着巨大鸿沟的陈旧理由不再站得住脚，但他仍然相信存在这个鸿沟。

我们证明自己使用动物正当合理的意识形态的本质，从这里看得最清楚不过了。意识形态特有的特征是其拒绝反驳。如果一种意识形态地位的基础被彻底驳倒，新的基础又会建立，否则这个意识形态的地位就会悬在那儿，蔑视等同于万有引力律的逻辑。人类对其他动物的态度就像是发生了这种情况。虽然人类在世界上的位置的现代观念，与前面所说的各种早期的观念已经大不相同，但在我们如何对待动物的实践问题上，则几乎没有多少变化。即使动物不再被完全排除在道德范围以外，它们的位置也仍然处于靠近圈外的一个特殊部分；只有动物的利益不与

---

❶ 赫胥黎（T. H. Huxley, 1825—1895），英国博物学家。

人类的利益发生冲突时，它们这点利益才被考虑。如果二者的利益发生冲突，即使是一个动物的终身痛苦与一个人的口腹之欲发生冲突，人也不会顾及动物的利益。旧时的道德观念深深扎根于我们的思想和实践之中，仅仅在关于人类自己和其他动物的知识上发生改变，是不能动摇我们这种态度的。

VI

当今的物种歧视

为物种歧视辩护、使其合理化、反对动物解放，
以及与这一切相抗争过程中取得的进展。

人对动物的态度形成于幼年时期

　　我们已经明白，人在处理与非人类动物的关系中，是怎样为了平常的琐碎目的造成动物的痛苦，违背了应当遵守的平等考虑利益的基本道德原则。同时我们也懂得了，历代西方思想家为了捍卫人类这种权利，是怎样进行辩护的。在这最后一章里，我准备审视当今维护和推动物种歧视的实践方式，以及为奴役动物进行辩解的各种论证和借口，其中有些辩解是针对本书所持的观点的。所以，本章专门对动物解放运动的主张中最常受到的批评做出回答，同时也打算作为前一章的扩展，对历史上起源于《圣经》和古希腊并持续至今的思想体系加以揭露。揭露和批判这个思想体系十分重要，因为虽然当代人对待动物的态度在很有限的方面相当仁慈，允许对动物的生存条件做一定的改善，却没有向人对动物的基本态度提出挑战。可是，如果我们不改变为了人类目的无情地剥削其他动物的基本观点，这些改善总会有受到侵蚀的危险。只有彻底打破两千多年来西方对待动物的思想，才能奠定废除剥削动物权利的牢固基础。

　　我们对动物的态度在很幼小的时候便开始形成，从幼年起就吃肉，对于这种态度的形成起决定性作用。有意思的是，许多儿童起初并不愿意吃动物的肉，父母们错误地认为肉食是健康所必需的，因而极力劝说他们，儿童才养成吃肉的习惯。不过值得强调的是，不论儿童的最初反应怎样，在我们懂得自己吃的是一个动物的尸体之前，早就已经吃肉了。因此，我们吃动物的肉是长期形成的习惯，并由社会的趋同压力造成的偏见所促进的，绝不是我们在知情的情况下有意识地做出的决定。同时，儿童又天然地喜欢动物，我们的社会也鼓励他们喜爱像猫狗一类的动物，他们还会抱着布制的动物玩具嬉戏。这些事实有助于解释，我们这个社会的儿童对动物的态度具有明显的区分性特征，即这种态度不是单一的，而是有两种共存的相互冲突的态度，这两种态度又谨慎地区分开来，使得二者固有的矛盾不会引起麻烦。

过去，孩子们都是听童话长大的。童话里的动物，尤其是狼总是被描绘成人类的狡猾敌人。典型的故事结局是皆大欢喜，足智多谋的英雄趁狼熟睡时，把石头放进狼的肚子里，然后缝上，把它沉入池塘淹死。❶假如孩子们还不明白这些故事的含意，他们再加上唱这类的儿歌：

> 三只瞎老鼠，看它们怎么逃？
> 撞上一农妇，手握一把刀。
> 一刀剁下去，尾巴斩断了。
> 这等有趣事，你可曾见到？

对于伴随这类故事和儿歌长大的孩子，他们所学的和吃的是一致的。然而，这类童话和儿歌现在已不再流行，就儿童对动物的态度来

---

❶ 中国古代的寓言故事《东郭先生》与此类似。

说，表面上总是亲切愉快的。因此产生了一个问题：怎么看待我们所吃的动物？

对这个问题的一种反应是回避。把儿童对动物的喜爱转向非食用的动物身上去，如狗、猫和其他宠物，这些都是城市或郊区儿童最常见到的动物。抱着玩的布制玩具动物，通常是熊或狮子，而不会是猪或牛。但是，当图画读物、故事书和儿童电视节目涉及饲养场的动物时，可能用精心策划的方法，使儿童对现代饲养场的本质产生错误的印象，来掩盖我们在第三章（Ⅲ部分）里所揭露的现实。例如，儿童在贺曼出版公司的畅销书《农场动物》中看到的图画，是母鸡、火鸡、奶牛和猪，它们身边围绕着自己的幼崽，见不到一个鸡笼、牛棚和猪圈。文字则告诉我们：猪在"美餐后，在泥潭里打滚，发出高兴的叫声！"而"牛在悠闲自得地摆动着尾巴，吃着草，哞哞地叫"。[1]英国出版的书，像畅销的"瓢虫书系"中的《农庄》，传达着同样静谧的乡间印象：母鸡领着小鸡在果园里自由散步，其他的动物也都跟自己的幼崽住在宽敞的院子里。[2]儿童们看这样的读物，无怪乎他们长大后相信，即使动物"必须"为了给人提供食物去死，可是它们在死以前过得很快活。

由于认识到我们儿时形成的观念非常重要，争取妇女权利运动已成功地培育出一种新的儿童文学，在这类作品里出现了勇敢的公主救出落难王子的故事，让女孩扮演往日留给男孩发挥作用的核心角色。由于残忍不是儿童读物的理想主题，因此要改变我们读给儿童听的动物故事并不那么容易。但是，应当可以避免令人厌恶的情节，让图画读物和故事鼓励儿童把动物当成独立的生命加以尊重，而不是看作专供人们食用和娱乐的好玩的小东西。随着儿童长大，让他们懂得绝大多数动物的境遇很不好。问题是非素食的父母们不愿意让子女了解真相，生怕孩子对动物产生感情，从而破坏家庭的饮食习惯。现在甚至还常听到，某位朋友的孩子知道肉是动物的屠宰产品后便拒绝吃肉了。可惜这种本能的反抗会遇到非素食父母的巨大阻力。面对父母的反对，大多数儿童无法坚持拒不吃肉，因为父母为他们准备饮食，还教育他们要不吃肉身体就不能长得高大、强壮。希望随着营养常识的普及将有更多的家长认识到，在这个问题上他们的孩子可能比他们更聪明。[3]这是显示人们与他们所吃的动物隔离程度的一个指标，从伴随儿童长大的故事书里，他们误以为动物一生在饲养场里悠闲徜徉，过着田园诗般的生活，毫无必要改变这个美好的想象。在人们居住的城市和郊区不会有饲养场，而开车经过乡间，看到许多农场的建筑物和寥寥无几的家畜在田野里时，有几个人能分得出那是粮仓还是鸡舍呢？

沉默的大众媒介

　　在这个问题上，大众传媒也没有向公众开展教育。美国的电视台几乎每天晚上都播放野生动物的节目，或是假定在野生条件下的动物的节目，有时为了便于拍摄，会把捕获的野生动物放到一个范围不大的场所。但是，人们只能偶尔从农业或食品生产的"专题片"里，看到一闪而过的集约化饲养场的镜头。一般观众知道的关于猎豹和鲨鱼的生存状况，要比对鸡和小肉牛的状况了解得多得多。结果是，从电视上获得的饲养场动物的"资讯"，大部分来自商业广告，像猪自己要求去制作成香肠，金枪鱼自己去装成罐头等荒诞的动画，还有美化小肉鸡饲养状况的赤裸裸的谎言。报纸报道的也都是些有"人情味"的动物故事，像动物园的大猩猩产仔，或者濒危动物的生存受到威胁，而对剥夺千千万万家禽和家畜行动自由的养殖技术则只字不提。

　　最近，动物解放运动成功地揭发出一两个臭名昭著的实验室之前，大众对于动物实验的了解，不比对饲养场的情况知道得更多。这当然是由于大众无法进入实验室。研究报告在专业期刊上发表，只有声称其发现具有特殊重要性时才会向媒体发布新闻。因此，在动物解放运动能够吸引全国性媒体注意之前，大众全然不知绝大多数的动物实验根本没有发表，发表的也大都是些微不足道的东西。如同第二章（Ⅱ部分）所说，由于没有人确切知道在美国究竟做了多少动物实验，所以大众对动物实验的广泛程度一无所知，这并不令人感到惊讶。研究机构的设计一般也不会让大众看到活的动物怎么进去，死的动物怎么出来（一本动物实验方法的标准教科书建议实验室附设焚化炉，因为许多动物尸体像普通垃圾一样运出来的情景，"肯定不会提高这个研究中心或学校在大众心中的形象"⁴）。

　　因此，无知是动物歧视者的第一道防线。可是，任何人只要肯花时间，决心探寻个究竟，这道防线是容易突破的。当你打算跟人说晚餐是怎样生产出来的时，回答通常是，"别说了，你会倒我的胃口"。即使人们知道传统的家庭饲养场已经被工厂化养殖企业所取代，知道实验室里在做某些很成问题的动物实验，却坚持模糊的信念，认为情况不至于太严重，否则政府或动物福利组织早就进行干涉了。几年前，德国反对集约化养殖业最直言不讳的人物、法兰克福动物园主任伯恩哈特·格泽梅克，把德国人对饲养场的无知，与早先那一代德国人对隐藏在大多数人眼皮底下的另一种暴行❶的无知相提并论。⁵毫无疑问，在这两种情况下，人们不是没有能力去发现真相，而是不想知道会使心情沉重的事情，这导致了一种意识的缺乏；当然还有令人心安的想法，那些地方不管发生什么暴行，受害者毕竟不是自己族群的成员。

---

❶ 指纳粹的暴行。

无奈的动物福利组织

　　认为我们可以依靠动物福利组织来监督动物不受虐待，是一种安慰人心的想法。现在大多数国家至少有一个庞大而健全的动物保护协会，美国就有美国防止虐待动物协会（ASPCA）、美国人道协进会（AHA）❶和美国人道协会（HSUS）❷，英国防止虐待动物协会（RSPCA）仍是英国最大的动物福利组织。我们有理由要问：为什么这些组织不能够阻止像本书第二、三章中所列举的明显的虐待动物的行为呢？

　　动物福利组织未能采取行动反对最重要的虐待行为，有几个原因。其一是历史的原因。英国防止虐待动物协会和美国防止虐待动物协会在成立时都是激进的社团，远远走在舆论的前面，反对各种形式的虐待动物，包括当时（今天的情况仍然一样）受虐待最严重的大量牺牲者——农场或养殖场动物。然而，随着这些社团的财产、会员和声誉的增长，它们逐渐丢掉了激进的承诺，成为"体制"的一部分。这些社团同政府官员、商界人士和科学家建立起密切的联系，企图利用这些关系来改善动物的境遇。这也取得了一些小小的成果，但是，与那些依靠生产食用

---

❶ 美国人道协进会（American Humane Association），简称 AHA，或译作美国人道协会（AHA）和美国慈善协会。为了与美国人道协会（HSUS）区别，这里译作美国人道协进会。美国人道协进会成立于1877年，宗旨是保护儿童，宠物和农场动物不受虐待和忽视，推进动物福利，倡导理解人与动物的相互关系及其在社会中的作用。

❷ 美国人道协会（The Humane Society of the United States），简称 HSUS。美国人道协会成立于1954年，是美国最大的动物保护组织，也是世界上最有影响的动物保护组织之一。

或实验用动物和进行动物实验获得基本利益的人们接触的同时，他们对剥削动物的激进批评变得软弱无力，而这些批评正是当年的社团创建者们为之奋斗的。现在这些社团为了细小的改革，一再就其基本原则进行妥协。他们说，现时取得一些进步聊胜于无，但是这些改良并不能改善动物的境遇，反而起到安抚大众的作用，好像动物福利不必再做什么事情了。[6]

其二，由于这些社团的资产增加，另一种考虑变得更为重要。动物福利社团是作为慈善组织注册的，这种地位可以使社团免税，而在英国和美国，注册慈善组织的条件是不得从事政治活动，可惜的是，政治活动有时却是改善动物状况的唯一办法（特别是，如果一个社团过于小心谨慎，就不敢号召大众抵制动物产品）。可是，绝大多数规模大一些的社团，都坚持不做任何可能危及慈善组织地位的政治活动。这就使得他们着重于做些像收容流浪狗和对个人肆意虐待动物的行为提出指控等四平八稳的工作，而不去开展广泛的反对系统性虐待动物的运动。

其三，从近百年的某个时期起，主要的动物福利社团对农场动物失去了兴趣。或许是因为这些社团的支持者和官员都是城市人，对狗、猫的了解和关心远超过对猪和肉用牛犊的程度。不论出于什么原因，在20世纪的大部分时间里，历史悠久的社团通过出版物和宣传，为了把对猫狗和野生动物需要保护的观念从深入人心到变成社会的普遍态度，做出了显著贡献，但对其他动物则没有。因而，人们会把"动物福利"当成是痴爱猫儿的善心女人的事情，而不是一种建立在公正和道德基本原则上的事业。

　　在最近10年里情况已经发生了变化。第一，新出现了许多比较激进的动物解放和动物权利组织。这些新成立的社团与现有的、过去影响有限的一些社团合作，使社会大众对于集约化养殖场、动物实验、马戏团、动物园和狩猎等所造成的大规模、系统的虐待动物行径的了解大为增加；第二，或许为了回应新一波对动物状况的关切，像英国防止虐待动物协会、美国防止虐待动物协会和全美人道协会等历史悠久的团体，也开始对养殖场动物和实验动物的被虐待状况采取强硬的立场，甚至号召大众对集约化饲养生产的小牛肉、咸肉和鸡蛋等产品进行抵制。[7]

人类优先？

在难以唤起大众关心动物的许多因素中，最难克服的一个或许是"人类优先"的臆断，以及任何关于动物问题作为严肃的道德或政治议题，都不可能与人类的问题相提并论。这个假定有许多值得讨论的地方。首先，这本身便是物种歧视的表现。任何对这个议题没有做充分研究的人，怎么可能知道动物的问题不比人类痛苦的问题严重呢？有人可能声称知道，只是假定动物实在无关紧要，而且无论动物遭受多大的痛苦都没有人的痛苦重要。但是，疼痛就是疼痛，不能因为遭受痛苦的生命个体不属于我们人类的一员，防止不必要的疼痛和痛苦的重要性就降低了。如果有人说应当"白人优先"，因而非洲的贫穷问题就没有欧洲的贫穷问题重要，我们会怎么想呢？

世界上确实有许许多多的问题需要我们贡献时间和精力，诸如饥荒和贫穷、种族主义、战争和核毁灭的威胁、性别歧视、失业以及保护脆弱的生态环境等，都是重大的议题，谁能说其中哪一个最重要呢？但只要我们抛弃物种歧视这个偏见，就可以看出，人类对其他非人类动物的压迫在这些议题排行中应占有一席位置。人类对动物造成的痛苦可能是最严重的，涉及的数量特别巨大，单是美国每年就有上亿头的猪、牛、羊要经受在第三章（Ⅲ部分）所描述的那些痛苦，数以10亿计的鸡的

命运相同。❶ 此外，每年至少还有2 500万只动物被用作实验。设想如
果强使一千个人像动物那样去做家用产品的毒性实验，必定引起举国哗
然。那么，使用成百上千的动物来做同样的实验，起码应当得到我们相
同的关切，特别是这种痛苦并非必要，只要我们存心去解决，就可以停
止的。绝大多数有理性的人都要求防止战争，消灭种族的不平等、贫穷
和失业，问题是我们力图解决这些议题已经很多年了，现在还得承认，
其中大部分的事情我们真还不知道怎样去解决。与这些议题相比，减少
人类造成的动物痛苦，只要我们着手去做是相对容易的。

　　无论如何，"人类优先"的观点通常只是一个借口，与其说是要在
难以兼顾的二者之间做真正的选择，还不如说是对人或非人类动物的痛
苦都无所作为。其实二者并非相互对立、难以两全。就算每个人的时间
和精力是固定的，花时间做某一件事会减少做另一件事的时间，但集中
精力花时间解决人类问题的人，一点也不妨碍他参与抵制饲养场残酷生
产出来的动物产品。素食所花的时间一点也不会比肉食多。其实，如第
四章（Ⅳ部分）所述，声称关怀人类福祉和保护环境的人们，单是为了
他们自己追求的这个目的就理应素食。实行素食有助于节约粮食供其他
地方的百姓食用，同时可以减少污染、节约用水和降低能源消耗以及减
少砍伐森林；而且素食比肉食便宜，还可以节省金钱，用于救济饥荒、
控制人口，或者他们认为亟待去做的任何社会福利或政治事业。要是素

---

❶ 目前中国屠宰的禽畜数量，除牛以外，居世界第一。2002年，中国屠宰猪5.76亿只；牛的存栏数达1.28
亿只，羊近3亿头，家禽的数量更大。

食者把关注的重点放在其他问题上，而对动物解放的活动兴趣不大，我不会对他们态度的真诚产生怀疑。但是，如果非素食者要说"人类问题优先"，这不禁会令我诧异，难道他们为人类做的事情，就是驱使人们持续不断地支持对饲养场动物进行浪费而又残忍的剥夺？！

在这里需要插一点历史的话题。"人类优先"的观点必然会引出一种常见的说法，即参与动物福利运动的人关心动物甚于关心人。毫无疑问，有些人是这样。不过，历史上的动物福利运动的领袖们关心人的程度，要比不关心动物的人对人的关心程度高得多。其实，反对压迫黑人和妇女运动的领袖，常常也是反对虐待动物运动的领袖，这种情况很普遍，而种族主义和性别歧视同时又伴有物种歧视的情况也很普遍，从而为这三者的平行关系提供了意想不到的证明。[8]例如，在英国防止虐待动物协会的几位创建者中，威廉·威尔伯福斯 ❶ 和福韦尔·巴克斯顿就是英国反对黑奴制度的领袖。早期主张男女平等人士玛丽·沃斯通克拉夫特，除著有《为妇女权利辩护》以外，还写过一本儿童故事集来鼓励儿童善待动物，书名为《真实的故事》。[9]美国早期主张男女平等的人士中有许多与素食运动有关系，包括露西·斯通、阿梅莉亚·布卢默、苏姗·安东尼和伊丽莎白·斯坦顿。她们与改革派、反对奴隶制的《论坛报》编辑霍勒斯·格里利聚集在一起，为"妇女权利和素食主义"干杯。[10]

动物福利运动还应当获得开创反对虐待儿童运动之先河的荣誉。

---

❶ 威廉·威尔伯福斯（William Wilberforce, 1780—1825），慈善家，曾担任英国下院议员。

1874年，美国动物福利社团的先驱亨利·伯格接到请求，去照顾遭到残酷殴打的一个小动物。可是，这个小动物竟是一名儿童，伯格利用保护动物的法规，对这个儿童的监护人以虐待动物罪起诉成功。而这项动物立法先前是由他起草，并迫使纽约当局通过的。其后虐待儿童的案件随之而来，于是成立了纽约防止虐待儿童协会。消息传到英国，英国防止虐待动物协会也成立了同样的组织——英国防止虐待儿童协会。[11]这个团体的创建人之一是沙夫茨伯里勋爵❶。像其他许多人道主义者一样，他既是重要的社会改革家、《工厂法》的起草人（这项法律导致废除了童工制和每日14小时工作制），同时又是动物保护的先驱，发起过一场著名的运动，反对不加控制的动物实验和其他形式的动物虐待。沙夫茨伯里的成就使得认为关怀非人类动物就不关心人，或者致力于某一项事业就不能兼顾另一事业的观点不攻自破。

---

❶ 沙夫茨伯里勋爵（Lord Shaftsbury, 1671—1713），本名 Anthony A. Cooper，英国哲学家。

动物的本性

我们关于动物天性的概念，以及由这种概念引出的在推理上的错误，也支持着我们的物种歧视的态度。我们总认为其他动物比人野蛮，比如说，这些人是"有人情味的"，就是说他们善良；说他们是"野兽般的""兽性的"，或说他们的行为简直就"像动物"或"像畜生"，就是表示这些人残忍而卑劣。然而，我们难得静下来想一想，那种哪怕稍有理由就进行屠杀的动物，其实就是人。我们都认为狮子和狼凶残，因为它们杀生，但是，它们要不杀生便必定挨饿。而人屠杀其他动物可能只是为了娱乐运动、满足好奇心、装饰身体和享受口味。人类还因贪婪或权力争夺而自相残杀，何况人并不以屠杀为满足。从整个历史来看，人不论是对自己的同类成员，还是对同为动物的非人类动物，总是喜欢在处死对方之前加以虐待或折磨，这种行径是其他动物所没有的。

在我们忽略人类残暴的同时，却又夸大了其他动物的凶残。以臭名昭著的狼为例：根据动物学家在野外的细致研究，在大量的民间故事中被当成坏蛋的狼，其实是高度社会化的动物，它们对配偶忠贞情深，从一而终，对自己的幼崽尽责尽力，对社群也很忠诚。除了果腹之外，狼不会伤害任何动物。要是公狼之间发生争斗，甘拜下风的一方只要把最易致命的颈下方暴露在胜利者的面前表示臣服，即使胜利者的尖牙利齿贴近对手的血管要害，争斗也会就此结束。狼与人类征服者不同的是，只以对方的屈服为满足，而不要对手丧命。[12]

在我们的印象中，动物世界总是充满血腥，同时我们又无视其他动物所具有的社群生活的复杂性，只把这些动物看作单独存在的个体，彼此间没有关系。当人结婚时，我们把配偶间的亲密关系归于爱情，为丧偶的人感到悲伤。然而，我们把其他动物的配对只看作本能驱使。如果一只动物被猎人或陷阱所杀害或捕获，被用于研究或者送往动物园，我们不会想到这只动物可能也有配偶，这个动物因死亡或被捕的突然离开也会令其配偶痛苦。同样，我们知道母子分离双方都很痛苦，可无论是食用动物的养殖场，还是宠物和实验动物的繁殖场，把母子例行拆散是这些行业买卖的一部分，从不考虑对非人类动物的感情伤害。[13]

奇怪的是，虽然人们经常把动物的复杂行为随便说成"只是本能"，因而不值得与人类显然相似的行为相提并论，但还是这些人们，为了自己便利却无视动物简单的本能行为模式对它们的重要意义。因此人们常说，下蛋的母鸡、小肉牛的牛犊和笼养的实验用狗的那些饲养方法不会使其痛苦，因为它们根本不知道除此之外还有别的生活条件。从第三章（Ⅲ部分）里我们知道这种说法是荒谬的。不论动物是否曾经在自由状况下生活过，它们都能感知自己需要运动、伸腿展翅、理毛梳羽和转身活动。群居性动物即使生下来未经历过群居生活，在单独隔离时都会感到惶恐不安；如果一群动物的数量太多，由于个体间不能相互辨认，同样也会引起骚动不安，动物处于应激状态下会出现互相残杀的"恶癖"。

对非人类动物天性的无知，使不因其天性对待动物的人只能用"它们不是人"来自我辩护。对，它们确实不是人，但同时它们也不是把饲料转化为肉的机器，更不是研究用的器具。与动物学家和动物行为学家携带笔记本和摄影机经年累月地研究动物所获得的新近发现相比，大众对于动物知识的了解相当落后。有鉴于此，对动物感情用事，将动物拟人化的想法没有太大坏处，相反，把动物当成一团泥巴，可以按照人类的需要随心所欲地捏塑，为我们的私利服务的观念，则充满危险性。

有人试图根据非人类动物的天性，来说明我们对动物的压制是合理的。作为反对素食主张的一种理由，常有人说，其他动物也杀生作为食物，因此我们也可以这样做。早在1785年就有类似说法，当时威廉·佩利对此加以驳斥，他说人类可以不杀生过活，而其他动物的天性使其只能靠杀生取食才能生存。[14]在大多数情况下，这话是对的，只有少数例外。有些动物可以不吃肉生存，但偶尔也吃肉，例如黑猩猩。不过这类动物的肉一般不会出现在我们的餐桌上。无论如何，即使依靠素食为生的动物有时也吃其他动物，但这不能作为支持我们这么做就合乎道德的理由。人类是多么的离奇古怪啊！通常自认为比其他动物高贵，但是，只要能支持自己的饮食偏好，竟也会使用我们应当从其他动物那里寻求道德启示和指导原则这样的观点。当然，关键是动物没有考虑替换别种食物的能力，也没有在道德上反省杀生取食的是非的能力，所以它们只能自行其是。或许我们对这样的世界秩序感到遗憾，但认为非人类动物应对其行为负有道德责任或者应受惩处，则是毫无意义的。另一方面，本书的每位读者对这个问题都有能力做出道德选择。我们不能逃避自己选择模仿其他动物行为的责任，因为那些动物不具有选择能力。

现在肯定有人会说，我已经承认了人类与其他动物之间有明显的差别了，因此暴露出我的一切动物平等的论证存在缺点。任何持这种批评的人，应该仔细阅读本书第一章（Ⅰ部分）。你会发现你误解了我在那里主张平等的实质。我绝不会荒唐地断言，正常成年人与其他动物没有明显的差别。我的要点不是说动物有能力按道德行事，而是把适用于人的对利益做平等考虑的道德原则，同样也用来对待动物。我们把平等考虑的生命个体的范围，包括那些本身不能做出道德选择的生命个体，这就必然包含我们对待幼儿以及由于种种原因在心智上不能理解道德选择的本质的一些人，那常常是正确的。如同边沁所说，关键不是他们能否做出选择，而是他们能否感知痛苦。

或许这种主张与其他有所不同。如前一章所述，切斯特菲尔德勋爵用动物相食的事实，来论证人类吃其他动物是"自然界的一般秩序"的组成部分。[15]他没有说明，为什么我们要想象我们自己的天性更像肉食动物老虎，而不像素食的大猩猩或近于素食的黑猩猩呢？除此以外，我们还应当提防在伦理的论证中乞灵于"自然"。自然常常可以"无所不能"，但我们必须运用自己的判断，来决定何时遵循自然。就我所知，战争对于人类是"自然的"，因为在历史的长河中，在千差万别的环境下，战争确实像是很多社会专注的事业。但是，我不打算为使我的行为遵循自然而走向战场。我们具有判断怎么做才最好的推理能力，我们应当使用这个能力（如果你确实热衷于诉诸"自然"，你可以说是自然要我们这样做的。）。

最好的策略：不杀生！

必须承认，肉食动物的存在确实对动物解放的伦理提出一个问题，即我们是否应当对此有所作为。假定人类能让食肉动物从地球上消灭，从而使受苦的动物数目减少，我们应当这样做吗？

简短的回答是，一旦我们放弃了声称对其他物种的"统治权"，我们就应当完全停止干涉它们，尽可能不去管其他动物。我们既然放弃了暴君的角色，也就不应当试图成为救世主。

虽然这个回答部分是真理，但未免过于简短。不管喜欢与否，人类预知未来可能发生的事情的能力确实比动物强很多，这种理解力可能使我们陷入要不干预就会显得麻木不仁的境地。1988年10月，全世界的电视观众都为美苏联手努力在阿拉斯加成功解救出困于冰封中的两头加利福尼亚灰鲸而喝彩。但是，有些批评者指出，这种不遗余力地去挽救两头灰鲸的行为是一种讽刺，因为人类每年要猎杀大约2 000头鲸，更不用说在捕捞金枪鱼的拖网上大约有12.5万只海豚被呛死。[16]不过，要是有人断言这场救援行动是一桩坏事，这便是麻木不仁了。

可以设想，人类的干预会改善动物的状况，所以是正当的。但如果我们打算制订一个像消灭所有肉食动物这样的计划，则完全另当别论。根据人类过去的记录，任何企图大规模改变生态系统的做法都是弊大于利的。因此，如无其他理由，可以肯定地说，除了极个别的特殊情况以外，我们不能而且也不应当试图做大自然的警察。只要我们自己停止非必要的屠杀和虐待其他动物的事情，那就足够了。[17]

可是，还有另外一种说法。有人根据自然状况下动物相互残杀的事实证明我们对待动物的方式是合理的。人们常说，尽管现代饲养场的条件差，但总比野外的生活状况好，野生动物还有挨冻受饿和遭受天敌捕食的危险。意思是我们不应当反对现代养殖场里的恶劣状况。

有趣的是，把奴隶制度强加于非洲黑人的辩护人士们也常有类似的观点。其中有人是这么写的：

> 总体来说，这些非洲人原本在他们的家乡深深处于野蛮、不幸和痛苦之中，让他们从那里迁移到这片充满光明、人道和基督教诲的土地上，是他们的一大福分，这一点显而易见，无可置疑。尽管存在着他们当中有些人在这个交易过程中或许受到不必要的虐待的这一缺憾；尽管他们迁徙此地的必然结果是他们在这里普遍处于从属的地位，这是顺应自然法则的，这绝对不可能继续是一个问题。[18]

现在很难对各种不同的野外环境与工厂化饲养场（或自由的非洲人与种植园的黑奴）的两类情况做比较，但如果非得比较，则生命自由应是首选。工厂化饲养场的动物不能走动、奔跑、随意伸腿展翅，还要与亲属和社群分离。野生动物确实有许多因恶劣的环境而死亡，或者遭捕食者杀死，但饲养场动物所能苟活的时间，至多也只是它们正常寿命中很短促的一段时光。饲养场稳定的食物供应也非全然是赐福，因为这反而剥夺了动物觅食这种最基本的天性活动。缺少觅食使动物的生活厌倦无聊，整天无所事事，只好躺在圈里吃东西。

不管怎样，工厂化饲养场的条件与自然条件的比较其实与工厂化饲养场是否合理无关，因为这不是我们面临的选择，废除工厂化饲养场并不意味着要把那里的动物放归山林。今天饲养场里的动物都是由人工繁殖出来饲养的，然后作为食物出售。如果本书所提倡的抵制饲养场的产品产生效果，动物产品的销售量便可减少。这不是说这类产品可以在一夜之间突然变成无人购买了（我对动物解放运动很乐观，但绝不会自欺），这种减少是逐渐的。这将会使养殖业的利润下降，小饲养场主转而经营其他农产品，大公司的资本也转移到其他行业，结果导致繁殖动物的数量减少。饲养场的动物数量减少，是由于动物宰杀后不再补充的结果，而不是把动物送"归"了山林。最终，（好，那就让我的乐观主义自由地心驰神往一下吧！）未来或许只有在大规模的保留地才能见到猪牛成群，有点像今天的野生动物自然保护区。因此，不是要动物在工厂化饲养场里的生活或在野外山林的生活之间进行选择，而是应不应该让那些动物繁殖的问题，因为这些动物出生后注定在工厂化饲养场里生活，然后被屠宰。

在这一点上可能有人会提出反对的意见，认为要是我们全都素食的话，猪、牛、鸡和羊的数量就会大大减少。少数肉食者声称，他们实际上是在为他们所吃的动物行善事，因为要不是他们吃肉，那些动物根本不可能来到这世间！ [19]

在本书第一版里，我驳斥了这个观点。理由是这个观点要求我们认为，让一个生命来到世间就是为这个生命提供了益处；要是持这个观点，我们就会相信自己也可以助益于一个不存在的生命。过去我认为这是荒谬的，但现在我没之前那样有把握了。（在本书第一版中，我毫无异议地拒绝这个观点，现在这成为我唯一改变的哲学观点。）毕竟，我们大多数人都会同意，要是我们在受孕前就知道这孩子有基因缺陷，出生后会发生夭折和痛苦，让这个孩子出生到世间是错误的，怀这样的孩子就会造成伤害。那么，我们还真能否认这一点：让一个能过快乐生活的生命出生是为这个生命提供了一种助益吗？要否认这一点，我们需要说明这两种情况为什么不同，可我还没有找到一个满意的论证方式。[20]

现在我们正在考虑的论证，提出了杀生错误的问题，由于这个议题比制造痛苦的错误复杂得多，所以到目前为止我一直把杀生放在背景部分。可是，在第一章（I 部分）接近结尾的简短讨论中，足以表明杀死一个对未来存在欲望的生命，可能有某种特别的恶，这种恶不能用创造另一个生命来补偿。真正的困难出现在我们考虑对未来不具有欲望能力的生命时，这种生命可以看成是此时此刻活着，而不存在连续的心智。就算在这种情况下，杀生似乎仍然令人厌恶。纵然动物不能领悟它自己具有在一段时间里生存意义上的"生命"，但当遇到危及生命的威胁时仍然可能反抗。但是，在缺乏某种形式的心智连续性存在下，从不偏不倚的观点看，难以解释为什么被杀死的动物所造成的损失，不能由创造一个能过一个同等快乐生活的新生动物来补偿。[21]

　　我仍然对这个议题心存疑惑。创造一个新的生命以某种方式会补偿另一个死亡的生命的主张，确实有些奇特的味道。当然，要是我们有确切的根据说，一切有感知能力的生命个体都有生存的权利（甚至对未来不具有欲求能力的生命个体也有），那就容易说，为什么杀死一个有感知能力的生命个体是一种错误，不能用创造出一个新生的生命个体的善来补偿。但是，如同我和他人在别处所指出的那样，这样的主张在哲学上和实践上自身都存在严重的困境。[22]

　　纯粹从实践上可以说，屠杀动物作为食物（除了纯属生存所必需的以外），会使我们把动物看成只是为了满足人类非必需目的而被随便使用的物品。根据我们对人性的了解，只要我们继续这样看待动物，在常人的实践中，对动物歧视的态度以及由此造成的虐待就不会改变。因此，除了生存所必需的以外，最好把避免屠杀动物作为食物当作简单的普遍原则。

　　反对杀生作为食物的论证，有赖于对持有一种观点的后果的预测。证明这个预测正确是不可能的，我们大致只能根据与我们人类自己有关的知识做出判断。如果这种预测没有说服力，我们所考虑的论证在其应用上仍然非常有限。食用工厂化生产的动物的肉肯定是没有正当理由的，因为这些动物生前过着令它们厌倦和受剥夺的痛苦生活，无法满足它们的基本需要，如不能转身、理毛梳羽、伸腿展翅、运动或参与同伴动物的正常社群互动等。让动物来到世间过这样的生活终其一生，那给动物带来的不是利益而是巨大的伤害。这种把出生视为利益的论据，至多能为继续吃放养的（一种不可能对未来拥有期待的）动物的肉找到理由，这种动物还必须与同伴动物在一起，过着符合其行为需要的快乐生活，最后无痛苦地迅速结束生命。我可以尊重这些煞费苦心的人，他们真心实意地想只吃这种动物的肉，不过我怀疑是否真有可能，除非他们自办饲养场由自己照顾动物，这样他们在实践上便很接近素食了。[23]

　　最后一点，是关于对一个生命个体的死亡由另一个新的生命个体的出生来补偿的论证。那些为他们吃猪肉和牛肉的欲望进行巧妙辩护的人，极少有人会认真贯彻论证所得出的结论。要是使生命的出生是一件善事，那么，如果其他条件相同，我们也应当尽量让更多的人出生，要是再加上人类的生命比动物生命更为重要这个论点（肉食者肯定会接受），这个论证可能走向反面，令辩护者不安。由于假如我们不用粮食饲养禽畜以保证让更多的人有饭吃，则这个论证的最终结论是，我们应当成为素食者！

改变你的消费习惯

　　物种歧视的态度如此广泛，无处不在，以致抨击其中某一两项表现的人，例如批评捕猎野生动物、残酷的动物实验或斗牛的人，自己也常常做其他物种歧视的事情。因而被抨击的人也会反唇相讥，指责对方言行不一。打猎的人说："你们说我们打鹿残忍，但你们也吃肉，除了你们是花钱请别人屠宰给你们吃的之外，我们之间又有什么区别呢？"毛皮服装商人也会说："你们反对用动物皮毛制作服装，可是你们自己却穿着皮鞋。"进行动物实验的人似乎更有理由质问：为了嘴馋可以接受屠宰，那为什么却要反对为增进知识而杀生呢？如果只是由于动物的痛苦而反对实验，他们会指出，宰杀用于食物的动物在活着时也一样痛苦。甚至连热衷斗牛的人也可以辩解：斗牛场上杀死一只公牛，可供成千上万的观众娱乐，而屠宰场里杀死一只牛，只能让少数吃这个牛肉的人感到快乐；再说，虽然公牛最终遭受的剧烈疼痛可能比肉牛严重，但公牛一生的绝大部分时间却享受着比肉牛好得多的待遇。

　　指责对方言行不一致，其实并不能为残忍做法进行辩护，进而得到逻辑上的支持。正如布里吉德·布罗菲❶所说：打断别人的腿很残忍，即使这话出自经常打断别人胳膊的人之口，这话仍然正确。[24] 可是，一

---

❶ 布里吉德·布罗菲（Brigid Brophy, 1929—1995），英国作家。

个人的行为如果与公开宣称的信仰不一致，则很难说服别人相信自己的信仰是正确的，再要劝说别人按照这些信仰去做，那就更困难了。当然，总可以找到某些理由加以区别，比如说，穿毛皮和穿皮革的不同，因为许多毛皮动物在落入陷阱后，被带有锯齿的钢圈紧紧夹住腿好几个小时甚至几天后才死，而剥皮制革的动物则没有这种痛苦。25然而，做这些细小的区分容易使原来的批评失去力量，而且在某些情况下，我根本不相信真正有得出这种区别的理由。例如，为什么猎鹿吃野味的人受到的批评要比在超市购买香肠的人多得多呢？而一般来说，集约化饲养场的猪所遭受的痛苦可能更多。

本书第一章（Ⅰ部分）提出了一个清楚明了的伦理原则：对所有动物的利益做平等的考虑，根据这个原则可以确定，我们对非人类动物的惯常做法，哪些是合理的，哪些是不合理的。把这个原则运用到我们的生活中，可以使我们的行动完全始终如一。因此，我们可以不给那些无视动物利益的人以口实，借机批评我们自相矛盾、言行不一。

对工业化国家的城市和郊区的居民来说，遵守平等考虑利益的原则其实就是要求他们成为素食者。这是最重要的一步，也是我最强调的一点。可是，为了保持言行一致，我们也应当停止使用杀害动物或招致动物痛苦的其他动物产品。例如，我们不应穿着皮毛服装，也应当拒绝皮革制品，因为在屠宰业的利润中，出售畜皮制革占有很大的份额。

19世纪的素食先驱想要拒绝使用皮革实际上有很大的困难，因为那时用其他材料制作的鞋靴极少。刘易斯·冈珀茨是英国防止虐待动物协会的第二任总干事，他严格实行素食，拒绝乘坐马车，并且建议在草原上放牧牛羊，待它们终其天年以后才取皮制革。[26]这个想法是对冈珀茨人性的赞扬，但在经济上则难以得到支持。但是，今天的情况已经完全不同，合成材料制造的鞋靴在许多廉价商店里随手可得，价钱比皮鞋便宜得多。帆布和橡胶制成的运动鞋更是美国青少年的标准穿着。曾经都是皮革制作的皮带和皮包等，现在很容易用其他材料替代。

　　过去令反对剥削动物的先驱们望而却步的一些其他问题，今天已不复存在。过去只能用动物脂肪制造蜡烛，现在蜡烛已非必需，如果需要也可用非动物脂肪制作。在健康食品商店里可以买到不是用动物脂肪，而是用植物油制造的肥皂。羊毛也非必需品，虽然绵羊一般是自由放牧的，但由于这种驯服的动物遭受了许多虐待，所以我们有充分的理由不再使用羊毛。[27]用野生动物如麝和埃塞俄比亚灵猫等制成的化妆品和香水，无论如何都是非必需品，而且已有与残忍问题无关的化妆品来代替。后一类化妆品不含动物产品的成分，也没有用动物进行实验，在许多商店和动物福利社团里都可以买到。[28]

　　虽然我提到这些动物制品的替代品来说明，拒绝参与剥削动物的主要做法并不困难，但我认为，言行连贯一致不等于或意味着一个人使用的所有消费品和穿着，都必须死板地坚持绝对纯洁的标准。改变个人消费习惯的关键不是要人一点也不沾伤害动物的产品，而是从经济上减少对剥削动物生产厂商的支持，并且劝说他人参与行动。因此，继续穿着在你思考动物解放运动之前所买的皮鞋，不算是过错，等这皮鞋穿坏了再买非皮革制品就是了。何况你现在把皮鞋丢掉，也无助于减少杀害动物获利的做法。饮食也是一样，关键是记住我们的主要目标，而不必担心细节。比如，你可以不必考虑聚会上的蛋糕，是否是用工厂化养鸡场的鸡蛋做的。

要完全不用动物产品，会对餐馆和食品制造业造成压力，还有十分漫长的路要走。只有社会上有相当一部分人抵制肉类和集约化饲养场的其他产品时，这一天才会到来。在此以前，要求我们始终如一地不要助长对动物产品的需求。这样可以证明，我们并不需要动物的产品。只有我们把理想和常识调和起来而不是一味追求纯洁，才有可能说服他人接受我们的观点。追求纯洁适合于宗教饮食戒律的要求，但对一个道德和政治运动则很不合适。

一般来说，一个人对待动物的态度始终如一并无困难。由于在正常的生活条件下，人与动物并没有严重的利益冲突，我们无须牺牲任何必不可少的东西。不过，必须承认，在一些特殊情况下人与动物也有利益冲突。例如：我们种植蔬菜和粮食给自己吃，但这些农作物可能遭到兔子、老鼠及其他"害兽"或"害虫"的毁坏，这样人类和动物的利益就会发生明显的冲突。假如我们必须按照利益平等考虑的原则行事，该怎么办呢？

首先，我们来看现在这类情况是怎么处理的。农民会寻求最廉价的方法消灭"害兽"，很可能是下毒药。动物吃下毒饵，缓慢而痛苦地死亡，这种做法一点也没有考虑"害兽"的利益；正是"害兽"一词就把这些动物排除在任何关怀之外。[29]但是，"害兽"这种分类是我们人类所创造的，作为一只害兽的兔子和一只可爱的宠物小白兔，同样能感知痛苦，因而应当给予考虑。问题是怎样既保护我们自己必需的食物供应，又尽最大可能尊重这些动物的利益。寻找解决这个问题的方法不可能超越我们的科学技术能力，即使这些问题不能完满地得到解决，起码可以使动物的痛苦比现在所用的"解决办法"要小得多。使用药饵使动物绝育，而不使用令动物遭受长时间痛苦的毒饵，是最好的改进方法。

当我们必须对付兔子以保护我们的粮食生产，或者对付老鼠以保护我们的住所和健康时，我们会很自然地对侵袭我们财产的动物给予猛烈的打击，如同这些动物在能够找到食物的地方大肆攫取一样。根据现阶段我们对动物的态度，指望人们会改变这方面的做法是荒谬的。但是，或许在主要的虐待行为和对动物的态度发生改变以后，人们会逐渐认识到，即使在某种意义上是"威胁"我们福祉的动物，我们消灭它们使其死亡的方法也不应该过于残忍。因此，我们最终可以发展出比较人道的方法，来限制那些与人类利益确有矛盾的动物的数量。

对于猎人以及令人产生误解而被美称为"野生动物保护区"❶的管理人员，上述这个回答同样适用。他们声称，为了防止鹿、海豹或其他动物的种群数量过剩，必须定期让猎人"收获"过多的动物，而且断言这对动物有利。"收获"这个词常见于狩猎组织的刊物，其用途是为了

---

❶ 英文的野生动物保护区是 wildlife refuges，refuges 是避难所的意思。

撒谎，声称这种屠杀的动机是关怀动物。"收获"一词表明，在猎人看来，鹿或海豹就像玉米或煤炭一样，只不过是具有为人类利益服务价值的物品。这个态度忽略了鹿和其他遭猎杀的动物能够感知快乐和痛苦这一至关重要的事实，而美国渔业与野生动物署在很大程度上也持这种态度。所以，动物不是为了达到我们目的的工具，而是有其自身利益的生命。如果在特定环境下，动物的种群确实增长到足以破坏它们自己的环境，影响到自身的生存发展，或者破坏其他共生的动物的生存环境，这时人类采取某些管理措施或许是正确的。但是，如果我们考虑到动物的利益，显然就不会采取让猎人去屠杀某些动物的行动，而是应当采取绝育的方法控制动物繁殖，因为在猎杀的过程中不可避免地要伤及无辜。如果我们努力开发比较人道的控制保护区野生动物数量的方法，就不难找到比现在更好的办法。问题出在负责野生动物的部门存有一种"收获"的心态，他们对开发控制动物种群的技术没有兴趣，因为这会使猎人"收获"的动物数量减少。[30]

植物不会疼吗？

我已经说过，鹿或猪和鸡等动物与玉米等庄稼之间的区别，在于庄稼可以收获，但对动物我们不应当存在"收获"的想法。这是因为动物具有感知快乐和痛苦的能力，而植物则没有。此刻必定有人要问："我们怎么知道植物不会感知疼痛呢？"

这个反诘或许来自对植物的真正关心，但通常来说，提出这个问题的人并没有认真想过如果证明植物会感知疼痛，我们就应当把利益的考虑（生命个体的）范围扩大到植物。相反，他们只是希望证明，要是我们真的按照我所主张的原则行事，我们就不但不能吃动物，连植物也不能吃，这样人只会饿死。他们所得出的结论是，如果不违背平等考虑的原则就不可能生存，他们根本无须为此费神，而是仍然按照其习惯的方式生活，吃植物也吃动物。

这个质疑的理由在事实上和逻辑上都很难站得住脚。迄今没有可靠的证据，证明植物具有感知快乐和痛苦的能力。几年前出版的一本通俗读物——《植物的秘密生活》声称，植物有各种奇特的能力，包括能辨别人的心理。此书所引用的最引人注目的实验不是正规的研究机构做出来的，一些重要大学的研究人员试图重复这些实验，均告失败。这本书的断言现在已被彻底否定。[31]

在本书第一章（Ⅰ部分）里，我提出三个明确的理由，即行为、神经系统的特征和疼痛在进化上的作用，来证明非人类动物能感觉疼痛。从这三方面来看，没有任何理由使我们相信植物会感知疼痛。由于缺乏科学上可信的实验结果，观察不到植物有显示感知疼痛的行为，也没有找到植物有类似（动物的）中枢神经系统的（解剖学）结构，而且很难想象，不能避开疼痛的来源或不能借感觉疼痛以任何方式逃脱死亡的物种，为什么会在进化过程中获得感知疼痛的能力。因此，相信植物能感觉疼痛毫无道理。

回答这个质疑的事实根据就说到这里。现在让我们来考虑其逻辑。假设研究人员确实找到了提示植物能感觉疼痛的证据，尽管看来不可能。我们可能同样还是要吃我们一直都在吃的东西。如果在必定会造成痛苦或者自己挨饿之间做选择，那么我们不得不选择作恶较轻的一种做法。要是植物真能感觉疼痛，植物的痛苦比动物轻，仍然是吃植物比吃动物好；即使植物对痛苦的敏感性与动物一样，还是这个结论。因为肉类生产的效率低下，意味着吃肉者间接毁掉的植物至少是素食者的10倍！在这点上我承认，这个论证已成为笑料，而我继续在进行论证，只是证明那些提出这个反诘但不能贯彻其结论的人，其实不过是为继续吃肉寻找借口。

所有物种一律平等

　　这一章至此一直在仔细考察西方社会许多人共同的观点，以及通常用来为这些观点辩护的策略和论据。我们已经看出，在逻辑上这些策略和论据都很脆弱。其实这些只是文饰❶和借口，而不是论据或理由。虽然有人可能认为，这些论据脆弱是因为普通人在讨论伦理问题时缺乏专业知识所造成的。有鉴于此，在本书第一版中，我对20世纪60年代和70年代早期一些重要哲学家关于非人类动物的道德地位的说法做过考察，结果哲学并不光彩。

　　哲学应当对时代所设的基本假定加以质疑。我认为，对我们绝大多数人视为理所当然的东西进行彻底的、批判的和缜密的思考，是哲学的主要任务，正是这个任务才使哲学成为一种值得为之付出心力的活动。遗憾的是，哲学并不总是无愧于其历史角色。亚里士多德为奴隶制辩护，总是在提醒世人，哲学家也是人，容易受到他们所处的社会成见的影响。他们有时成功地冲破当时的主流意识形态，但更常见的是他们成为这种意识形态的最具欺骗性的辩护人。

　　这就是本书第一版问世前那个时期哲学家的状况，他们没有对我们人类与其他物种的关系的成见提出任何挑战。与绝大多数普通人一样，

---

❶ 文饰或称合理化作用（rationalization），是一种防御心理，指个体无法达到目的时，用似是而非的理由来证明其行为的正确，从而掩盖错误或失败，以保持内心的平衡。

大多数着手解决这个问题的哲学家在他们的著作中接受了未经拷问的假定。他们的说法往往进一步巩固了读者的物种歧视习惯，使他们心安理得。

那时，道德哲学和政治哲学关于平等和权利的讨论，几乎都系统地表述为人类的平等和人类的权利问题。受此影响，哲学家或他们的学生从来没有把动物平等这个问题本身当成一个问题，这也表明哲学到那时还没有对已经接受的信念加以探究。可是，哲学家发现，如果不提出非人类动物的地位问题，就很难讨论人类平等的问题。因为如果要为平等的原则辩护，就要有为这个平等原则做出解释和辩护所需要的方法，这在本书第一章（Ⅰ部分）里或许已经论证清楚了。

对于20世纪50年代和60年代的哲学家来说，问题在于要用一种不会出现明显错误的方法，来解释所有人均为平等的观点。在绝大多数方面，人类是不平等的，如果我们找到所有人都具备的某个特征，那么这个特征必须是一种最低的共同特征，低到没有人会缺少这个特征。但困难在于所有的人都具备的任何一种特征，不会只为人类所独有。例如，虽然所有的人都具有感知疼痛的能力，但这不只为人类所特有；虽然只有人类才有解决复杂的数学问题的能力，但又不是所有的人都具有这种能力。所以，结果表明，我们可以如实说的唯一的东西，作为事实的断言，所有的人均为平等，其他物种（动物）中至少有一些成员也是"平等的"，即与某些人平等。

另一方面，如同我在第一章（Ⅰ部分）中所论证的，如果我们判定这些特征实际上与平等问题并不相干，平等必须基于"利益的平等考虑"这个道德原则，而不是具备某个特征，而要找出某种根据把动物排除在平等的范围以外，就更加困难了。

这结果并不是那个时期主张人人平等的哲学家们原先打算断言的。然而，他们不接受由他们自己推理得出的结果，反而利用迂回曲折或目光短浅的论证方式，设法调和他们的人类平等而与动物不平等的信念。例如，当时研究平等问题的杰出哲学家、加州大学洛杉矶分校的哲学与法学教授理查德·沃瑟斯特罗姆，在他的论文《权利、人权与种族歧视》中给"人权"的定义是，人拥有而非人类所不拥有的那些权利。他认为，人有安宁和自由的权利。为了对人有安宁权利的观点进行辩护，沃瑟斯特罗姆说，如果不解除一个人身体上的急剧疼痛，就不可能让那人过完美或满意的生活。他接着说，"在实质上，对这些善的享受把人类从非人类实体中区别出来"。[32]问题是当我们追问"这些善"所指的是什么时，他给出的唯一的例子只是解除身体的急剧疼痛，而这种东西非人类动物和人一样体验得到。因此，就沃瑟斯特罗姆所下的定义来说，如果人类有解除身体急剧疼痛的权利，那不应当是人权所专有，动物也应当享有这个权利。

面对这种情况，他们意识到需要对通常认为的人与动物之间的道德鸿沟寻求某种根据，却找不到人与动物间的任何一种实在的差别，同时这种差别又不至于损及人类平等的观念，因此，哲学家只好闪烁其词。他们凭借诸如"人类个体的内在尊严"[33]一类美妙动听的空话。他们大谈

"所有 men（男人）的内在价值"（在这里性别歧视与物种歧视一样，也几乎无须质疑了），仿佛所有的 men（还是 humans？）❶ 都具备其他生命所没有的某种未特指的价值。³⁴ 要么他们会说，人，只有人才是"自身即目的"，而"一个人以外的其他一切事物只有对于一个人有用时才有价值"。³⁵

如前一章所述，人具有独特的尊严和价值的观念有悠久的历史，到了 20 世纪 70 年代，哲学家才抛弃这个观念原本的形而上学和宗教的桎梏，并且随心所欲地乞灵于它，一点都不感到这个观念的合理性需要加以证明。为什么我们不应当把"内在尊严"或"内在价值"归于我们自己呢？为什么我们不应当说我们是宇宙万物中唯一具有内在价值的东西呢？我们人类同伙不可能拒绝我们如此慷慨授予他们的嘉奖，而我们否认有这荣幸的那些动物又无力提出反对。的确，当我们只想到人类，谈论所有人的尊严可能是很慷慨大方和非常进步的。我们这样做，是意在谴责奴隶制、种族歧视和其他形式的侵犯人权。我们承认，我们自己在某种根本的意义上与我们这个物种中最贫穷、最无知的成员具有同等的价值。只有当我们想到人类只不过是栖居在这个星球上的芸芸众生中小小的一个种群时，才可以认识到，我们在抬高了我们自己地位的同时，却降低了所有其他物种的相对地位。

实情是，只有在不对人类的内在尊严的说法提出追问时，借助于

---

❶ men 是 man 的复数，既可指不论性别和年龄的"人"，又常特指"男人"或"男子汉"，因此作者质疑这里的 men 是人（humans），还是男人？这不仅是物种歧视，而且也是性别歧视。

它似乎便能解决主张人类平等的哲学家的难题。一旦我们要问，包括婴儿、智力障碍者、精神变态罪犯、国家领袖等在内的所有人，为什么都具有某种尊严或价值，而大象、猪或黑猩猩等却永远也得不到这种尊严或价值时，我们就觉得，如同我们最初要求提供恰当的事实以证明人类和其他动物不平等是合理的一样，这个问题也难以回答。其实这两个问题本是一个问题，侈谈内在尊严或道德价值并没有作用，因为对声称所有的人，并且只有人类才具有内在尊严进行言之成理的辩护，都需要提供某些只有人类才有的恰当的能力或特征，凭借这些东西人类才具备独有的尊严或价值。引用尊严和价值的观点来代替其他区别人和动物的理由，显然是不够的。华而不实的辞藻是辩者理屈词穷的最后一招。

假如仍然有人认为，或许可能找到某个适当的特征将人与动物分成两类的话，让我们再来仔细想一想这个事实，即有些人的意识、自我意识、智力和感知力非常明显地比许多非人类动物低下。我想到的是患重度脑损伤且无法恢复的病人，还有婴儿，但为了避免婴儿存在的潜能把问题复杂化，我将集中在不可恢复的严重智力障碍病人。

试图找到一种特征把人类与其他动物区分开来的哲学家，极少采取放弃这类智力障碍人士，把他们归入其他动物一类的做法。他们为什么这样做不难理解，因为如果采取这一界限放弃智力障碍人士，又不对我们对待动物的观点重新加以思考，意味着我们有权利为了琐碎的理由在智力障碍人士身上进行痛苦的实验，同样，我们接着就可能有权利饲养和屠杀智力障碍人士作为食物。

　　哲学家们在讨论平等的问题时，为了避开不可恢复的极重度智力障碍病人的难题，最容易的办法是忽略不计。哈佛大学的哲学家约翰·罗尔斯❶在其长篇巨著《正义论》中试图解释为什么应当用正义对待人类，对待动物却不需要时，就遇到了难题。但他用下面这句话把这个问题撇开，"在此我无法考察这个问题，但我假定平等的理由不会受到实质性的影响"。36这是处理平等对待议题的一种异乎寻常的做法，似乎意味着，要么我们可以像现在我们对待动物一样对待重度的智力障碍人士，要么与罗尔斯本人的陈述相反，我们也应当用正义对待动物。

　　哲学家还能做什么呢？如果他们诚实地面对不具有道德关联特征的人（动物也不具备这些特征）的存在的问题，就不大可能只坚持人类平等，而不建议彻底改变动物的地位。有人在想方设法维护通常所接受的观点时，甚至不顾一切地主张我们应当根据"物种的常态"来对待动物，而不是根据动物的实际特征。37请看这是多么粗暴无理啊！设想将来的某一天，说是找到了证据，即使在没有任何的文化背景下，在一个社会里，更多的女人待在家里照顾孩子而不出去工作是常态。当然，这个发现与有些女人比男人更不适合照顾孩子而适合外出工作，这一明显的事实完全吻合。难道会有哲学家因此主张，这些例外的女人应当按"性别的常态"对待，而不按照她们的实际特点，比如说，就不让她们进医学院？我认为不会。我觉得除了因为她们是我们人类的成员，除去

---

❶ 约翰·罗尔斯（John Rawls, 1921—2002），美国政治哲学家，哈佛大学教授。《正义论》（*The Theory of Justice*），何怀宏等译，北京：中国社会科学出版社，1988。

为我们自己的成员喜好的利益辩护外，很难从这种论证看出什么道理。

　　像哲学家在严肃对待动物的平等观念以前常见的其他哲学论点那样，这种论点具有警示作用，即使最善于道德推理的哲学家，也容易落入主流意识形态的圈套，更不用说普通人了。不过，我现在真心喜悦地宣布，哲学已经抛弃了其意识形态的障眼物。现今许多大学的伦理学课程中，真正在挑战学生重新思考自己对一系列伦理学议题的观念，而非人类动物的道德地位就是其中的突出议题。在15年前，我得费力检索才能找到少数几篇学院哲学家关于动物地位的论文，今天，单是把过去15年里有关这个题目的论文综述一番，就需要用掉本书相当的篇幅。实践伦理学（或应用伦理学）课程所采用的规范文献选读，实际上都包括我们应当怎样对待动物的论文。对非人类动物在道德上无意义的未经论证的假定而自鸣得意，如今已很难见到。

　　实际上，在最近15年里，学院哲学对促进和支持动物解放运动起了重大的作用。浏览一下查尔斯·马热尔的动物权利与相关议题的新近文献书目，就可以发现哲学家活动的程度了。从古代到20世纪70年代初，马热尔发现只有95篇著作值得一提，其中只有两三篇是专业哲学家的论文。然而，在其后的18年里，他找出了240份动物权利的著作，许多是在大学任教的哲学家所著。[38]如今发表著作还只是这种活动的一部分，美国、澳大利亚、英国、加拿大和其他许多国家大学的哲学系还开设了课程，讲授动物的道德地位。许多哲学家还积极参与校内外的动物权利社团的活动，以改变动物的境遇。

当然，哲学家并非全都支持素食主张和动物解放，不过，他们什么时候对哪个问题的看法一致过呢？但是，即使是对代表动物的哲学家同仁的主张持批评态度的哲学家，也已经接受了变革理由中的重要部分。例如，美国俄亥俄州博林格林州立大学的弗雷，他写的反对我关于动物的观点的文章，比其他哲学家都多。他在一篇文章的开头直截了当地说："我不是反对活体解剖行为者……"但接着他承认：

> 我没有证据，并且也不知道有什么证据能让我先验地说，一个质量无论怎么低的人的生命，都比一个质量无论怎么高的动物的生命更有价值。

结果弗雷承认，"反对活体解剖行为的理由，远比大多数支持者的理由强有力"。他的结论是，如果有人寻求用动物实验所产生的利益来证明动物实验的合理性（按照他的观点，这是能证明这种做法合理的唯一方法），就没有内在的理由证明，为什么为了这种利益，"在那些生命质量低于或等于动物的人身上"进行实验不合理。因此，他同意做有足够重要利益的动物实验，但只有用人做相似的实验的可能性也值得时，才可以接受。[39]

加拿大哲学家迈克尔·艾伦·福克斯的彻底转变，仍然很有戏剧性。1986年福克斯的著作《动物实验的理由》出版，他似乎必然要作为动物实验产业在哲学上的主要辩护人，在学术会议上赢得突出的位置。制药公司和动物实验产业的游说组织，原以为终于找到了一位被驯服的哲学家，从而能利用他为他们在道德上受到的批评进行辩护，然而，当福克斯突然否定自己的这本书时，必定使他们全都大为惊愕。他在致《科学家》杂志编辑的一封信中，对激烈批评他这本书的一篇书评做出回答。信中说，他同意书评的观点，也认识到自己书里的论证是错误的，而且在道德上证明动物实验合理是不可能的。后来，福克斯在思想上勇敢地改变了观点，接着成为素食者。[40]

在现代的社会运动中，动物解放运动的兴起或许是独特的，其范围和程度已经与哲学学术界的发展成为一个讨论的主题联系起来了。在考虑非人类动物的地位方面，哲学自身发生了显著的转变，它放弃了按照教条因循守旧、轻松自在的态度，回归到古老的苏格拉底的角色。

发展利他主义精神

　　本书的核心在于主张，只是因为物种不同而歧视那些生命个体，如同种族歧视一样，这种歧视也是一种不道德的和无可辩护的偏见。我并不满足于提出这个主张只是信口断言，或者只是陈述我个人的观点，别人可以接受也可以不接受，而是不依赖情绪或感情地诉诸理性进行论证。我选择理性的论证方式，不是我没有认识到尊重对动物的同情心和感情的重要性，而是因为理性在说理上更具有普遍意义，更令人信服。我十分钦佩完全因为同情而关怀所有动物，并在生活中摈弃了物种歧视的那些人，但我不认为，单靠诉诸同情和好心肠能够说服大多数人相信物种歧视是错误的。甚至就其他人而言，令人惊奇的是，人们还习惯于把同情心只限于他们自己国家或民族的人。不过，几乎所有的人至少在名义上都愿意服从理智。诚然，有些在道德上持有过分的主观主义感情的人，声称任何道德都一样的好，但是，要这些人回答希特勒或奴隶贩子的道德，是否与阿尔贝特·施韦泽或马丁·路德·金的道德同样好时，他们终于发现，他们相信有些道德比另一些道德好。

　　因此，纵贯全书我始终依靠理性的论证。现在你应当承认物种歧视是错误的，除非你能否定本书的中心论据。这意味着如果你严肃对待道德的话，你就应当设法从自己的生活中放弃物种歧视的行为，并在他处也反对这种歧视。否则，除非以虚伪来解释，你就失去了批评种族主义或性别歧视的基础。

一般我都回避论证对动物的残忍会导致对人的残忍，因而我们应当善待动物。对人类和对动物的仁慈，或许的确是常常联系在一起的，但不论是否真是如此，如果像阿奎那和康德所说的，我们应当善待动物的真正理由，则是十足的物种歧视的观点。我们应当考虑动物的利益，正是因为它们具有利益，把它们从道德关怀的范围内排除出去是毫无正当理由的，这种考虑取决于后果是人类会从中受益，就是承认动物的利益本身是不值得考虑的。

同样，我也避免对素食是否比肉食更有利于健康的问题进行过多的讨论。大量的证据显示素食确实更有利于健康，但我自己则满足于证明素食者起码可以指望与肉食者一样健康。一旦超出这个结论，就很难避免得出这样的印象，要是进一步的研究证明，从健康的观点来说包含肉类的饮食是可以接受的，则做素食者的理由就瓦解了。然而，从动物解放的立场来说，只要我们能够生活，就无须动物过痛苦悲惨的生活，那就是我们应当做的。

我相信，动物解放的理由在逻辑上是令人信服和无可辩驳的，但是要推翻实践中的物种歧视则是极其艰巨的任务。我们深知，物种歧视有其历史根源，在西方社会的意识里根深蒂固；要消除物种歧视的实践，会威胁到庞大的农业综合企业以及研究人员和兽医等专业社团的既得利益。必要时，这些公司和社团会不惜花费千百万美元的金钱来维护它们的利益，那时大众将会面临为残忍做辩护的广告的狂轰滥炸。加之，在继续养殖和屠宰动物供食用的物种歧视的实践中，大众本身存在利益，或者人们认为存在利益，因而至少在这方面容易接受没有虐待的保证。就我们所知，人们也容易接受我们在本章中所考察过的那些谬误的推理形式，要不是这些谬误似是而非地证明他们所偏好的饮食合理，他们是绝不会接受的。

　　面对这些古老的偏见、强大的既得利益者和积习，动物解放运动有希望吗？除了理性和道德，它还能有什么支持呢？ 10年以前，除了理性和道德终将胜利的信心以外，并无实在的根基指望辩论能够获胜。从那时起，动物解放运动在支持者的人数、大众的注意力和动物所取得的利益（这才是最重要的）的记录等方面，都有显著的增长。10年前动物解放运动被视为想入非非不切实际，真正具有动物解放哲学思想的社团成员寥寥无几。今天，善待动物组织（PETA）已有25万会员，极力反对窄栏饲养小肉牛的组织——人道饲养协会，也有45 000会员。[41]无限跨物种组织原是个小的社团，只在宾夕法尼亚州中部有一个办事处，现已发展成为全国性组织，在纽约、新泽西、费城和芝加哥都设有分部。废除LD50与兔眼角膜实验联合会把动物权利和动物福利组织联合起来，已有数以百万计的跨社团会员。1988年，美国《新闻周刊》刊登了一篇对动物解放运动表示尊敬的封面故事，是对这个运动嘉奖的标志。[42]

　　虽然我们在讨论有关话题时，已经分别提到了这个运动为动物取得的某些利益，在此值得把这些成就加以综述。这些成就包括英国禁止使用小肉牛窄栏饲养，瑞士和荷兰逐步废除层架式鸡笼，而瑞典则进行了广泛而意义深远的立法，废除小肉牛窄栏、层架式鸡笼、孕猪的限位栏以及其他阻止动物自由活动的设备。在温暖的季节不让牛到牧场去吃草也将成为非法。全球反对毛皮贸易的运动已经成功地使毛皮销售量大减，特别是在欧洲。英国的弗雷泽连锁百货老店，曾是抗议毛皮运动的主要对象，1989年12月，这家百货公司宣布将下属60家高级服装厅中的59家关闭，只保留设在伦敦的著名哈罗德公司里的一家分店。

　　在美国，集约化家畜饲养场迄今毫无进步，但有几个特别遭到反对的实验系列被迫终止。1977年首次获得成功的是，亨利·斯皮拉领导的一场运动，说服美国自然史博物馆停止了对猫进行手术毁损对性行为影响的研究❶，因为这些实验没有意义。[43] 1981年，动物解放运动积极分子亚历克斯·帕切科揭发，在马里兰州银泉的行为研究所里17只猴子遭受骇人听闻的虐待，状况非常悲惨。国家卫生研究院中断了这项研究的经费支持，该所的领导人爱德华·陶布成为在美国被指控虐待动物罪的第一人。但由于联邦税资助的动物实验人员无须遵守马里兰州的反虐待法律，这项罪名后来从技术层面上被推翻。[44] 同时，因为这个案件，使一个初创的善待动物组织（PETA）闻名全美。1984年，这个组织发起了一场运动，导致了宾夕法尼亚大学金纳瑞利博士主持的一项猴子头部损伤的实验被终止。这场运动是由一些令人震惊的虐待动物的录像带激

---

❶ 纽约的美国自然史博物馆 L. 阿伦森和 M. 库珀博士从20世纪60年代初开始，对猫进行外生殖器的神经切除和雄性去势等对猫的性行为的影响系列实验，其中一项内容为用电针破坏猫的大脑嗅球，观察猫的性行为改变。这个系列实验一直进行到1977年阿伦森退休为止。

起的。动物解放阵线在一次夜袭实验室的行动中，偷走了实验人员自己录制的其他虐待动物的大量录像带，因而助力了这场运动所做的努力。金纳瑞利的实验许可被撤销。[45] 1988年，跨物种无限组织包围了康奈尔大学的一个实验室，抗议进行猫的巴比妥酸盐药瘾实验，坚持几个月以后，研究人员不得不放弃了一个53万美元的资助项目。[46] 差不多与此同时，善待动物组织发动了7个国家的动物解放积极分子，针对意大利的时尚连锁店——贝纳通开展了一场国际运动，迫使该公司宣布不再使用动物进行新的化妆品和盥洗用品的测试。美国的化妆品制造商诺赛尔公司虽然没有遭到运动的冲击，但该公司自行决定取消兔眼角膜实验，改用组织培养方法测试产品是否会对人的眼睛造成损害。在废除活动的发起和不断推动下，诺赛尔公司的决定是将化妆品、盥洗用品和药品的大公司，稳步朝着改用替代实验发展的组成部分前进。[47] 1989年，雅芳、露华浓、法柏姬、玫琳凯、安利、伊丽莎白雅顿、蜜丝佛陀、迪奥和几家小公司，都宣布终止或者起码是暂停所有的动物实验。多年的艰苦努力终于取得成功。同年，负责欧洲共同体十国安全性试验的欧洲委员会宣布，承认LD50和兔眼角膜实验的替代方法，并欢迎包括美国和日本在内的所有经合组织成员，开发通用的安全性测试方法。在澳大利亚，人口最多的维多利亚州和新南威尔士州，大多数有关动物的实验都在这里展开过。如今这两个州政府已出台法规，禁止使用LD50实验和兔眼角膜实验。[48]

在美国，对中学的动物解剖课的争议也形成了一股势头。加利福尼亚州一所中学的学生珍妮弗·格雷厄姆坚决拒绝做动物解剖，并且坚持要求不能因为她的严正拒绝而影响成绩。这一事件导致1988年通过了《加利福尼亚州学生权利法案》，赋予加州的中小学生以拒绝进行解剖而不受处罚的权利。现在，新泽西州、马萨诸塞州、缅因州、夏威夷州和其他一些州，也正在提出相同的法案。

随着动物解放运动的影响力和支持者的日益增加，人们在自发地掀起一股迅速高涨的浪潮。摇滚歌星推动了动物解放讯息的传播。许多影星、时装模特和设计师发誓不再使用皮毛。美体小铺❶在国际上获得成功，使得无须虐待动物生产的化妆品更具有吸引力，并且容易买到。素餐馆在不断增加，而且在非素餐馆里也有素食供应。所有这些对于新加入动物解放运动行列的人都是容易实行的减少日常生活中对动物残忍的做法。

然而，动物解放运动比任何其他解放运动都要求人类具有更大的利他主义精神，因为动物自己没有能力要求自身的解放，或者去用投票、示威和抵制的手段对它们的状况进行抗议。人类却有力量继续压迫其他动物以至永远，或者直到把我们这个星球搞得生灵涂炭难以生存。如同最愤世嫉俗的诗人和哲学家们总说的那样：难道我们的暴虐统治还要继续下去，证明当道德与自身利益冲突时就变得无足轻重了？还是我们起

---

❶ 美体小铺（Body Shop）是一家名牌化妆品公司，1976年在英国创立，其在世界各地有连锁店。它生产天然而有益健康的产品，坚持五个信念——反对动物实验、支持社区公平交易、唤醒自觉意识、捍卫人权和保护地球以及促进社会和环境的改变。

来迎接挑战，结束我们对其他动物的无情剥削，这不是叛逆者或恐怖分子强迫我们这样做，而是因为我们认识到我们的立场在道德上是站不住脚的，从而证明我们具有真正的利他主义精神的力量？

我们怎样回答这个问题，取决于我们每一个人的回答方式。

延伸阅读

基础读物

1. Bekoff, Marc.《动物的情感生活：一位前沿科学家对动物的快乐、悲伤、同理心的探究，以及它们为什么重要》(*The Emotional Lives of Animals: A Leading Scientist Explores Animal Joy, Sorrow, and Empathy——and Why They Matter*)，New York, New World Library, 2008. 一位科学家研究发现的动物的情感生活，以及我们为什么不应当像我们现在这样对待他们。

2. Bekoff, Marc.《动物权利与动物福利百科全书》(*Encyclopedia of Animal Rights and Animal Welfare*)，Westport, Conn, Greenwood Press, 1998. 一本很有价值的参考书。2009年出版修订版。

3. Cavalieri, Paola.《动物的问题：为什么非人类动物应当享有人权》(*The Animal Question: Why Nonhuman Animals Deserve Human Rights*)，New York, Oxford University Press, 2001. 论证赋予动物权利的简短但充分的理由。

4. Dawn, Karen.《感谢猴子：重新思考对待动物的方式》(*Thanking the Monkey: Rethinking the Way We Treat Animals*)，New York, Harper, 2008. 当今的动物解放运动及其提出的新的、充满活力且有趣的议题。

5. DeGrazia, David.《动物权利：简短导论》(*Animal Rights: A Very Short Introduction*)，

Oxford, Oxford University Press, 2002. 在120页的篇幅里对这个重大问题的概述。

6. Godlovitch, Stanley and Roslind, and John Harris, eds.《动物、人与道德》(*Animals, Men and Morals*)，New York, Grove, 1974. 一本开创性的文集。

7. Gompertz, Lewis.《人与动物处境的道德研究》(*Moral Inquiries on the Situation of Men and of Brutes*)，London,1824. 这是仔细论证彻底改变对动物的观念的最早论文之一。

8. Gruen, Lori, Peter Singer, and David Hine.《动物解放：图解指南》(*Animal Liberation: A Graphic Guide*)，London, Camden Press, 1987. 一本附有插图的介绍动物解放运动的理论与实践的简明通俗读物。

9. Midgley, Mary.《动物以及它们为什么重要？》(*Animals and Why They Matter*)，Athens, University of Georgia Press, 1984. 对物种造成的差异进行洞察入微的讨论。

10. Rachels, James.《由动物创造的：演化论的道德意义》(*Created from Animals: The Moral Implications of Darwinism*)，Oxford and New York, Oxford University Press, 1990. 在我们对待动物方面，迄今演化论的道德意义基本上仍然未被承认。

11. Regan, Tom.《清空笼子：面对动物权利的挑战》(*Empty Cages: Facing the Challenge of Animal Rights*)，Lanham. Md, Rowman and Littlefield, 2004. 动物权利的理由的大众读物。

12. Regan, Tom, and Peter Singer, eds.《动物的权利与人类的责任》(*Animal Rights and Human Obligations*)，Englewood Cliffs, N.J, Prentice-Hall, 2nd ed. 1989. 新旧和正反不同观点的论文选集。

13. Rollin, Bernard.《无人理睬的哭喊》(*The Unheeded Cry*)，Oxford, Oxford University Press, 1989. 为什么他们试图否认动物具有情感，却失败了。具有很高的可读性。

14. Ryder, Richard D.《动物革命：物种歧视的观念正在发生改变》(*Animal Revolution: Changing Attitudes Towards Speciesism*)，Oxford, Blackwell, 1989. 人类对于动物的观念正在发生改变，一位前沿思想家和活动家所做的历史性考察。

15. Salt, Henry.《社会进步与动物的权利》(*Animal's Rights Considered in Relation to Social Progress*)，Clarks Summit, Pa., Society for Animal Rights; Fontwell, Sussex, Centaur Press/State Mutual Book, 1985. 此书初版于1892年，是一本早期的经典著作。

16. Sapontzis, Steve.《道德、理性与动物》(*Morals, Reason and Animals*)，Philadelphia, Temple University Press, 1987. 在哲学上对动物解放的论证进行了详尽的分析。

17. Singer, Peter.《将伦理学付诸行动——亨利·斯皮拉与动物权利运动》(*Ethics into Action: Henry Spira and the Animal Rights Movement*)，Lanham, Md., Rowman and Littlefield, 1998. 20世纪70至80年代美国动物解放运动最有成效的活动家的行动主义的教训。

18. Singer, Peter, ed.《为动物辩护——第二次浪潮》(*In Defense of Animals: The Second Wave*)，Oxford, Blackwell, 2006. 由当代前沿活动家与思想家专门撰写的评论集。

19. Thomas, Keith.《人与自然界：16至18世纪英格兰观念的变化》(*Man and the Natural World: Changing Attitudes in England 1500 − 1800*)，London, Allen Lane, 1983. 这一历史时期对动物的观念的学术性研究，可读性很高。

20. Turner, E.S.《天国盛怒》(*All Heaven in a Rage*)，London, Michael Joseph, 1964. 一本介绍动物保护运动历史的书，资料丰富又有趣味性。

21. Wynne-Tyson, J., ed.《扩大的圈子：动物权利书刊摘录》(*The Extended Circle: A Commonplace Book of Animal Rights*)，New York, Paragon House, 1988; London, Penguin, 1989. 收录数百篇不同时期人道主义思想家的短篇文摘。

关于动物实验

1. Nuffield Council on Bioethics.《动物研究的伦理学》（*The Ethics of Research Involving Animals*），London, Nuffield Council on Bioethics, 2005. 虽然报告的结论或许存疑，但此书囊括了大量有用的信息。

2. Orlans, F. Barbara.《以科学的名义——负责任的动物实验议题》（*In the Name of Science: Issues in Responsible Animal Experimentation*），New York, Oxford University Press, 1993. 一本有关伦理和科学议题的记录。

3. Rowan, Andrew.《小鼠、模型与人：对动物实验的批判性评价》（*Of Mice, Models, and Men: A Critical Evaluation of Animal Research*），Albany, State University of New York Press, 1984. 一位科学家的最新审视。

4. Ryder, Richard.《科学的牺牲品》（*Victims of Science*），Fontwell, Sussex, Centaur Press/State Mutual Book, 1983. 一本有价值的批判动物实验的书籍。

5. Sharpe Robert.《残忍的欺骗》（*The Cruel Deception*），Wellingborough. Northants, Thorsons, 1988. 反对动物实验的科学理由，论证健康水平的提高一般来说与动物实验无关，但时有肯定有关的误导。

关于养殖场动物与肉制品加工业

1. Baur, Gene.《农场动物避难所：变化中的对动物和食物的人心》（*Farm Sanctuary: Changing Hearts and Minds About Animals and Food*），New York, Touchstone, 2008.

关于"农场动物避难所"的故事。"农场动物避难所"是由 Gene Baur 创建的一个动物保护组织，该组织既是被解救的农场动物的天堂，又是农场动物强有力的代言人。

2. Brambell, F.W.R., Chairman.《技术委员会对在集约化畜牧业系统下饲养的动物福利的调查报告》(*Report of the Technical Committee to Enquire into the Welfare of Animals Kept Under Intensive Livestock Husbandry Systems*)，London, Her Majesty's Stationery Office,1965. 第一份由政府对工厂化养殖场进行详细调查的报告。

3. Davis, Karen.《鸡囚徒与毒鸡蛋》(*Prisoned Chickens, Poisoned Eggs*)，Summertown, Tenn., Book Publishing Company, 1996. 从内部观察养鸡业和鸡蛋产业。

4. Dawkins, Marian.《动物的痛苦：动物福利科学》(*Animal Suffering: The Science of Animal Welfare*)，New York, Routledge, Chapman and Hall, 1980. 对客观测量动物痛苦的方法的科学讨论。

5. Harrison, Ruth.《动物机器》(*Animal Machines*)，London, Vincent Stuart, 1964. 本书启动了反对工厂化养殖的运动。

6. Mason, Jim, and Peter Singer.《动物工厂》(*Animal Factories*)，New York, Crown, 1980. 讨论工厂化养殖对人类健康、生态学和动物福利的影响，附有极佳的照片集。

7. Mason, Jim, and Peter Singer.《我们的饮食伦理学》(*The Ethics of What We Eat*)，New York, Rodale, 2006. 关于我们的食物选择的全部重大问题的讨论。

8. Marcus, Erik.《肉品市场：动物、伦理与金钱》(*Meat Market: Animals, Ethics and Money*)，New York, Brio, 2005. 冷静地评估反对肉类的论证哪些地方是最有力的，哪些地方是被夸大了的。

关于素食主义

1. Akers, Keith.《素食全书：天然食物饮食的营养、生态学和伦理学》(*A Vegetarian Sourcebook: The Nutrition, Ecology, and Ethics of a Natural Foods Diet*)，Arlington, Va., Vegetarian Press, 1989. 素食者的饮食科学资料大全。

2. Gold, Mark.《无残忍的生活》(*Living Without Cruelty*)，Basingstoke, Hants, Green Print, 1988. 覆盖在不虐待动物条件下生活的各种详尽的问题。

3. Kapleau, Roshi P.《爱护众生：一位佛教徒对屠杀与肉食的观点》(*To Cherish All Life: A Buddhist View of Animal Slaughter and Meat Eating*)，Rochester, N.Y., The Zen Center, 1981. 一位杰出的美国佛教徒的著作。

4. Lappe, Frances Moore.《一个小小星球上的饮食》(*Diet for a Small Planet*)，New York, Ballantine, 10th Anniversary ed., 1985. 本书根据生态学理由论证反对肉品生产。

5. Marcus, Erik.《全素指南》(*Vegan Guide*)，Santa Cruz, Calif., Vegan.com, 2009. 成为全素食者所需要的各种资讯。

6. Robbins, John.《一个新美国的饮食：你的食物选择怎样影响你的健康、幸福与地球生命的未来》(*Diet for a New America: How Your Food Choices Affect Your Health, Happiness and the Future of Life on Earth*)，Walpole, N.H., Stillpoint, 1987. 著者收集了大量反对吃动物产品的证据。

7. Wynne-Tyson, Jon.《未来的食物：怎样能在21世纪消除世界的饥饿》(*Food for a Future: How World Hunger Could Be Ended by the Twenty-First Century*)，Wellingborough, Northants, Thorsons, rev. ed., 1988. 根据人道和生态学理由对素食主张的论证。

关于野生动物

1. Amory, Cleveland.《人类仁慈吗？》（*Man Kind?*），New York, Dell, 1980. 对于战争对野生动物的影响提出激烈的批评。

2. Bostock, Stephen.《动物园与动物权利》（*Zoos and Animal Rights*），London, Routledge, 1993. 动物园圈养动物的伦理议题。

3. McKenna, Virginia, Will Travers, and Jonathan Wray, eds.《超越栅栏》（*Beyond the Bars*），Wellingborough, Northants, Thorsons, 1988. 一本关于动物园及有关问题的文集，着重讨论野生动物的保育。

4. Peterson, Dale.《吃类人猿》（*Eating Apes*），Berkeley, Calif., University of California Press, 2003. 人类对我们近亲的威胁，附卡尔·阿曼（Karl Ammann）拍摄的感人的照片。

5. Regenstein, Lewis.《物种灭绝的政治学》（*The Politics of Extinction*），New York, Macmillan, 1975. 我们人类怎样造成和继续造成物种灭绝的报告。

注释

I

1. 关于边沁的道德哲学，参见他的著作 *Introduction to the Principles of Morals and Legislation*（中译本：《道德与立法原理导论》，时殷弘译，商务印书馆，2005）；关于西季威克的道德哲学，参见他的著作 *The Methods of Ethics*（中译本：《伦理学方法》，廖申白译，中国社会科学出版社，1993），本段文字出自该书第7版（再版，London: Macmillan, 1963），p.382。当代重要道德哲学家要求平等考虑利益的例子，参见 R.M. Hare, *Freedom and Reason*, New York: Oxford University Press, 1963，以及约翰·罗尔斯的著作 *A Theory of Justice*, Cambridge: Harvard University Press, Belknap Press, 1972（中译本：《正义论》，何怀宏等译，中国社会科学出版社，1988）。对上述观点和其他观点之间的议题做基本一致的简短讨论，参见 R.M. Hare, "Rules of War and Moral Reasoning", *Philosophy and Public Affairs* 1（2），1972。

2. Letter to Henry Gregoire, Feb. 25, 1809.

3. Francis D. Gage 的回忆，出自 S. B. Anthony, *The History of Woman Suffrage*, vol. 1; 本段文字见于 Leslie Tanner, ed., *Voices From Women's Libera-*

tion, New York: Signet, 1970。

4. "物种歧视"（speciesism）一词我得感谢理查德·赖德（Richard Ryder）。自本书第一版问世后，此词已被普遍接受，并已收入 *The Oxford English Dictionary*, second edition, Oxford: Clarendon Press, 1989。

5. *Introduction to the Principles of Morals and Legislation*, chapter 17。

6. 参见 M. Levin, "Animal Rights Evaluated", *Humanist* 37: 14−5, July/August 1977; M.A. Fox, "Animal Liberation: A critique", *Ethics* 88: 134−138, 1978; C. Perry & G.E. Jones, "On Animal Ethics", *International Journal of Applied Philosophy*, 1: 39−57, 1982。

7. Lord Brian, "Presidential Address" in C.A. Keele & R. Smith eds., *The Assessment of Pain in Men and Animals*, London: Universities Federation for Animal Welfare, 1962.

8. Lord Brian, "Presidential Address", p.11.

9. Richard Serjean, *The Spectrum of Pain*, London: Hart Davis, 1969, p.72.

10. 参见下列报告：Committee on Cruelty to Wild Animals, Command Paper 8266, 1951, 第36−42节；Departmental Committee on Experiment on Animals, Command Paper 2641, 1965, 第179−182节；Technical Committee to Enquire into the Animal Welfare Kept under Intensive Livestock Husbandry Systems, Command Paper 2836, 1965, 第26−28节，London: Her Majesty's Stationery Office。

11. 参见 Stephen Walker, *Animal Thought*, London: Routledge & Kegan Paul,

1983; Donald, Griffin, *Animal Thinking* , Cambridge: Harvard University Press, 1984; Marian Stamp Dawkins, *Animal Suffering: The Science of Animal Welfare*, London: Chapman and Hall, 1980。

12. 参见 Eugene Linden, *Apes, Men, and Language,* New York: Penguin Books, 1976; 更多最新进展的通俗介绍，参见 Erik Eckhoim, "Pygmy Chimp Readily Learns Language Skill", *The New York Times,* 1985.6.24; "The Wisdom of Animals" *Newsweek,* 1988.5.23。

13. *In the Shadow of Man*, Boston: Houghton Mifflin, 1971, p.225. Michael Peters 在 "Nature and Culture" 中有相似的观点，参见 Stanley & Roslind Godlovitch & John Harris, eds., *Animals, Men and Morals,* New York: Taplinger, 1972。某些否认没有语言的动物能够感知疼痛，但相互矛盾的例子，参见 Bernard Rollin, *The Unheeded Cry: Animal Consciousness, Animal Pain, and Science*, Oxford: Oxford University Press, 1989。

14. 这里我暂时撇开宗教的观点，例如（基督教）教义上说，所有人而且只有人类才有不死的灵魂，或者人是按上帝的形象创造的。在历史上这些是很重要的，而且毫无疑问，与人的生命特别神圣的观念有部分的关系。（深入的历史讨论，参见第五章）然而从逻辑上说，这些宗教观点都不能令人满意，因为没有对为什么所有的人都有不死的灵魂而非人类动物就没有提供合理的解释。因此，这种信仰也应作为一种物种歧视受到质疑。无论如何，为"生命神圣"观点辩护的人一般都不愿意把他们的观点纯粹建立在宗教教义上，因为这些教义不再像过去那样广泛地被接受。

15. 对这些问题的一般性讨论，参见我的著作 *Practical Ethics*, Cambridge: Cambridge University Press, 1979。对残疾弱智婴儿的处理，参见 Helga

Kuhse & Peter Singer, *Should the Baby Live* ? Oxford: Oxford University Press, 1985。

16. 要了解这个论题的发展，参见我的文章 "Life's Uncertain Voyage", P.Pettit, R. Sylvan & J. Norman, eds., *Metaphysics and Morality,* Oxford: Blackwell, 1987, pp.154-72。

17. 自第一版问世以来，先前的讨论只有很小的改变，这些讨论常常被批评动物解放运动的人所忽略。他们常用的策略，就像最近一个动物实验者 Irving Weissman 博士所强加于人的那样，"这些人中某些人相信每一个昆虫、每一只老鼠都与一个人一样有同等的生命权利"，以此来讥讽动物解放运动的观点。引文参见 Katherine Bishop, "From Shop to Lab to Farm, Animal Rights Battle is Felt", *The New York Times,* 1989.1.14。要是 Weissman 博士指出持有这种观点的某些杰出的动物解放人士的名字，会是有意义的。肯定地说——只是假定他指的是一个智力上与昆虫和老鼠十分不同的人的生命的权利——他前面所说的观点不是我的，我怀疑有多少人会持有这种观点，在动物解放运动里即使有也很少。

II

1. U.S. Air Force, School of Aerospace Medicine, Report USAFSAM-TR-82-24, 1982.8.

2. U.S. Air Force, School of Aerospace Medicine, Report USAFSAM-TR-87-19, 1987.10.

3. U.S. Air Force, Report No. USAFSAM-TR-87-19, p.6.

4. D.J. Barnes: "A Matter of Change", Peter Singer, ed., *In Defense of Animals*, Oxford: Blackwell, 1985.

5. *Air Force Times*, 1973.11.28; *The New York Times*, 1973.11.14.

6. B. Levine et al.,"Determination of the Chronic Mammalian Toxicological Effects of TNT: Twenty-six Week Subchronic Oral Toxicity Study of Trinitro-toluene (TNT) in the Beagle Dog", Phase II, Final Report, U.S. Army Medical Research and Development Command, Fort Detrick, Maryland, June 1983.

7. Carol G. Franz, "Effects of Mixed Neutron-gamma Total-body Irradiation on Physical Activity Performance of Rhesus Monkeys". *Radiation Research* 101; 434-441, 1985.

8. *Proceedings of the National Academy of Science* 54: 90, 1965.

9. *Engineering and Science* 33: 8, 1970.

10. *Maternal Care and Mental Health*, World Health Organization（WHO）Monograph Series, 2: 46, 1951.

11. *Engineering and Science* 33: 8, 1970.

12. *Journal of Comparative and Physiological Psychology* 80（1）: 1, 1972.

13. *Behavior Research Methods and Instrumentation* 1: 247, 1969.

14. *Journal of Autism and Childhood Schizophrenia* 3（3）: 299, 1973.

15. *Journal of Comparative Psychology* 98: 35−44, 1984.

16. *Developmental Psychology* 17: 313−318, 1981.

17. *Primates* 25: 78−88, 1984.

18. Martin Stephens 博士汇编的研究数据，见于 *Maternal Deprivation Experiments in Psychology*: *A Critique of Animal Models*, a report prepared for the American, National & New England Anti-Vivisection Societies, Boston, 1985。

19. *Statistics of Scientific Procedures on Living Animals, Great Britain, 1988*, Command Paper 743, London: Her Majesty's Stationery Office, 1989.

20. U.S. Congress Office of Technology Assessment（OTA）, *Alternatives to Animal Use in Research, Testing and Education,* Washington, D.C.: Government Printing Office, 1986, P.64.

21. Hearings before the Subcommittee on Livestock and Feed Grains of the Committee on Agriculture, U.S. House of Representatives, 1966, p.63.

22. 参见 A. Rowan, *Of Mice, Models, and Men*, Albany: State Univeristy of New York Press,1984, p.71；后续修订见于他与 OTA 的个人通信；参见 *Alternatives to Animal Use in Research, Testing and Education,* p.56。

23. *Alternatives to Animal Use in Research, Testing and Education,* p.56.

24. *Experimental Animals* 37: 105, 1988.

25. *Nature* 334: 445, 1988.

26. *Harvard Bioscience Whole Rat Catalog,* South Natick, Mass: Harvard Bioscience, 1983.

27. Report of the Littlewood Committee, pp.53, 166；引自 R. Ryder, "Experiments on Animals", *Animals, Men and Morals,* p.43。

28. Lori Gruen 根据 U.S. Public Health Service 提供的数据报告 *Computer Retrieval of Information on Scientific Projects*（CRISP）计算。

29. *Journal of Comparative & Physiological Psychology* 67（1）:110, 1969.

30. *Bulletin of the Psychonomic Society* 24: 69-71, 1986.

31. *Behavioral and Neural Biology* 101: 296-9, 1987.

32. *Pharmacology, Biochemistry, and Behavior* 17: 645-649, 1982.

33. *Journal of Experimental Psychology: Animal Behavior and Processes* 10: 307-323, 1984.

34. *Journal of Abnormal and Social Psychology* 48（2）:291, 1953.4.

35. *Journal of Abnormal Psych ology* 73（3）:256, 1968.6.

36. *Animal Learning and Behavior* 12: 332-338, 1984.

37. *Journal of Experimental Psychology: Animal Behavior and Processes* 12: 277-290, 1986.

38. *Psychological Reports* 57: 1027-1030, 1985.

39. *Progress in Neuro-Psychopharmacology and Biological Psychiatry* 8: 434–446, 1984.

40. *Journal of the Experimental Analysis of Behavior* 19（1）: 25, 1973.

41. *Journal of the Experimental Analysis of Behavior* 41: 45–52, 1984.

42. *Aggressive Behavior* 8: 371–383, 1982.

43. *Animal Learning and Behavior* 14: 305–314, 1986.

44. *Behavioral Neuroscience* 100（2）: 90–99 & 98（3）: 541–555, 1984.

45. *Alternatives to Animal Use in Research, Testing and Education*, p.132.

46. A. Heim: *Intelligence and Personality*, Baltimore: Penguin Books, 1971, p.150；对全部现象的精彩讨论，参见 *The Unheeded Cry*。

47. Chris Evans, "Psychology Is About People", *New Scientist,* 1972.8.31, p.453.

48. *Statistics of Scientific Procedures on Living Animals, Great Britain, 1988*, London: Her Majesty's Stationery Office, 1989, Tables 7, 8, 9.

49. J. P. Griffin & G. E. Diggle: *British Journal of Clinical Pharmacology* 12: 453–463, 1981.

50. *Alternatives to Animal Use in Research, Testing and Education*, p.168.

51. *Journal of the Society of Cosmetic Chemists* 13: 9, 1962.

52. *Alternatives to Animal Use in Research, Testing and Education*, p.64.

53. *Toxicology* 15（1）：31-41, 1979.

54. David Bunner et al.,"Clinical and Hematologic Effects of T-2 Toxin on Rats", Interim Report, U.S.Army Medical Research and Development Command, Fort Detrick, Frederick, Maryland, August 2, 1985. 美国国务院的引文来自 *Report to the Congress for Secretary of State Alexander Haig, March 22, 1982: Chemical Warfare in S.E.Asia and Afghanistan,* U.S. Department of State Special Report No.98, Washington, D.C., 1982.

55. M.N. Gleason et al., eds., *Clinical Toxicology of Commercial Products*, Baltimore: Williams & Wilkins, 1969.

56. *PCRM Update*, Newsletter of the Physicians Committee for Responsible Medicine, Washington D.C., Jul.-Aug. 1988, p.4.

57. S.F. Paget，ed., *Methods in Toxicology*, Blackwell Scientific Publications, 1970, pp.4, 134-139.

58. *New Scientist*, March17, 1983.

59. On Practolol，参见 W. H. Inman & F.H. Goss, eds., *Drug Monitoring*, New York: Academic Press, 1977；On Zipeprol，参见 C. Moroni et.al. *Lancet,* Jan. 7, 1984, p.45。转引自 R. Sharpe, *The Cruel Deception,* Welingborough, Northants: Thorsons, 1988.

60. *Methods in Toxicology,* p.132.

61. G. F. Somers: *Quantitative Method in Human Pharmacology and Therapeutics*, New York: Pergamon Press, 1959. 引自 R. Ryder, *Victims of Science,* p.153。

62. 发表于 *West County Times,* California, 1988.1.17。

63. 见于 *DVM: The Newsmagazine of Veterinary Medicine* 9: 58, 1988.6.

64. *The New York Times,* 1980.4.15.

65. 详情参见 Henry Spira,"Fight to Win", Peter Singer, ed., *In Defense of Animals*。

66. *PETA News* (People for the Ethical Treatment of Animals, Washington, D.C.) 4（2）:19, March/April 1989.

67. "Noxell Significantly Reduces Animal Testing", News Release, Noxell Corporation, Hunt Valley, Maryland, 1988.12.28; Douglas McGill,"Cosmetics Companies Quietly Ending Animal Test", *The New York Times*, 1989.8.2, p.1.

68. "Avon Validates Draize Substitute", News Release, Avon Products, New York, 1989.4.5.

69. *The Alternatives Report,* Center for Animas and Public Policy, Tufts School of Veterinary Medicine, Grafton, Massachusetts 2:2（July/August 1989）: "Facts about Amway and the Environment", Amway Corporation, Ada, Michigan, May 17, 1989.

70. "Avon Announce Permanent End to Animal Testing", Avon Products, New York, June 22, 1989.

71. Douglas McGill, "Cosmetics Companies Quietly Ending Animal Tests", *The New York Times,* 1989.8.2, p.1.

72. "Industry Toxicologists Keen on Reducing Animal Use", *Science,* 1987.4.17.

73. B. J. Feder, "Beyond White Rats and Rabbits", *The New York Times,* 1988.2.28, Business section, p.1；亦参见 C. Holden, "Much Work But Slow Going on Alternatives to Draize Test", *Science,* 1985.10.14, p.185。

74. J. Hampson: "Brussels Drops Need for Lethal Animal Tests", *New Scientist,* 1989.10.7.

75. Coalition to Abolish LD50, 1983, Coordinators Report 1983, New York, 1983, p.1.

76. H. C. Wood, *Fever: A Study of Morbid and Normal Physiology*, Smithsonian Contributions to Knowledge, No. 357, Lippincott, 1880.

77. *The Lancet* 1881, 9, 17, p.551.

78. *Journal of the American Medical Association* 89（3）:177, 1927.

79. *Journal of Pediatrics* 45: 179, 1954.

80. *Indian Journal of Medical Research* 56（1）:12, 1968.

81. S. Cleary, ed., *Biological Effects and Health Implications of Microwave Radiations*, U.S. Public Health Service Publication PB 193: 898, 1969.

82. *Thrombosis et Diathesis Haemorrhagica* 26（3）:417, 1971.

83. *Archives of Internal Medicine* 131: 688, 1973.

84. G. Hanneman & J. Sershon, Tolerance Endpoint for Evaluating the Effects of

Heat Stress in Dogs, FAA Report #FAA-AM-84-5, June, 1984.

85. *Journal of Applied Physiology* 53: 1171−1174, 1982.

86. *Aviation, Space and Environmental Medicine* 57: 659−663, 1986.

87. B. Zweifach, "Aspects of Comparative Physiology of Laboratory Animals Relative to Problems of Experimental Shock", Federation Proceedings 20, Suppl. 9: 18−29, 1961. 转引自 *Aviation, Space and Environmental Medicine* 50（8）:8−19, 1979。

88. *Annual Review of Physiology* 8: 335, 1946.

89. *Pharmacological Review* 6（4）:489, 1954.

90. K. Hobler & R. Napodano, *Journal of Trauma* 14（8）:716, 1974.

91. Martin Stephens, *A Critque of Animal Experiments on Cocaine Abuse,* a report prepared for the American, National & New England Anti-Vivisection Societies, Boston, 1985.

92. *Health Care* 2（26）, Aug. 28 − Sept. 10, 1980.

93. *Journal of Pharmacology and Experimental Therapy* 226（3）:783−789, 1983.

94. *Psychopharmacology* 88: 500−504, 1986.

95. *Bulletin of the Psychonomic Society* 22（1）:53−56, 1984.

96. *European Pharmacology Journal* 40: 114−115, 1976.

97. *Newsweek*, 1988.12.26, p.50; "TSU Shuts Down Cornell Cat Lab", *The Animals' Agenda* 9（3）:22−25, March 1989.

98. S. Milgram, *Obedience to Authority,* New York: Harper & Row, 1974. 顺便提一下，这些实验在道德上受到广泛的批评，因为用人进行实验未获知情同意。米格拉姆这样做是否欺瞒了他的实验对象，确实是个问题，但是，当我们把用人做实验和通常拿非人类动物做实验加以比较，就可以看出，大多数人对用人进行实验的道德评价是多么地敏感。

99. *Monitor,* a publication of the American Psychology Association, Mar., 1978.

100. Donald J. Barnes, "A Matter of Change", Peter Singer, ed., *In Defense of Animals,* pp.160, 166.

101. *The Death Sciences in Veterinary Research and Education*, New York: United Action for Animals, p.iii.

102. *Journal of the American Veterinary Medical Association* 163（9）：1, 1973.11.1.

103. 地址参见附录3。（编注：原文如此）

104. *Journal of Comparative & Physiological Psychology* 55: 896, 1962.

105. *Scope,* Durban, South Africa, 1973, 3, 30.

106. Robert J. White,"Antivivisection: The Reluctant Hydra", *The American Scholar* 40, 1971；转载于 T. Regan and P.Singer, eds., *Animal Rights and Human Obligations,* first edition, Englewood Cliffs, N.J.: Prentice-Hall, 1976, p.169.

107. *The Plain Dealer,* 1988.7.3.

108. *Birmingham News,* Birmingham, Alabama, 1988.2.12.

109. "The Price of Knowledge", New York, 1974.12.12, WNET/13 播　出。WNET/13 & Henry Spira 提供文字稿。

110. *Alternatives to Animal Use in Research, Testing and Education,* p.277.

111. National Health and Medical Research Council, *Code of Practice for the Care and Use of Animals for Experimental Purposes,* Australian Government Publishing Service, Canberra, 1985. 经修订的一项法规近期已获通过，参见 "Australian Code of Practice", *Nature* 339: 412, 1989.6.8.

112. *Alternatives to Animal Use in Research, Testing and Education,* p.377.

113. P.Monaghan,"The Use of Animals in Medical Research", *New Scientist,* 1988.11.19, p.54.

114. 1985年修正条款及此次法规的概要参见 *Alternatives to Animal Use in Research, Testing and Education,* pp.280–286。

115. *Alternatives to Animal Use in Research, Testing and Education,* pp.286–287.

116. *Alternatives to Animal Use in Research, Testing and Education,* pp.287, 298.

117. National Research Council, *Use of Laboratory Animals in Biomedical and Behavioral Research,* Washington, D.C.: National Academy Press, 1988. 尤

参见 C. Stevens, "Individual Statement"。

118. *The Washington Post,* 1985.7.19, p. Al0. "金纳瑞利案" 详情参见 Lori Gruen & Peter Singer, *Animal Liberation: A Graphic Guide*. pp.10–23。

119. "Group Charges Gillette Abuse Lab Animals", *Chemical and Engineering News*, 1986.10.6, p.5.

120. H. Beecher, "Ethics and Clinical Research", *New England Journal of Medicine* 274: 1354–1360, 1966; D. Rothman, "Ethics and Human Experimentation: Henry Beecher Revisited", *New England Journal of Medicine,* 317: 1195–1199, 1987.

121. 来自 "医生试验"（Doctor Trial）案例 1，United States vs. Brandt et al。引自 W. L. Shirer, *The Rise and Fall of the Third Reich*, New York: Simon & Schuster, 1960, p.985（中译本：《第三帝国的兴亡》，[美] 威廉·夏伊勒著，董乐山等译，世界知识出版，2015）。此类试验详情参见 R. J. Lifton, *The Nazi Doctors*, New York: Basic Books, 1986（中译本：《纳粹医生：医学屠杀与种族灭绝心理学》，[美] 罗伯特·杰伊·利夫顿著，王毅 刘伟译，江苏凤凰文艺出版社，2016）。

122. *British Journal of Experimental Pathology* 61: 39, 1980；转引自 R. Ryder,"Speciesm in the Laboratory", Peter Singer, ed., *In Defense of Animals,* p.85.

123. I. B. Singer: *Enemies: A Love Story,* New York: Farrar, Straus & Giroux, 1972.

124. James Jones, *Bad Blood: Tuskegee Syphilis Experiment*, New York: Free

Press, 1981.

125. Sandra Coney, *The Unfortunate Experiment,* Auckland: Penguin Books, 1988.

126. E. Wynder & D. Hoffman: *Advances in Cancer Research* 8, 1964；亦参见 Royal College of Physicians report, *Smoking and Health,* London, 1962，及美国卫生部的研究。转引自 R. Ryder, "Experiment on Animals", Godlovitch & John Harris, eds., *Animals, Men and Morals,* p.78.

127. "U.S. Lung Cancer Epidemic Abating, Death Rates Show", *The Washington Post,* 1989.10.16, p.1.

128. "Cancer Watch", *U.S. News & World Report*, 1988.2.15.

129. *Science,* 241: 79, 1988.

130. "Colombians Develop Effective Malaria Vaccine", *The Washington Post,* 1988.3.10.

131. "Vaccine Produces AIDS Antibodies", *Washington Times,* 1988.4.19.

132. "AIDS Policy in the Making", *Science,* 239: 1087, 1988.

133. T. McKeown, *The Role of Medicine: Dream, Mirage or Nemesis?*, Oxford: Blackwell, 1979.

134. D. St. George, "Life Expectancy, Truth, and the ABPI", *The Lancet,* 1986.8.9, p.346.

135. J. B. McKinlay, S. M. McKinlay, & R. Beaglehole,"Trends in Death and Disease and the Contribution of Medical Measures", H. E. Freeman & S. Levine, eds., *Handbook of Medical Sociology*, New York: Prentice Hall, 1988, p.16.

136. 参见：W. Paton, *Man and Mouse*, Oxford: Oxford University Press, 1984；Rowan, Andrew. *Of Mice, Models, and Men: A Critical Evaluation of Animal Research*，第12章；Michael DeBakey, "Medical Advances Resulting from Animal Research", J. Archibald et al., eds., *The Contribution of Laboratory Animal Science to the Welfare of Man and Animals: Past, Present & Future*, New York: Gustav Fischer Verlag, 1985；*Alternatives to Animal Use in Research, Testing and Education*，第5章；National Research Council, *Use of Laboratory Animals in Biom edical and Behavioral Research,* 1988，第3章。

137. 在反对主张动物实验的论辩著作中，Robert Sharpe, *The Cruel Deception* 一书可能是最好的。

138. "The Cost of AIDS", *New Scientist,* 1988.3.17, p.22.

III

1. *The Washington Post,* 1971.10.3；亦参见1971年美国参议院小企业特别委员会垄断问题小组委员会召开之前，于9月和10月举行的巨型企业地位听证会证词，特别是 Jim Hightower 所做农业综合企业之责任与义务项目的证词。关于蛋鸡场规模问题，参见 *Poultry Tribune,* Jun.1987, p.27。

2. Ruth Harrison, *Animal Machines,* London: Vincent Stuart, 1964, p.3.

3. *Broiler Industry*, December 1987, p.22.

4. Konrad Lorenz, *King Solomon's Ring,* London: Methuen & Co., 1964, p.147.

5. *Farming Express,* 1962.2.1；转引自 Ruth Harrison, *Animal Machines,* p.18。

6. F. D. Thornberry et al.,"Debeaking: Laying Stock to Control Cannibalism", *Poultry Digest,* May 1975, p.205.

7. 见于 *The Animal Welfare Institute Quarterly*, Fall 1987, p.18。

8. *Report of the Technical Committee to Enquire into the Animal Welfare Kept Under Intensive Livestock Husbandry Systems*, Command Paper 2836, London: Her Majesty's Stationery Office, 1965，第97节。

9. A. Andrade & J. Carson，"The Effect of Age and Methods of Debeaking on Future Performance of White Leghorn Pullets", *Poultry Science* 54: 666–674, 1975; M. Gentle et al.,"The Effect of Beak Trimming on Food Intake, Feeding Behavior and Body Weight in Adult Hens", *Applied Animal Ethology* 8: 147–159, 1982; M Gentle,"Beak Trimming in Poultry", *World's Poultry Science Journal,* 42: 268–275, 1986.

10. J. Breward and M.Gentle,"Neuroma Formation and Abnormal Afferent Nerve Discharges After Partial Beak Amputation, i.e., Beak Trimming, in Poultry", *Experienta* 41: 1132–1134, 1985.

11. Gentle, "Beak Trimming in Poultry", *World's Poultry Science Journal,* 42: 268–275, 1986.

12. U.S. Department of Agriculture Yearbook for 1970, p. xxxiii.

13. *Poultry World,* 1985.12.5.

14. *American Agriculturist,* Mar. 1967.

15. C. Riddell & R. Springer,"An Epizootiological Study of Acute Death Syndrome and Leg Weakness in Broiler Chickens in Weatern Canada", *Avian Diseases* 29: 90-102, 1986; P. Steele & J. Edgar,"Importance of Acute Death Syndrome in Mortalities in Broiler Chicken Flocks", *Poultry Science* 61: 63-66, 1982.

16. R. Newberry et al.,"Light Intensity Effects on Performance, Activity, Leg Disorders, and Sudden Death Syndrome of Roaster Chickens", *Poultry Science,* 66: 1446-50, 1987.

17. T. Bray, *Poultry World,* 1984.6.14.

18. 参见 Riddell & Springer 及 Steele & Edgar 的研究，见前序注释15。

19. D. Wise & A. Jennings,"Dyschondroplasia in Domestic Poultry"，*Veterinary Record* 91: 285-286, 1972.

20. G. Carpenter et al.,"Effect of Internal Air Filtration on the Performance of Broilers and the Aerial Concentrations of Dust and Bacteria", *British Poultry Journal,* 27: 471-480, 1986.

21. "Air in Your Shed a Risk to Your Health"，*Poultry Digest,* December/January 1988.

22. *The Washington Times,* 1987.1.22.

23. *Broiler Industry,* December 1987; *Hippocrates*, September/October 1988. Perdue 在给我的一封信中证实，他养鸡场的鸡都进行断喙。亦参见 Animal Rights International Advertisement, "Frank, are you telling the truth about your chicken?", *The New York Times,* 1989.10.20, p.Al7.

24. F. Proudfoot et al.,"The Effect of Four Stocking Densities on Broiler Carcass Grade, the Incidence of Breast Blisters, and Other Performance Traits", *Poultry Science* 58: 791−793, 1979.

25. *Turkey World*, November/December 1986.

26. *Poultry Tribune,* January 1974.

27. *Farmer and Stockbreeder*, 1982.1.30. 转引自 Ruth Harrison, *Animal Machines* p.50。

28. *Feedstuffs*, 1983.7.25.

29. *American Agriculturist,* Jul. 1966.

30. 美国农业部的统计数字指出，1986年，商业蛋鸡数量是2.46亿只，假设雄雌的孵化比大约为1∶1，而且每只鸡大约在18个月后就被淘汰，则上述估计值是最低的估计。

31. *American Agriculturist,* Mar. 1967.

32. M. R. Kiereck, *Upstate,* 1973.8.5.

33. *National Geographic Magazine*, Feb. 1970.

34. *Poultry Tribune,* Feb. 1974.

35. *Federal Register,* 1971.12.24, p.24926.

36. *Poultry Tribune,* Nov. 1986.

37. First report from the Agriculture Committee, House of Commons, 1980—1981, *Animal Welfare in Poultry, Pig and Veal Production*, 1980—1981, London: Her Majesty's Stationery Office, 1981，第150节。

38. B.M. Freeman,"Floor Space Allowance for the Caged Domestic Fowl", *Veterinary Record* , 1983.6.11, pp.562-563.

39. *Poultry Tribune,* Mar. 1987, p.30;"Swiss Federal Regulations on Animal Protection", 1981.5.29.

40. 有关荷兰的资料由 Compassion in World Farming 和荷兰驻英国大使馆提供。亦参见 *Farmer's Guardian*, 1989.9.29。关于瑞典，参见 S. Lohr, "Swedish Farm Animals Get a New Bill of Rights", *The New York Times*, 1988.10.25.

41. *Poultry Tribune,* Mar. 1987.

42. European Parliament, Session 1986/7, Minutes of Proceedings of the Sitting of 20 February 1987, Document A2-211/86.

43. *Poultry Tribune,* Nov. 1986.

44. 同注释32。

45. *Animal Liberation*（*Victoria*）*Newsletter,* May 1988 & Feb. 1989.

46. Roy Bedichek, *Adventures with a Naturalist*，转引自 Ruth Harrison, *Animal Machines,* p.154。

47. 同注释32.

48. *Der Spiegel,* 1980, No. 47, p.264；转引自 *Intensive Egg and Chicken Production*, Chickens' Lib, Huddersfield, U.K.。

49. I. Duncan & V. Kite, Some Investigations into Motivation in the Domestic Fowl, *Applied Animal Behaviour Science,* 18: 387–388, 1987.

50. *New Scientist,* 1986, 1, 30, p.33，出自 H. Huber et al., published in *British Poultry Science,* 26: 367, 1985.

51. A. Black & B. Hughes,"Patterns of Comfort Behaviour and Activity in Domestic Fowls: A Comparison between Cages and Pens", *British Veterinary Journal,* 130: 23–33, 1974.

52. D. van Liere & S. Bokma,"Short-term Feather Maintenance as a Function of Dust-bathing in Laying Hens", *Applied Animal Behaviour Science,* 18: 197–204, 1987.

53. H. Simonsen et al.,"Effect of Floor Type and Density on the Integument of Egg Layers", *Poultry Science,* 59: 2202–2206, 1980.

54. K. Vestergaard,"Dustbathing in the Domestic Fowl-Diurnal Rhythm and Dust

Deprivation", *Applied Animal Behaviour Science,* 17: 380, 1987.

55. 同注释53。

56. J. Bareham,"A Comparison of the Behaviour and Production of Laying Hens in Experimental and Conventional Battery Cages", *Applied Animal Ethology,* 2: 291-303, 1976.

57. J. Craig et al.,"Fearful Behavior by Caged Hens of Two Genetic Stocks", *Applied Animal Ethology,* 10: 263-273, 1983.

58. M. Dawkins,"Do Hens Suffer in Battery Cages? Environmental Preferences and Welfare", *Applied Animal Behaviour* 25: 1034-46, 1977. 亦 参 见 M. Dawkins, *Animal Suffering: The Science of Animal Welfare*, London: Chapman and Hall, 1980, 第7章。

59. *Plain Truth,* Pasadena, California, Mar. 1973.

60. C. E. Ostrander & R. J. Young,"Effects of Density on Caged Layers", *New York Food and Life Sciences* 3（3）,1970.

61. U.K. Ministry of Agriculture, Fisheries and Food, Poultry Technical Information Booklet No.13；转引自 *Intensive Egg and Chicken Production*, Chickens' Lib, Huddersfield, U.K.。

62. *Poultry Tribune,* Mar. 1974.

63. Ian Duncan,"Can the Psychologist Measure Stress?", *New Scientist,* 1973.10.18.

64. R. Dunbar,"Farming Fit for Animals", *New Scientist,* 1984.3.29, pp.12–5; D. Wood-Gush, "The Attainment of Humane Housing for Farm Livestock", M. Fox & L. Mickley, eds., *Advances in Animal Welfare Science*, Washington D.C.: Humane Society of the United States, 1985.

65. *Farmer's Weekly,* 1961.11.7，转引自 Ruth Harrison, *Animal Machines,* p.97。

66. R. Dantzer & P.Mormede,"Stress in Farm Animals: A Need for Reevaluation", *Journal of Animal Science,* 57: 6–18, 1983.

67. D. Wood-Gush & R. Beilharz,"The Enrichment of a Bare Environment for Animals in Confined Conditions", *Applied Animal Ethology,* 20: 209–217, 1983.

68. USDA, Fact Sheet: "Swine Management", AFS-3-8-12. Department of Agriculture, Office of Government and Public Affairs, Washington, D.C.

69. F. Butler, 转引自 John Robbins, *Diet for a New America,* p.90。

70. D. Fraser,"The Role of Behaviour in Swine Production: a Review of Research", *Applied Animal Ethology,* 11: 332, 1984.

71. D. Fraser,"Attraction to Blood as a Factor in Tail Biting by Pigs", *Applied Animal Behaviour Science,* 17: 61–8, 1987.

72. *Farm Journal,* May 1974.

73. 相关的研究总结见 Michael W. Fox, *Farm Animals: Husbandry, Behavior, Veterinary Practice,* University Park Press, 1984, p.126。

74. *Farmer and Stockbreeder,* 1963.1.22；转引自 Ruth Harrison, *Animal Machines,* p.95。

75. "Swine Production Management", Hubbard Milling Co., Mankato, Minnesota, 1984.

76. W. Robbins,"Down on the Superfarm: Bigger Share of Profits", *The New York Times,* 1987.8.4.

77. *Feedstuffs,* 1986.1.6, p.6.

78. *Hog Farm Management*, 1975.12, p.16.

79. Bob Frase，转引自 Orville Schell, *Modern Meat,* New York: Random House, 1984, p.62。

80. *Farmer and Stockbreeder,* 1961.7.11；转引自 Ruth Harrison, *Animal Machines,* p.148。

81. J. Messersmith，转引自 John Robbins, *Diet for a New America,* p.84。

82. *Agscene,* Jun. 1987, p.9. 现改称 *Farm Animal Voice*。

83. *Farm Journal,* 1973.3.

84. "Mechanical Sow Keeps Hungry Piglets Happy", *The Western Producer,* 1985.4.11.

85. *National Hog Farmer,* 1978.3, p.27.

86. USDA, Fact Sheet: Swine Management, AFS-3-8-12. Department of Agri-

culture, Office of Government and Public Affairs, Washington, D.C.

87. USDA, Fact Sheet: Swine Housing, AFS-3-8-9. Department of Agriculture, Office of Government and Public Affairs, Washington, D.C.

88. G. Cronin,"The Development and Significance of Abnormal Stereotyped Behaviour in Tethered Sows", Ph. D. thesis, University of Wageningen, Netherlands, p.25.

89. R. Ewbank, The Trouble with Being a Farm Animal, *New Scientist,* 1973.10.18.

90. "Does Close Confinement Cause Distress in Sows?", Scottish Farm Buildings Investigation Unit, Aberdeen, Jul. 1986, p.6.

91. Farm Animal Welfare Council, *Assessment of Pig Production Systems*, Farm Animal Welfare Council, Surbiton, Surrey, England, 1988, p.6.

92. A. Lawrence et al., "Measuring Hunger in the Pig Using Operant Conditioning: The Effect of Food Restriction", *Animal Production,* 47, 1988.

93. *The Stall Street Journal*, Jul. 1972.

94. J. Webster et al., ① "Improved Husbandry Systems for Veal Calves", Animal Health Trust and Farm Animal Care Trust, p.5；亦参见 J. Webster et al., ② "The Effect of Different Rearing Systems on the Development of Calf Behavior", ③ "Some Effects of Different Rearing Systems on Health, Cleanliness and Injury in Calves", *British Veterinary Journal* 1141: 249 & 472, 1985.

95. J. Webster et al., "Improved Husbandry Systems for Veal Calves", p.6.

96. 同注释94 ① p.2.

97. *The Stall Street Journal,* Nov. 1973.

98. *The Stall Street Journal,* Apr. 1973.

99. *The Stall Street Journal,* Nov. 1973.

100. *Farmer and Stockbreeder,* 1960, 9, 13；转引自 Ruth Harrison, *Animal Machines,* p.70。

101. *The Stall Street Journal,* Apr. 1973.

102. G. van Putten,"Some General Remarks Concerning Farm Animal Welfare in Intensive Farming Systems", Research Institute for Animal Husbandry 未刊论文，"Schoonoord", Driebergseweg, Zeist, Netherland, p.2.

103. G. van Putten, "Some General Remarks Concerning Farm Animal Welfare in Intensive Farming Systems", p.3.

104. *The Vealer,* Mar./Apr. 1982 .

105. U.K. Ministry of Agriculture, Fisheries and Food,"Welfare of Calves Regulations", London: Her Majesty's Stationery Office, 1987.

106. J. Webster et al.,"Health and Welfare of Animals in Modern Husbandry Systems—Dairy Cattle", *In Practice,* May 1986, p.85.

107. Gordon Harvey: Poor Cow, *New Scientist,* 1983.9.29, pp.940-943.

108. *The Washington Post,* 1988.3.28.

109. D.S. Kronfeld,"Biologic and Economic Risks Associated with Bovine Growth Hormone", Conference on Growth Hormones, European Parliament, 1987.12.9, 未刊论文，p.4.

110. D.S. Kronfeld, Biologic and Economic Risks Associated with Bovine Growth Hormone, p.5.

111. Bob Holmes,"Secrecy Over Cow Hormone Experiments", *Western Morning News,* 1988.1.14.

112. Keith Schneider:"Better Farm Animal Duplicated by Cloning", *The New York Times,* 1988.2.17；亦参见 Ian Wilmut et al.,"A Revolution in Animal Breeding", *New Scientist,* 1988.7.7。

113. *Peopria Journal Star*, 1988, 6, 5.

114. "Is Pain the Price of Farm Efficiency?", *New Scientist,* 1973.10.13, p.171.

115. *Feedstuffs,* 1987.4.6.

116. *Farm Journal,* Aug. 1967, Mar. 1968.

117. S. Lukefahr et al.,"Rearing Weanling Rabbits in Large Cages", *The Rabbit Rancher*；转引自 Australian Federation of Animal Societies, *Submission to the Senate Select Committee of Inquiry into Animal Welfare in Australia,* vol. 2, Melbourne, 1984。

118. *The Age,* Melbourne, 1985.5.25.

119. 笼子的尺寸是由芬兰毛皮动物养殖协会（Finnish Fur Breeders Association）推荐的。英国毛皮动物养殖协会（U.K. Fur Breeders Association）推荐养貂笼子的尺寸为30×9英寸。参见 Fur Trade, Fact Sheet, Lynx, 1986, Great Dunmow, Essex。

120. *Report of the Technical Committee to Enquire into the Animal Welfare Kept under Intensive Livestock Husbandry Systems*, appendix.

121. *Report of the Technical Committee to Enquire into the Animal Welfare Kept under Intensive Livestock Husbandry Systems,* 第37节。

122. 同上，p.120。

123. Joy Mensch & Ari van Tienhove, Farm Animal Welfare, *American Scientist,* Nov./Dec.1986, p.599，转引自 D. W. Fölsch,"Egg Production—Not Necessarily a Reliable Indicator for the State of Health of Injured Hens", *Fifth European Poultry Conference,* Malta, 1976。

124. B. Gee, *The 1985 Muresk Lecture,* Muresk Agricultural College, Western Australian Institute of Technology, p.8.

125. European Parliament, Session 1986/7, Minutes of Proceedings of the Sitting of 20 February 1987, Document A2-211/86.

126. D. W. Fölsch,"Research on Alternatives to the Battery System for Laying Eggs", *Applied Animal Behaviour Science,* 20: 29–45, 1988.

127. *Dehorning, Castrating, Branding, Vaccinating Cattle*, Publication No. 384 of the Mississippi State University Extension Service, cooperating with the

USDA; see also *Beef Cattle: Dehorning, Castrating, Branding and Marking,* USDA, Farmers' Bulletin No. 2141, 1972.9.

128. *Progressive Farmer,* Feb. 1969.

129. *Pig Farming,* Sept. 1973.

130. *Hot-iron Branding*, University of Georgia College of Agriculture, Circular 551.

131. *Beef Cattle: Dehorning, Castrating, Branding and Marking.*

132. R.F. Bristol,"Preconditioning of Feeder Cattle Prior to Interstate Shipment", Report of a Preconditioning Seminar held at Oklahoma State University, Sept. 1967, p.65.

133. U.S. Department of Agriculture Statistical Summary, Federal Meat and Poultry Inspection for Fiscal Year 1986.

134. *The Washington Post,* 1987.9.30.

135. Colman McCarthy,"Those Who Eat Meat Share in the Guilt", *The Washington Post,* 1988.4.16.

136. Farm Animal Welfare Council, *Report on the Welfare of Livestock（Red Meat Animals）at the Time of Slaughter*, London: Her Majesty's Stationery Office, 1984，第88, 124节。

137. Harold Hillman,"Death by Electricity", *The Observer,* London, 1989.7.9.

138. "Animals into Meat: A Report on the Pre-Slaughter Handling of Livestock", Argus Archives, New York, 2: 16–17, Mar. 1970；出自 John MacFarlane, a vice president of Livestock Conservation, Inc。

139. Farm Animal Welfare Council, *Report on the Welfare of Livestock When Slaughtered by Religion Methods*, London: Her Majesty's Stationery Office, 1985，第50节。

140. Temple Grandin, dated Nov. 7, 1988.

141. Farm Animal Welfare Council, *Report on the Welfare of Livestock When Slaughtered by Religion Methods,* 第27节。

142. *Science* 240: 718, May 6, 1988.

143. Caroline Murphy, "The 'New Genetics' and the Welfare of Animals", *New Scientist,* 1988.12.10, p.20.

144. "Genetic Juggling Raises Concerns", *The Washington Times,* 1988.3.30.

IV

1. 奥利弗·戈德史密斯（Oliver Goldsmith），《世界公民》（*The Citizen of the World*），载 A. Friedman 编辑的《戈德史密斯文集》。可是，戈德史密斯自己显然就属于这类人，因为根据霍华德·威廉姆斯（Howard Williams）在《饮食伦理学》（*Ethics of Diet*, abridged ed., Manchester & London, 1907, p.149）中说，戈德史密斯的情感要比他的自控力强。

2. 为了试图反驳本书第一版这一章所提出的主张素食或素食主义的论证，弗雷（R.G. Frey）讲述了1981年下院农业委员会提出的改革建议，他写道："下院作为整体还得对这个报告做出决定，最终很可能是要被淡化的。但即使如此，毫无疑问这也代表在与工厂化饲养的虐待做斗争的明显进展。"然后弗雷辩解说，这个报告表明，这些虐待可以通过停止鼓吹抵制动物产品的策略得以克服。这是一个实例，在这个例子中我衷心希望我的批评者是正确的，可是下院并不是尽力去"淡化"其农业委员会的这个报告，简直就是置之不理。8年过去以后，英国绝大多数的集约化动物生产什么变化也没有。唯一的例外是牛犊肉的生产，不过这是消费者的抵制起了重要作用。

3. Frances Moore Lappe, *Diet for a Small Planet*, pp.4-11. 这本书是这个专题最好的简明介绍，这一节的资料均取自本书（1982年出版了修订本）。原始资料主要来源于：总统科学顾问委员会报告 *The World Food Problem*, 1967; *Feed Situation, 2/1970*, USDA; *National and State Livestock-Feed Relationships*, USDA, Economic Research Service, Statistical Bulletin, No. 446, Feb. 1970.

4. 这个较高的比例引自 Folke Dovring, "Soybeans", *Scientific American*, Feburary 1974。Keith Akers, *A Vegetarian Sourcebook* 的第10章有一组不同的数据，作者列表比较每英亩土地的燕麦、花椰菜、猪肉、牛奶、鸡和牛肉等营养物质的产出，尽管燕麦和花椰菜不是高蛋白食物，但没有哪一种动物性食物的蛋白质产出能达到植物性食物的一半，Akers 的原始资料来源于 USDA, *Agricultural Statistics*, 1979 和 USDA, *Nutritive Value of American Foods*, Washington, D.C., U.S. Government Printing Office, 1975; 以及 C.W. Cook, "Use of Rangelands for Future Meat Production", *Journal of Animal Science,* 45: 1476, 1977.

5. Keith Akers, *A Vegetarian Sourcebook,* pp.90−91.

6. "Boyce Rensberger: Curb on U.S Waste Urged to Help World's Hungry", *The New York Times,* 1974.10.25.

7. *Science News,* 1988, 3, 5, p.153，转引自 *Worldwatch,* Jan./Feb. 1988.

8. Keith Akers, *A Vegetarian Sourcebook,* p.100, based on D. Pimental & M. Pimental, *Food, Energy and Society*, New York: Wiley, 1979, pp.56, 59, and USDA, *Nutritive Value of American Foods*, Washington, D.C.: Government Printing Office, 1975.

9. G. Borgstrom, *Harvesting the Earth*, New York: Abelard-Schuman, 1973, pp.64−65; cited by Keith Akers, *A Vegetarian Sourcebook.*

10. "The Browning of America", *Newsweek,* 1981.2.22, p.26; quoted by John Robbins, *Diet for a New America,* p.367.

11. The Browning of America, p.26.

12. Fred Pearce, "A Green Unpleasant Land", *New Scientist,* 1986.7.24, p.26.

13. Sue Armstrong, "Marooned in a Mountain of Manure", *New Scientist,* 1988.1.26.

14. J. Mason & P.Singer, *Animal Factories,* p.84，转引自 R.C. Loehr, *Pollution Implications of Animal Wastes*, Water Pollution Control Research Series, U.S Environmental Protection Agency, Washington, D.C., 1968, pp.26−27; H. A. Jasiorowski,"Intensive Systems of Animal Production", R. L. Reid, ed., *Proceeding of the II World Conference on Animal Production*, Sydney Uni-

versity Press, 1975, p.384; J.W. Robbins, *Environmental Impact Resulting from Unconfined Animal Production*, Cincinnati: Environmental Research Information Center, U.S Environmental Protection Agency, 1978, p.9.

15. "Handling Waste Disposal Problems", *Hog Farm Management,* 1978.4., p.17，转引自 J. Mason & P.Singer, *Animal Factories,* p.88.

16. "Information from the Rainforest Action Network", *The New York Times,* 1986.1.22, p.7.

17. E.O. Williams, *Biophilia,* Harvard University Press, 1984, p.137.

18. Keith Akers, *A Vegetarian Sourcebook,* pp.99−100; based on H. W. Anderson et al., *Forests and Water: Effects of Forest Management on Floods, Sedimentation and Water Supply*, USDA Forest Service General Technical Report PSW-18/1976; and J. Kittridge,"The Influence of the Forest on the Weather and other Environmental Factors", UNFAO, *Forest Influences*, Roma, 1962.

19. Fred Pearce,"Planting Trees for a Cooler World", *New Scientist,* 1988.10.15, p.21.

20. David Dickson,"Poor Countries Need Help to Adapt to Rising Sea Level", *New Scientist,* 1989.10.7, p.4; Sue Wells & Alasdair Edwards,"Gone with the Waves", *New Scientist,* 1989.11.11, pp.29−32.

21. L. & M. Milne, *The Senses of Men and Animals*, Middlesex & Baltimore: Penguin Books, 1965, chapter 5.

22. *Report of the Panel of Enquiry into Shooting and Angling*, 1980; RSPCA,

U.K. paragraphs 15-57.

23. Geoff Maslen, Bluefin,"the Making of the Mariners", *The Age,* Melbourne, 1985.1.26.

24. D. Pimental & M. Pimental, Food, *Energy and Society,* NY: Wiley, 1979, chapter 9; I owe this reference to Keith Akers, *A Vegetarian Sourcebook,* p.117.

25. See J. R. Baker, *The Humane Killing of Lobsters and Crabs*, The Humane Education Centre, London, no date; J. R. Baker & M.B. Dolan, Experiments on the Humane Killing of Lobsters and Crabs, *Scientific Papers of the Humane Education Centre,* 2: 1-14, 1977.

26. 我改变了对软体动物看法，是由于与 R. I. Sikora 的对话。

27. 参见第301-302页。

28. 这里我用"斗争或挣扎"（struggle）一词完全不是在开玩笑。根据 *The Lancet* 在1972年12月30日一期发表的比较研究，一组习惯西方饮食的非素食者，食物在消化道的"平均通过时间"为76至83小时，而素食者为42小时。该文作者提示，粪便在结肠的滞留时间与结肠癌和其他相关疾病的发病率有关，这些疾病发病率在肉类消费量增加的国家里迅速升高，但非洲农村几乎尚未发现，那里的居民与素食者差不多，吃肉很少，食物结构中的粗纤维很多。

29. David Davies,"A Shangri-La in Ecuador", *New Scientist,* 1973.2.1. 根据其他一些研究，梅奥医学院（Mayo Medical School）的 Ralph Nelson 认为，"高蛋白摄入导致我们的代谢率加速空转"，参见 *Medical World New,*

1974.11.8, p.106。这可以解释长寿与少吃或不吃肉的关系。

30. *The Surgeon General's Report on Nutrition and Health*, Washington, D.C: U.S. Government Printing Office, 1988.

31. According to a wire-service report cited in *Vegetarian Times,* Nov. 1988.

32. *The New York Times,* 1974.10.25.

33. N. Pritikin & P.McGrady, *The Pritikin Program for Diet and Exercis,* New York: Bantam, 1980; J.J. McDougall, *The McDougall Plan*, Piscataway, N.J.: New Century, 1983.

34. Frances Moore Lappe, *Diet for a Small Planet,* pp.28−29; see also *The New York Times,* 1974, 10, 25; 同29的 *Medical World New*。

35. Quoted in F. Wokes, Proteans, *Plant Foods for Human Nutrition,* 1: 38, 1968.

36. 在 *Diet for a Small Planet* 的第一版（1971）中，Frances Moore Lappe 强调蛋白质的互补性来证明素食者的饮食能够提供充足的蛋白质；在1982年的修订版中则删去了这种强调说法，只是证明一个健康的饮食注定含有充足的蛋白质，即使没有互补作用，就蛋白质来说植物性食物是适当的另一个理由。参见 Keith Akers, *A Vegetarian Sourcebook*，第2章。

37. F. R. Ellis & W. M. E. Montegriffo,"The Health of Vegans", *Plant Foods for Human Nutrition,* vol. 2, pp.93−101, 1971. 有些全素食者声称，由于人的肠道能够从其他 B 族维生素合成这种维生素，补充维生素 B_{12} 并非必需。问题在于幼龄时消化过程中这种合成是否足够，B_{12} 是吸收来的而不是分泌的，现在吃纯植物性饮食不需要补充 B_{12} 就能达到营养充足，仍是科学上的问题，因此补充维生素 B$_{12}$似较为安全。

V
────────

1. 创世纪（Genesis）1: 24–8.

2. 创世纪 9: 1–3.

3. *Politics*, Everyman's Library, London: M. Dent & Sons 1959, p.10.

4. *Politics* p.16.

5. W. E. H. Lecky, *History of European Morals from Augustus to Charlemagne*, London: Longmans, 1869, 1: 280–282.

6. 马可福音（Mark）5: 1–13.

7. 新约·哥林多书（Corinthians）9: 9–10.

8. Saint Augustine, *The Catholic and Manichaean Ways of Life*, D. A. & I.J. Gallagher 英译本，Boston: The Catholic University Press, 1966, p.102. 转引自 John Passmore, *Man's Responsibility for Nature*, New York: Scribner's, 1974, p.11.

9. *History of European Morals,* vol. 1, p.244；关于普鲁塔克（Plutarch）尤见 "On the Eating of Flesh", *Moral Essays*.

10. 关于圣巴西勒（Basil），参见 John Passmore,"The Treatment of Animals", *The Journal of the History of Ideas* 36: 198, 1975。关于圣克里索斯托

（Chrysostom），参见 Andrew Linzey, *Animal Rights: A Christian Assessment of Man's Treatment of Animals*, London: SCM Press, 1976, p.103。关于圣以撒（Saint Isaac the Syrian），参见 A.M. Allchin, *The World is a Wedding: Explorations in Christian Spirituality*, London: Darton, Longman & Todd, 1978, p.85。转引自 R. Attfield,"Western Traditions and Environmental Ethics", R. Elliot & A. Gare, eds., *Environmental Philosophy*, St. Lucia:University of Queensland Press, 1983, pp.201−230。更多结论参见：Attfield's book, *The Ethics of Environmental Concern*, Oxford: Blackwell, 1982；K. Thomas, *Man and the Natural World: Changing Attitutes in England 1500-1800*, pp.152−153；R. Ryder, *Animal Revolution: Changing Attitutes Towards Speciecism*，pp 34−35。

11.《神学大全》（*Summa Theologica*），II, II, Q64, art. 1.

12.《神学大全》，II, II, Q159, art. 2.

13.《神学大全》，I, ll, Q72, art. 4.

14.《神学大全》，II, II, Q25, art. 3.

15.《神学大全》，II, I, Q102, art. 6. 同样的观点参见《反异教大全》（*Summa contra Gentiles*），III, II, 112.

16. *All Heaven in a Rage,* p.163.

17. V. J. Bourke, *Ethics*, New York: Macmillan, 1951, p.352.

18. 约翰·保罗二世（John Paul II），《论社会关怀》（*Solicitudo Rei Socialis*），Homebush, NSW: St. Paul Publications, 1988, sec. 34, pp.73−74.

19. *St. Francis of Assisi, his Life and Writings as Recorded by His Contemporaries*, L. Sherley-Price 英译本 , London: Mowbray, 1959, see especially p.145.

20. Picola della Mirandola, *Oration on the Dignity of Man*.

21. Marsilio Ficino, *Theologica Platonica*, III, 2 and XVI, 3；亦参见 Giannozzo Manetti, *The Dignity and Excellence of Man*.

22. E. McCurdy, *The Mind of Leonardo da Vinci*, London: Cape, 1932, p.78.

23. "Apology for Raimond de Sebonde", *Essays*.

24. *Discourse on Method*, vol. 5; see also his letter to Henry More, Fab. 5, 1649. 我提供了笛卡儿的标准文本，在那个时代人们通过这个途径了解他的观点，而且一直到现在被大多数读者所了解。但是，最近有人声称，对这个标准文本是一种误解，在这些文本中，笛卡儿并不打算否定动物能够感受痛苦。进一步的详述可参见 John Cottingham, A Brute to the Brutes? Descartes' Treatment of Animals, *Philosophy* 53: 551−559, 1978.

25. 约翰·帕斯莫尔在其《人对自然的责任》中叙述"为什么动物痛苦"这个问题，是很多世纪以来诸多问题中的问题；它奇特地得出一个精心制作的答案。马勒伯朗士《一个当代的笛卡儿》直言不讳地认为，单从神学的理由就要拒斥动物能感受痛苦，因为所有的痛苦是亚当原罪造成的，而动物不是亚当的子孙。

26. Letter to Henry More, Fab. 5, 1649.

27. Nicholas Fontaine, *Memories pour servir a l'histoire de Port-Royal*, Cologne, 1738, 2: 52−53；转引自 L. Rosenfield, *From Beast-Machine to*

Man-Machine: The Theme of Animal Soul in French Letters from Descartes to La Mettrie, New York: Oxford University Press, 1940.

28. *Dictionnaire Philosophique*, s.v. Bêtes.

29. *Enquiry Concerning the Principles of Morals*，第3章。

30. *The Guardian,* May 21, 1713.

31. *Elements of the Philosophy of Newton*, vol. 5；亦参见 *Essay of the Morals and Spirit of Nations*。

32. *Emile*, Everyman's Library, London: J. M. Dent & Sons, 1957, 2: 118-120.

33. *Lecture on Ethics*, L. Infield, New York: Harper Torch-books, 1963, pp.239-240.

34. *Hansard's Parliamentary History*, Apr. 18, 1800.

35. *All Heaven in a Rage,* p.127.这一节其他的细节来自此书的第9章和10章。

36. 有人主张，第一个保护动物不受虐待的立法是1641年在（美国的）马萨诸塞湾殖民地（Massachusetts Bay Colony）通过的。那年出版的"自由之身"（The Body of Liberty）第92款说："无论何人不得对人通常饲养为人所用的任何家畜实行残暴或虐待"（No man shall exercise any Tiranny or Cruelties towards any bruite Creature which are usuallie kept for man's use）；而下面的条款还要求给役使的动物以休息期。这是一个非常进步的文件，有人可能从专业上对它是否是"法律"吹毛求疵，进行狡辩，但"自由之身"的编辑纳撒尼尔·沃德（Nathaniel Ward）无疑应当与动物立法的先驱理查德·马丁（Richard Martin）一起被记入史册。较为详细的记述可参见 Emily Leavitt, *Animals and Their Legal Rights*, Washington D.C.: Animal Welfare Institute, 1970.

37. Quoted in *All Heaven in a Rage,* p.162. 要探讨这个评论的意义，对于讨论有价值的补充可参见 J. Rachels, *Created from Animals: The Moral Implications of Darwinism*。

38. Charles Darwin, *The Descent of Man*, London, 1871, p.1.

39. *The Descent of Man,* p.193.

40. Lewis Gompertz, *Moral Inquiries on the Situation of Man and of Brutes*, London, 1824. Henry S. Salt, *Animals' Rights,* 1892; new edition, Clark's Summit Pennsylvania, Society for Animal Rights, 1980，及其他作品。下面几页里我还要引用 *Animals' Rights* 一书的话，为此表示感谢。

41. 第2册第11章；相同观点参见 Francis Wayland, *Elements of Moral Science,* 1835, reprint, J.L. Blau, ed., Harvard University Press, 1963, p.364。此书可能是19世纪美国采用最广的道德哲学著作。

42. 转引自 S. Godlovitch, "Utilities"，Stanley & Roslind Godlovitch & John Harris, eds., *Animals, Men and Morals*。

43. 转引自 Henry S. Salt, *Animals' Rights,* p.15。

44. Benjamin Franklin, *Autobiography*, New York: Modern Library, 1950, p.41.

45. 同注释43。

46. *La Bible de l'humanité,* 转引自 Howard Williams, *Ethics of Diet,* abridged

ed., p.214。

47. *On the Basis of Morality*, E. F. J. Payne, Library of Liberal Arts,1965, p.182；亦参见 *Pargera und Paralipomena*, 第15章。

48. *All Heaven in a Rage*, p.143.

49. *All Heaven in a Rage*, p.205.

50. T. H. Huxley, *Man's Place in Nature*, Ann Arbor: University of Michigan Press, 1959，第2章（中译本：《人类在自然界的位置》，科学出版社，1971）。

VI
————

1. D. Wailey & F. Staake, *Farm Animals*, Kansas City: Hallmark Children's Editions.

2. M.E. Gagg & C.F. Tunnicliffe, *The Farm,* Loughborough, England: Ladybird Books, 1958.

3. 举一个例子：哈佛大学心理学家劳伦斯·科尔赫格（Lawrence Kohlherg）在其道德发展的著作中记述，他的儿子在4岁时是怎样第一次做出道德承诺，拒绝吃肉，因为他儿子说："杀死动物是坏的。" 科尔赫格花了6个月时间说服儿子改变观点。他说这是由于不能真正区别正当的和不正当的屠杀，表明他的儿子还处于道德发展的最幼稚阶段。L. Kohlherg,"-Frome Is to Ought", T. Mischel, ed., *Cognitive Development and Epistemolo-*

gy, New York: Academic Press, 1971, pp.191-192. 道德：如果你拒绝人类的一种普遍的偏见，你在道德上真的是无法发展的。

4. W. L. Gay, *Methods of Animal Experimentation*, New York: Academic Press, 1965, p.191; quoted in R. Ryder, *Victims of Science*.

5. Bernhard Grzimek, Gequälte Tiere: Unglück für die Landwirtschaft *Das Tier*, Bern, Switzerland, special supplement.

6. 例子是1876年英国虐待动物法（British Cruelty to Animals Act）和1966—1970年美国的动物福利法（Animal Welfare Act），这两个法律都是针对实验动物提出来的，但是并没有给实验动物带来什么利益。

7. 部分道德激进主义组织名单见附录3。（编注：原文如此）

8. *All Heaven in a Rage,* p.129.

9. *All Heaven in a Rage,* p.83.

10. Gerald Carson: *Cornflake Crusade*, New York: Rinehart, 1957, pp.19, 53-62.

11. *All Heaven in a Rage,* pp.234-235; Gerald Carson, *Men, Beasts and Gods*, New York: Scribner's 1972, p.103.

12. Farley Mowat, *Never Cry Wolf*, Boston: Atlantic Monthly Press, 1963; Konrad Lorenz, *King Solomon's Ring*, pp.186-189. 转引自 Mary Midgley,"The Concept of Beastliness: Philosophy, Ethics and Animal Behavior"，*Philosophy* 48: 114, 1973.

13. 除上述文献外，参见 Niko Tinbergen, Jane van Lawick-Goodall, George

Schaller, Irenaus Eibl-Eibesfeldt 等的著作。

14. 参见本书第267-268页。

15. 参见本书第208页。

16. 参见 Judy Mann,"Whale, Hype, Hypocrisy", *The Washington Post,* Oct. 28, 1988。

17. 常常有人问我：对我们的猫狗应该怎么办呢？有些素食者不愿买肉制品给宠物吃是可以理解的，因为那样做仍然是支持剥削动物的生命。其实让狗吃素食并不困难，爱尔兰的农民好几个世纪以来都是用牛奶和马铃薯喂狗的，因为用肉他们喂不起。猫需要牛磺酸（一种含氨基的有机酸），从植物中不易获得，问题较为复杂。可是现在解决了。一个叫新时代先锋（Harbinger of a New Age）的美国团体供应补充牛磺酸的素食。据说这可以让猫食素而不会影响其健康，但吃这种食物的猫需要密切观察其健康状况。有关的资讯可从英国素食协会（Vegetarian Society）获得。

18. Harvard student,"On the Legality of Enslaving the Africans"；转引自 Louis Ruchames, *Racial Thought in America*, Amherst: University of Massachusetts Press, 1969, pp.154-156.

19. 参见 Leslie Stephen, *Social Rights and Duties*, London, 1896；转引自 Henry Salt, "The Logic of Larder", 参见 Salt 的著作 *The Humanities of Diet,* Manchester: The Vegetarian Society, 1914, pp.34-38, 又见于 T. Regan & P.Singer, eds., *Animal Rights and Human Obligation,* 1976.

20. S.F. Sapontzis 曾论证说，只有当一个生命来到世间，才有所谓健康的孩

子拥有幸福的生活，畸形的孩子过上悲惨的日子。然而这其中并不存在
一个选择。即选择怀一个命运悲惨的生命——并为他造成痛苦。如果有
人在这个孩子还是胎儿时便知道，这孩子将不会被堕胎，出生后也不会
被安乐死，那将会怎样呢？让一个命运悲惨的孩子被生出来似乎已经铸
成大错。但是按 Sapontzis 的观点，人们并没有刻意犯如上错误的时间
（*Morals, Reason and Animals,* pp.193-194）但我并不认为此论证可以回
答这个问题。

21. 参见我的著作 *Practical Ethics*, Cambridge University Press, 1979，第4
章、第6章。更多结论参见：Michael Lockwood,"Singer on Killing and
the Preference for Life", *Inquiry* 22（1-2）:157-170；Edward Johnson,
"Life, Death and Animals", Dale Jamieson,"Killing Persons and Other Be-
ings", Harlan Miller & William Williams, eds., *Ethics and Animals*, Clifton,
N.J.: Humana Press, 1983；Johnson 的文章参见 T. Regan & P. Singer, eds.,
Animal Rights and Human Obligations, 2nd edition, 1989。亦参见 S. F.
Sapontzis, *Morals, Reason and Animals*，第10章。要了解隐藏在整个争
论背后的论证是必不可少的（但并不容易！），参见 Derek Parfit, *Rea-
sons and Persons*, Oxford: Clarendon Press, 1984, 第4章。

22. 动物权利的主要辩护者是 Tom Regan，参见他的著作 *The Case for Ani-
mal Rights*, Berkeley and Los Angeles: University of California Press, 1983。
我已经指出为什么我的观点不同，参见："Utilitarianism and Vegetar-
ianism", *Philosophy and Public Affairs* 9: 325-337, 1980；"Ten Years of
Animal Liberation", *The New York Review of Books,* Apr. 25, 1985；"Animal
Liberation or Animal Rights", *The Monist* 70: 3-14, 1987。对于一个没有
能力领会自身的生存随时间推移的生命个体，不能有生命权利的详细的
论证，参见 Michael Tooley, *Abortion and Infanticide*, Oxford: Clarendon

Press, 1983。

23. 对这个观点进行的辩护，见于 R.M. Hare 即将发表的文章 "Why I am only a Demi-Vegetarian"。

24. Brigid Brophy,"In Pursuit of a Fantasy"，Stanley & Roslind Godlovitch & John Harris, eds., *Animals, Men and Morals,* p.132.

25. 参见 Cleveland Amory, *Man Kind?* p.237.

26. Lewis Gompertz, *Moral Inquiries on the Situation of Man and of Brutes*, London, 1824.

27. 对澳大利亚羊毛工业固有的残忍的强有力述评，参见 Christine Townend, 《拔羊毛》（*Pulling the Wool*），Sydney: Hale and Iremonger, 1985。

28. 参见附录2。（编注：原文如此）

29. 杀灭"害兽"可能怎样残酷和令动物痛苦的例子，参见 Jo Olsen, *Slaughter the Animals, Poison the Earth*, New York: Simon and Schuster, 1971, pp.153-164。

30. 现在已有少数的研究人员开始研究野生动物的避孕，参见一篇综述 J. F. Kirkpatrick & J.W. Turner,"Chemical Fertility Control and Wildlife Management", *Bioscience,* 35: 485-491, 1985。但是，与花在毒杀、枪杀和陷阱捕捉上的经费相比，用于这方面的资源仍然是微不足道的。

31. *Natural History,* 83（3）：18, 1974.

32. In A.I. Melden, ed., *Human Rights,* Belmont, Calif.: Wadsworth, 1970, p.106.

33 W. Frankena,"The Concept of Social Justice", R. Brandt, ed., *Social Justice,* Englewood Cliffs, N.J.: Prentice-Hall, 1962.

34. H.A. Bedau:"Egalitarianism and the Idea of Equality", J. R. Pennock & J. W. Chapmanbian, eds., *Nomos IX :Equality*, New York, 1967.

35. G. Vlastos,"Justice and Equality", *Social Justice,* p.48.

36. J. Rawls, *A Theory of Justice,* p.510. 另一个例子参见 Bernard Williams,"The Idea of Equality", P. Lastett & W. Runcimaneds, *Philosophy, Politics and Society,* second series, Oxford: Blackwell, 1962, p.118。

37. 实例参见 Stanley Benn, "Egalitarianism and Equal Consideration of Interests", *Nomos IX :Equality,* pp.62ff。

38. 参见 Charles Magel, *Keyguide to Information Sources in Animal Rights*, Jefferson, N.C.: McFarland, 1989。

39. R.G. Frey,"Vivisection, Morals and Medicine", *Journal of Medical Ethics*, 9: 95–104, 1983. Frey 批评我的主要著作是 *Rights, Killing and Suffering*, Oxford: Blackwell, 1983，但亦见于他的 *Interests and Rights: The Case Against Animals*, Oxford: Clarendon Press, 1980。我在 Ten Years of Animal Liberation 一文中，对这些书的批评做了简短的答复，参见 *The New York Review of Books,* Apr. 25, 1985。

40. 参见 M. A. Fox, *The Case for Animal Experimentation*, Berkeley: University of California Press, 1986；亦参见 M. A. Fox,"Animal Experimentation: A Philosopher's Changing Views", *Between the Species* 3: 55–60, 1987，以及对 Fox 的访谈 *Animals' Agenda*, March 1988。

41. Katherine Bishop,"From Shop to Lab to Farm, Animal Rights Battle is Felt", *The New York Times,* 1989.1.14.

42. "The Battle Over Animal Rights", *Newsweek,* 1988.12.26.

43. 参见 Henry Spira, "Fight to Win", Peter Singer, ed., *In Defense of Animals,* pp.194–208。

44. Alex Pacheco & Anna Francione,"The Silver Spring Monkeys", Peter Singer, ed., *In Defense of Animals,* pp.135–147.

45. 参见第2章注释118。

46. *Newsweek,* 1988.12.26, pp.50–51.

47. Barnaby J. Feder,"Research Looks Away From Laboratory Animals", *The New York Times,* 1989.1.29, p.24。关于废除 LD50 与兔眼实验联盟的早期工作情况，参见 Henry Spira, "Fighting to Win", Peter Singer, ed., *In Defense of Animals*。

48. 维多利亚州政府颁布的 *Prevention of Cruelty to Animals Regulations,* 1986, No.24。这项条例覆盖所有化学品、化妆品、卫生间用品、家居用品和工业产品的测试，禁止使用兔眼实验检测这些产品，也禁止应用动物进行测定致死量的实验。在新南威尔士州，参见 *Animal Liberation: The Magazine*（Melbourne）27: 23, Jan.-Mar., 1989。

附录

作者自述
写给动物爱好者
动物解放30年

作者自述

根

"我的老家在维也纳，父母都是犹太人。1938年，当纳粹占领奥地利时，他们本想尽快离开那里，但是很不幸，我的祖父母没来得及走，被送进了集中营，其中有3人在那里遇难。我的祖母却奇迹般地生还了，1946年在我出生的那个月里，她来到澳大利亚。我在墨尔本市郊霍桑地区的良好家庭环境中愉快地度过了童年。"

　　——《名人访谈》(澳大利亚 ABC 电视台)，2007 年 5 月 28 日

"我的祖父是一位古典学者，弗洛伊德核心圈子的成员，毕生试图了解他的人类同胞，可是，他对吞没维也纳犹太人社区的威胁似乎没有足够的准备，最终丧命，真是一个可怕的悲剧性反讽。是我的祖父过于相信人类的理性和他为之奉献终身的人道主义价值观吗？难道这使他无法想象，他们会如此彻底地被铁蹄践踏，让野蛮行径再次统治整个欧洲吗？这些问题引出一个令人忧虑的想法。由于我自己的生活也是以理性和在世界上可能起重要作用的普遍的道德价值观为依据的，而且不逊于

我的祖父，难道我与我祖父一样可能只是产生了错觉吗？"

——《往日重现：我的祖父与维也纳犹太人的悲剧》

（*Pushing Time Away: My Grandfather and the Tragedy of Jewish Vienna*）（Ecco，2003年）

20世纪60年代

"越南战争和征兵导致反战运动的兴起，真的让我们觉得，我们可以对政治和最为重要的道德议题产生影响了。社会上弥漫着各种激进的新观念。滚石乐队是新的。在一个没有艾滋病病毒和艾滋病的时代，又有了口服避孕药……你还要生活怎么令人兴奋呢？"

——《澳大利亚周末报》（*Weekend Australia*），2005年2月26日

争议

"我们怎样对待动物的想法几乎都是错误的，而且不是一些小的边际性错误，而是根本性的大错，其方式就像在1820年人们对美国密西西比地区非洲裔美国人那种根本性的错误观念一样。所以很明显，要提倡人类应当做出巨大的转变，我们没有权利使用动物作为达到我们目的的工具，不能只是因为这样做很方便。这种建议无疑是极具争议的。"

——美国国家公共广播电台（National Public Radio[U.S.]），1999年12月11日

"1999年，我的妻子雷娜塔和我离开澳大利亚去美国生活。我受到普林斯顿大学的热情接待，但是，阴暗的一面是，有关我的观点的新闻上了许多右翼和基督教保守派的网站，普林斯顿大学校长和我因此开始受到死亡的威胁。在美国，人人都可以持枪，所以你得认真对待。我们确实采取了一些安全措施。"

——《名人访谈》（澳大利亚 ABC 电视台），2007 年 5 月 28 日

"昨日残疾人高喊'我们还没有死'。他们丢开轮椅，拖着身子，沿着石阶攀上普林斯顿大学的行政楼，抗议生命伦理学教授彼得·辛格上第一堂课。"

——《费城询问报》（*Philadelphia Inquirer*），1999 年 9 月 22 日

"我（对安乐死）的观点并不是独特的，令人有些奇怪的是，他们却只对我发起了尖锐的攻击。其实美国的其他哲学家一直讲授与我相似的观点……我认为部分是由于我要吸引更广泛的听众，我的文章观点明确，不用术语。但是，我认为并不是因为我的观点极端而被孤立了。"

——中国香港特区《南华早报》（*South China Morning Post*），2000 年 1 月 2 日

"最好直言不讳，让人们去思考他们的所作所为。那么，起码我们得有清晰的、实力相当的辩论。"

——《波士顿环球报》（*Boston Globe*），1999 年 7 月 27 日

大众对橄榄球运动员迈克尔·维克尔斗狗活动的反应

"遗憾的是，人们只对这种事情发生在狗身上反应强烈。若是类似的事情发生在猪或鸡身上，反应可能会小得多。在我看来这是错误的。我认为猪遭受的痛苦与狗相同，按照这个国家对待猪的一般状况来说，由于大量猪被饲养在条件极度恶劣的工厂化农场里，猪受到的残酷虐待远比狗多。那是不一致的。这不是说大众对维克的斗狗做法反应过度，而是对其他地方发生的这类事情反应太过不足。"

——《新共和》杂志（*New Republic*），2007年8月29日

使用禁药

"问题不在运动员，而在我们。我们为他们加油。他们赢了，我们为他们喝彩。不论他们怎么明目张胆地使用禁药，我们还是继续观看环法自行车比赛。或许我们应当关掉电视，骑上自己的自行车上路。"

——"报业辛迪加"（*Project Syndicate*），2007年8月

付出

"舒适富裕的美国人拿出比如说收入的10％，给海外扶贫组织，还是远远超过过相同舒适生活的大部分美国人，我不会特意去责备他们做得不够。可是，他们应该做得更多。"

——《论伦理生活文集》（*Writings on an Ethical Life*）（Ecco，2000年）

伦理

"我的伦理是根据受到我行为影响的所有人产生的后果来考量。我准备说，从某种意义上，我的伦理是一种'金科玉律'。我的伦理观念最为基本的说法就是，'如果这种行为被施加于你身上，你会怎么想？❶我认为这就是伦理所关注的。这就是要超越你自己，看看你对他人所产生的影响。"

——《新闻60分Ⅱ》（哥伦比亚广播公司），2002年2月20日

过有伦理的生活

"真正完全按照伦理原则行事是很困难的。而且，你知道，我肯定不是榜样，我不止在一桩事上达不到标准，这也许让我对他人跟我一样的或不同的缺点相当宽容。我一生中认识了很多人，让我实在地说，过一种全面伦理生活的人非常非常少，因为我认为真正实在的伦理生活是一种十分苛刻的生活。"

——《名人访谈》（澳大利亚 ABC 电视台），2007年5月28日

---

❶ 这非常类似儒家伦理"己所不欲，勿施于人。"（《论语·卫灵公》）即推己及人。

《动物解放》

"这真的是很新的事物，我对怀疑、不信乃至嘲笑，并不感到惊讶。"

——《今日美国》（*USA Today*），1990年3月7日

动物解放运动

"听上去或许很老套，但我是对应用理性和论证深信不疑的人。而且我认为现今动物解放运动的状况会给你一些关于人们被说理所感动，令人乐观的理由。也就是说，我们不必完全愤世嫉俗，而是要思考每件事情都可以通过自我利益或情感起作用……这是哲学家起了关键作用的一个运动，通过人们之间的辩论，通过批判预先的假设，通过证据引领一个理由，从而影响数以百万计的大众。"

——《芝加哥论坛报》（*Chicago Tribune*），1990年3月26日

收入的不平等

"当我们付给计算机编程人员高薪，而给办公室保洁员低薪时，实际上，我们是在给高智商的人支付高薪，这意味着我们付给人的某些东西，一部分在他们出生之前就决定了，而且在他们达到对自己的行为负责任的那个年龄之前，几乎就完全确定了。从公正和效用的观点来看，这里面存在某种错误。"

——《实践伦理学》（*Practical Ethics*）（第二版，1999）

道德

"道德并非是一种严守规则的事，并非你偏离规则一丝一毫，就是一个悲剧。道德是力图产生良好效果的事。"

——中国香港特区《南华早报》，2000年1月2日

行动主义

"在有些情况下，即使在民主国家，不遵守法律在道德上也是正确的，动物解放的议题为这种情况提供了范例。如果民主过程不能适当地发挥作用，如果反复的民意调查证明绝大多数人反对许多类型的（动物）实验，可是，政府不采取有效的行动禁止这类实验，如果大众对工厂化农场和实验室发生的情况基本上一无所知，那么，非法行为可能是帮助动物，以及对那里正在发生的事情取证的唯一可走的途径。我关心的不是这类违法行为，而是对抗可能成为暴力，导致出现两极分化的氛围，以致无法进行说理，最终动物成为受害者。从事动物解放活动的人士作为一方，工厂化饲养场人员以及进行动物实验研究者的一些人作为另一方的两极化，或许是不可避免的。但是，涉及大众的行动或暴力的行动，会导致人们受到伤害，并使作为一个整体的社会发生分化……动物解放运动对避免暴力的恶性循环是至关重要的。"

——《论伦理生活文集》（Ecco，2000年）

休闲

"我不工作时，喜欢户外活动，雷娜塔和我喜欢徒步旅行。我也热衷于海边活动——徒手冲浪和趴板冲浪，最近我采用冲浪板冲浪，觉得也有很多的乐趣。我只是喜欢享受那里的海浪。"

——《名人访谈》（澳大利亚 ABC 电视台），2007 年 5 月 28 日

写给动物爱好者 ❶

　　本书是讨论人类对于非人类动物的暴行的。这种暴行已经而且正在给今天的动物造成巨大的痛苦和折磨，这种苦难只能与若干个世纪以来白人的暴行给黑人造成的苦难相比。为反对这种暴行而进行的斗争，与近些年来在道德和社会的议题上所进行的任何一种斗争同等重要。

　　大多数读者看到上面这段文字，会认为我是在肆意夸张。要是在 5 年以前，我自己也会对我写的这段十分严肃的陈述付之一笑，因为那时我不知道现在我所了解的事情。如果你仔细地阅读这本书，特别留意第二章（Ⅱ部分）和第三章（Ⅲ部分），那么你就会像我了解的一样，人类迫害动物的状况足以写一本篇幅更长的书。你就可以判断我开头的这段话究竟是肆意夸张，还是对大众尚不知情的一种状况的符合实际的评判。所以，我不要求你现在就相信我说的这些话，我只要求你在读完这本书以后再下判断。

　　在我着手写这本书不久，我们还住在英国时，一位女士邀请我和妻

---

❶ 本文为《动物解放》1975 年第一版序言。

子去她家喝茶，因为她听说我正在写一本有关动物的书。她说，她对动物很感兴趣，她有一位朋友也写过一本关于动物的书，这位朋友非常想见我们。

当我们到她家的时候，女主人的朋友已经先到了，她真是渴望交谈关于动物的话题。她开口道："我真是爱动物。"接着说："我养了一只狗，两只猫，它们在一起相处得出奇得好。你们认识斯科特太太吗？她开了一家小型的宠物医院……"她越说越远，当主人端上茶点时，她才停了下来，拿了一份火腿三明治，然后问我们养了什么宠物。

我们告诉她，我们什么宠物也没养。她看上去有点惊讶，然后咬了一口三明治。这时女主人加入了我们的交谈，"但是，辛格先生，你们是对动物感兴趣的，对吧？"她说。

我们解释说，我们所关注的是防止动物的痛苦和悲惨境遇，反对专横的歧视；我们认为强使其他动物承受不必要的痛苦是错误的，即使那种动物不是人类的一员；而且我们坚信动物受到了人类无情而残忍的压迫，我们想要改变这种状况。除此之外，我们说，我们对动物没有什么特别的"兴趣"，也不像许多人那样对狗、猫或者马等动物有特别的喜欢。我们并不"爱"动物，我们只是要求人们把动物作为独立的有感知力的生命来对待，而不是把它们当作满足人的目的的工具，就像那头猪生前所受到的对待那样，它的肉正夹在女主人的三明治里。

本书不是关于宠物的，所以对于那些认为爱护动物只不过是抚弄猫儿或在花园里喂鸟的人而言，这可能不是一本舒心的读物。这本书是为那些关心结束所有压迫和剥削动物的行为，认为人人平等的基本道德原则不应当武断地只限于人类的人们而写的。如果设想关心这些事情的人必定是一个"动物爱好者"，正表明他们对于我们把人与人之间的道德标准延伸到其他动物的理念一无所知。没有人会认为，关心受虐待的少数民族的平等就非得爱那些少数民族，或者认为他们聪明可爱，除非是种族主义者给他们的对手抹黑，嘲弄他们是"黑鬼爱好者"。那么，为什么要对想改善动物状况的人们做那种设想呢？

把对动物残忍的人描绘成多愁善感、情绪化的"动物爱好者"，使得我们怎样对待动物的整个议题不能在严肃的政治和道德层面上进行讨论。我们为什么要讨论这个问题，道理很明显。要是我们严肃认真地讨论这个议题，例如，如果对在现代"工厂化养殖场"中饲养以供应我们肉食的动物的生存条件认真细致地加以考察，就会使我们对餐桌上的火腿三明治、烤牛排和炸鸡等各种肉食感到很不自在，以致令人不愿意去想这些原本已死亡的动物。

本书不是为了用感伤的情绪来唤起人们对"逗人喜爱的"动物产生同情。我对屠宰马或狗作为肉食所产生的义愤并不比对杀猪食用产生的情绪更加强烈。当美国国防部使用致命的毒气对比格犬进行实验引起大众强烈抗议后改用大鼠进行试验时，我并不觉得宽慰。

本书试图采取彻底、谨慎和始终如一的态度来思考我们应当如何对待非人类动物。在此过程中，本书对现存于我们的观念和行为背后的偏见加以揭露。在讲述我们这些观念在实践上的后果，即人类的暴行怎样使动物遭受痛苦的章节，有些会使人情绪激动。我希望，这种情绪是愤怒和义愤，并能下决心对书中所说的行为采取行动。但是，本书中没有任何叙述是只为煽动读者的情绪，而缺乏理性支持的。当讲述某些令人厌恶的事件时，试图采取中立、掩饰真实的厌恶方式是不诚实的。你无法客观地描述在纳粹集中营里，所谓的"医生"在他们认为是"劣等人"的身上进行实验而无动于衷；同样，当我们描述今天在美英等国的实验室里对非人类动物进行实验时，也不可能无动于衷。然而，我们之所以反对用人和动物进行这两类实验，最根本的理由不是情绪，而是我们都接受的基本道德原则：根据理性而非感情，来要求对上述两类实验的牺牲者按照道德原则行事。

本书的名称寓有严肃的含意。凡是解放运动都是要求结束那种根据武断的特征做划分的偏见和歧视，如种族或性别的歧视。经典的例子是黑人的解放运动。这个运动的直接诉求及其初期的成功，当时虽然还相当有限，但已为其他被压迫群体树立了榜样。不久我们就看到了同性恋者解放运动，以及代表美国印第安人和讲西班牙语的美国人的运动❶。当一个多数人的社会群体——妇女开始了她们的解放运动时，有些人以为我们的解放之路已经达到终点。据说性别歧视是被普遍接受和实行而无须掩饰的最后一种歧视，就连那些长期以反对种族歧视自诩的自由派人士的圈子里，也存在这种歧视。

---

❶ Spanish-speaking Americans 指讲西班牙语的拉美裔美国人。

　　但是，我们总是应当慎言"最后余下的一种歧视"。如果我们从解放运动中学到了点什么，那就是要察觉"我们观念中对特殊群体的潜在偏见"是何等困难：只有在这些偏见十分明显时，我们才能认识到。

　　一种解放运动要求扩大我们的道德视野。往常有些被视为理所当然和不可避免的做法最终被发现是由于无法辩护的偏见。谁有充分的自信说自己的观念和做法全都合理且无可置疑呢？如果我们希望避免被列入压迫者之列，就必须准备重新思考我们对其他族群的各种观念，包括这些观念最基本的原则。我们需要设身处地地站在因我们的观念以及由观念引出的做法而遭受痛苦的一方的立场上，去考虑我们的观念。要是我们能够做出这种非惯性的思想转变，就会发现有一种观念和行为模式在起作用，它总是使相同的族群获得利益，通常就是我们自己所属的那个族群，而以其他族群的利益为代价。这样，我们就会发现一个新的解放运动的出现。

　　本书的目的是引领你对一个十分庞大的生命群体，即我们人类以外的其他各种物种成员，在观念上和做法上做出思想上的转变。我相信，现在我们对这些生命的看法，是在漫长的历史中形成的偏见和专横的歧视造成的。我坚决主张，没有任何理由拒绝把平等的基本原则扩大到其他物种成员，除非是我们为了维护剥夺群体特权的自私欲望。你需要认识到，你对其他物种成员的观念是一种与对一个人的种族或性别偏见相同的偏见，同样应当遭到反对。

　　与其他解放运动相比，动物解放更是障碍重重。首先且最明显的是，被剥夺的群体自己不能组织起来抗议它们所遭受的对待，虽然它们能够而且一直在个体上尽其所能进行反抗。我们必须为那些自己不能申辩的动物代言。你可以设想，要是黑人不能为自己站起来，去争取平等的权利，他们要等多久才能获得平等的权利，由此你可以充分体会动物解放是何等的艰难。一个群体越是不能站起来并组织起来反抗压迫，就越容易遭受压迫。

动物解放运动的道路上更为显著的障碍是，在压迫者群体中几乎所有成员都直接参与压迫，并且认为他们会因压迫而受益。能够超脱秉持动物遭受压迫观点的人，比如像美国北方的白人在辩驳南方诸州联盟的黑人奴隶制那样的人，毕竟是极少数。每天都吃着被宰杀的动物肉的人们很难相信，他们是在做错误的事情，而且他们更难想象，除了肉以外他们还能够吃什么。在这个问题上，凡是吃肉的人都是受益的一方。他们因现在不顾非人类动物的利益而受益，或者至少自以为受益。这使得说服他们更加困难。美国北方主张废除黑奴制度的道理，今天几乎已被所有人接受，但是当年南方的奴隶主有几个被这些道理所说服呢？有一些，但不是很多。当你考虑本书的论证时，我要求你把吃肉的利益撇开；但是，我从自身的经验得知，不管你的善心多好，要做到这一点也非易事。因为，除了在特别场合下一时的吃肉欲望之外，还有许多年来的肉食习惯，塑造了我们对动物的观念。

习惯！习惯是动物解放运动要面对的最后一个障碍。我们要挑战和改变的习惯不仅是饮食，还有思维和语言。思想习惯使我们把讲述对动物的残忍当作只是"动物爱好者"的感情脆弱使然；不然就认为，与人类的诸多问题相比，这简直是微不足道的琐事，明智的人不会花时间去管这种事情。这也是一种偏见，因为在你花时间仔细考察以前，你怎么知道一个问题是琐事呢？为了使本书的重点论述充分，本书只对人类造成非人类动物诸多痛苦的两个方面加以讨论，但我相信，凡是把本书读完的人将不再认为只有人类的问题才是值得花时间和精力的。

我们可以对导致我们漠视动物利益的思想习惯提出挑战，以下的内容就是对这个思想习惯的挑战。这种挑战必须用语言表达。本书所用的语言是英语，像其他语言一样，英语本身也反映出语言使用者的偏见。因此，希望挑战此种偏见的作者们，便难以摆脱这种众所周知的困境：要么使用这种语言，尽管这种语言会加强他们本想挑战的偏见，不然他们就无法与读者交流。本书迫不得已循着前面一种方式。通常我们用"动物"一词来指"人类以外的动物"，这种用法把人和其他动物分离开来，并暗示我们人不是动物，而只要学过一点生物学常识的人都清楚，这不是事实。

在大众的心目中，"动物"一词把千差万别的生命个体如牡蛎和黑猩猩都囊括在内。尽管我们与黑猩猩的关系要比与牡蛎的关系密切得多，但我们还是在类人猿与人之间划下了一道鸿沟。由于缺乏其他简短的词汇代替 nonhuman animals（非人类动物），所以本书的名称和文字中只好用"animal"（动物）一词，好像动物就不包括人类动物。这虽然偏离了革命的纯洁性标准，殊为遗憾，但为了让沟通更有效率只能妥协。

然而，为了提醒你这只是权宜之计，有时我又会采用较长的、准确的方式，用"非人类动物"来指那些曾被我们称为"the brute creation"（野兽）的动物。在其他场合下，我也力图避免使用那些贬低动物，或掩饰我们所吃的食物的本质的语言。

动物解放的基本原则非常简单。我也尽力使本书清晰明了，无需任何专业知识都能轻松看懂。但是，必须从讨论我要向读者说的内容的基本原则开始。虽然其中毫无难点，但不习惯这类讨论的读者可能仍然觉得第一章（Ⅰ部分）比较抽象。请不要因此搁置下来，其后几章就是揭露我们人类怎样迫害那些受制于我们的其他动物的，其详细内幕鲜为人知。这些迫害及其叙述篇章一点都不抽象。

如果本书以下各章所提出的建议被接受，则无数动物可以免受巨大的痛苦，而且，亿万人类也将因此获益。当我在撰写本书时，世界上的许多地方正有人濒临饿死，还有更多的人忍受着饥荒的威胁。美国政府已经申明，由于粮食歉收和储备减少，因而能够提供的援助有限，供不应求。但如本书第四章（Ⅳ部分）清楚指出的，富国所着重强调的饲养家畜作为食物，实际上要浪费好几倍的粮食来生产肉类。因此，停止为吃肉而养殖和屠杀动物，就可以用多出来的粮食满足人类的需要；如果分配合理，这些粮食足以消除这个星球现存的饥饿和营养不良。动物解放就是人类的解放。

Jean Stafford: Encounter Groups

Volume XX, Number 5   April 5, 1973 60¢

The New York Review
of Books

75¢   UK: 55p

Animal Liberation!

W.H. AUDEN
Poems of Brodsky

JASON EPSTEIN
Questions About Money

ROBERT M. ADAMS
Should Venice Be Saved?

ALFRED KAZIN
Melville in New York

动物解放30年 ❶

一

"动物解放"这一词组首次出现于媒体，是在1973年4月5日《纽约书评》的封面上。在这个标题下，我对《动物、人与道德》这本书加以讨论。这是一本关于我们是如何对待动物的评论文集，由斯坦与罗莎琳德·伽德洛维奇和约翰·哈里斯编辑。[1] 我的文章是用下面这段话开头的：

我们熟悉黑人的解放、同性恋的解放以及其他各种不同的解放运动。随着妇女的解放，有些人认为，我们已经走到（解放）这条道路的尽头。据说性别歧视是被普遍接受和实行而无须掩饰的最后一种歧视，就在那些长期以摆脱了种族歧视自诩的自由派圈内人士里，也存在这种歧视。但是，人们总是应当慎言最后一种残余的歧视。

在接下来的文字中，我强调，尽管人类和非人类动物之间存在明显

---

❶ 彼得·辛格撰写的《动物解放30年》一文，发表在2003年5月15日的《纽约书评》（*The New York Review of Books*）上，左侧图为1973年4月5日《纽约书评》的封面。

的差异，但我们与它们共同拥有感知痛苦的能力，这意味着它们和我们一样拥有利益。如果只是因为它们不是我们这一物种的成员，我们就忽略或者减损它们的利益，则我们所处立场的逻辑类似于那些最为露骨的种族歧视者或性别歧视者，只是凭借自己的种族或性别而不顾其他物种的特征或品质，就认为那些属于他们的种族或性别的人具有优越的道德地位。虽然绝大多数人在理性或其他智力方面或许优于非人类动物，但不足以作为人类和动物之间合理划界的理由。有些人的智力虽然低于一些动物，例如婴儿和有重度智力障碍的人，但是如果有人提出，因为他们的智力低下，用他们来测试家庭日用品的安全性，造成他们在痛苦中缓慢地死亡，我们都会感到震惊。这是正确的。当然，我们也不会容忍，为了吃他们，把他们关在狭小的笼子里，然后屠宰他们。因此，我们对非人类动物做的这些事情，事实上是"物种歧视"的一种表现——这种歧视是持续存在的一种偏见，因为它适合统治群体的需要，不过这个统治群体不是白人或男人，而是所有的人类。

那篇文章以及由此文扩展而成的《动物解放》一书也是由《纽约书评》出版的。[2] 那篇文章和这本书通常被认为是"动物权利运动"的起点，尽管这个运动所依赖的伦理观点无须涉及权利。因此，在这篇文章发表30周年之际，对动物道德地位的辩论现状以及这个运动在实现其寻求我们对待动物方式上的实际变化产生了怎样的成效加以评估，是一个适当的时机。

二

　　当今关于动物的道德地位的争论与30年前相比已有显著的不同。在20世纪70年代初，几乎没有人认为，对待动物个体是值得严肃讨论的伦理议题，今天在某种程度上这简直是难以置信的。当时还没有动物权利或动物解放的组织。动物福利只是爱猫爱狗的人的议题，人们有更重要的东西要写，对此无暇一顾。（这就是我为什么写信给《纽约书评》编辑部，建议他们可以为《动物、人与道德》写书评，在此前一年，他们出版的这本书已经受到英国媒体的欢迎，而他们自己却毫无反应。）

　　今天的情况已经大不相同，我们对待动物的议题常常成为新闻。在所有工业化国家里，动物权利组织都非常活跃。美国一个动物权利组织——善待动物组织（PETA）拥有75万会员和支持者。生动活泼的智性辩论如雨后春笋般涌现。（关于动物的道德地位的著作，在1970年以前，最全面的书目总共只列有94条，1970年至1988年间发表的就有240条，[3] 而现在很可能是数以千计了。）这场辩论也不只是在西方，动物与伦理方面的著作已被翻译成世界上多种常用文字，包括日文、中文和韩文。

　　为了评估这场争论，先要弄清两个问题。首先，物种歧视这个观点本身，即优先考虑的生命个体只是基于他们是智人物种的成员，能得到辩护吗？其次，如果物种歧视不能得到辩护，人类是否有其他特征成为比非人类动物具有更大的道德意义存在的理由？

物种本身常常被认为是对待某些生命个体比另一些生命个体道德上更有意义的理由，但这个观点罕有得到辩护的。有些作者仿佛是为物种歧视辩护，其实是对第二个问题做肯定性回答的辩护，认为人类和其他动物在道德上存在差异，因此赋予人类更多的利益。[4] 我所见到的像是为物种歧视本身辩护的唯一论点是，如同父母具有一种特别的义务，照顾他们自己的孩子，优先于照顾陌生人的孩子，所以我们对本物种的其他成员具有特殊的义务，且这种义务优先于对其他的物种成员。[5]

这一观点的鼓吹者通常对存在于家庭与物种之间的明显差异置若罔闻。美国加州大学河滨分校的荣休教授、鸟类学和进化生物学权威刘易斯·彼得诺维奇说，我们的生物学把某些界限变成了道德责任，然后列出"孩子、亲属、邻居和物种"。[6] 如果这个论点既适合于家庭和朋友的狭窄圈子，又适合较为广泛的物种范围，则也应该适合于中间的情况——种族。但是，支持我们对自己种族成员的利益优先于其他种族成员利益的论点，不会比只允许亲属、邻居和我们物种的成员优先更有说服力。反之，如果这个论点不能证明种族是一个道德相关的界限，那怎么能证明物种是一个界限呢？

已故的哈佛大学哲学教授罗伯特·诺齐克认为，我们不能从我们还没有的物种成员的道德重要性的学说角度得出太多的推论。他写道，"没有一个人，已经花了很多时间试图建立"这样的学说，"因为这个议题似乎还不紧迫"。[7] 但是，现在离诺齐克写下这些话已经过去近20年了，在此期间，许多人花费了大量的时间力图为物种成员的重要性进行辩护，诺齐克的评论具有不同的分量。哲学家们在建立物种成员的道德重要性的言之成理的学说上不断失败，而不存在这种道德重要性的可能性反而越来越大。

这把我们带入第二个问题。如果物种本身在道德上没有重要性，有没有某种有意义的事物恰好与人类物种相一致，在这种事物的基础上，我们可以证明我们对其他动物给予低劣的考虑是合理的呢？

彼得·卡拉瑟斯认为是由于动物缺乏回报或互惠的能力。他说，道德产生于一种合约，如果我不伤害你，你就不会伤害我。由于动物不能参与这种社会契约，所以我们对它们没有直接的责任。[8] 以这种方式讨论道德的困难在于，这意味着我们对婴幼儿或者尚未出生的子孙后代也没有直接的责任。如果我们生产出足以祸害数千年的致命性的放射性废料，却将其置于一个只能维持150年的容器内，并随意丢弃到一个湖里，这是道德的吗？如果是，这种道德不是建立在互惠基础上的。

标志人类具有特殊道德意义的各种方法被提出来的，还有推理能力、自我意识、具有正义感、语言和自主性等。但是，正如上面所提到的，存在于所有这些被指为显著标志的问题是，有些人完全缺乏这些特征，却很少有人愿将他们归于非人类动物的同一道德范畴。

这个论证因其"来自边际案例的论证"的不得体标签而闻名，并且催生出大量有关它的文章。[9] 英国哲学家、保守派专栏作家罗杰·斯克鲁顿试图在其《动物权利与谬误》的论文中做出回应，阐明这个论证的长处和弱点。斯克鲁顿意识到如果我们所接受的道德言论断言所有人类具有同等的基本权利，而不考虑他们的智力水平，则至少有一些非人类动物与人类的某些人一样，具有理性、自我意识和自主性的事实，看来是断言所有动物都有这些基本权利的坚实基础。可是，他指出，这种流行的道德言论与我们的实际态度不相符合，因为我们常常认为"杀死一个植物人"是可以被原谅的。如果重度智力障碍的人不具有与正常人一样的生命权，那么不给非人类动物那个权利，也就不奇怪了。

然而，在说到"植物人"时，斯克鲁顿为了让事情变得更加易于理解，其陈述提示是一个连意识也没有的生命，因而全然没有利益要保护。他可能对自己这个关于一个人的论点不太自在，他想要人既拥有像狐狸一样的觉察力和学习能力，又继续被允许捕获。无论如何，边际案例的论证并不限于我们能够有正当理由处死哪些生命的问题。除了杀死动物之外，我们还用各种不同的方式带给动物痛苦。因此，作为这种对于动物习以为常的做法的辩护者，他们愿意让动物遭受痛苦，却不愿意对智力与之相同的人做同样的事情，应当给我们一个解释。（值得称赞的是，斯克鲁顿反对现代饲养场对动物的密集监禁，他说，"动物福利的真正道德应该从这一前提开始，即这种对待动物的方式是错误的。"）

斯克鲁顿其实只是三心二意地承认，对待"植物人"可以与其他人不同。他声称"承认人的生命神圣不可侵犯，是人类美德的一部分"，于是又把水搅浑了。此外，他还认为，由于在正常情况下，人是一个权利受保护的道德共同体的成员，即使存在与他人严重异常的人也不会被取消这个共同体成员的身份。斯克鲁顿说，因此，即使患有重度智力障碍的人不能真正地像正常人一样对我们有相同要求时，我们也会善待，对待他们就像对待正常人一样。但这经得起论证吗？当然，如果是任何有感知能力的生命，不论是人类还是非人类动物，能够感知疼痛或痛苦，或者反过来说可以感知快乐，那我们就应当给予其同智力未受损伤的正常人同样的利益考虑。可是，如果说，单独物种一项既是必要的，又是我们道德共同体的一员，并且赋予这个共同体的所有成员基本权利是充分条件，则需要进一步论证。让我们回到核心问题：当一些非人类动物在智力和情感生活的丰富程度上均高于某些人的情况下，难道只应当是所有人类而且只有人类才能受到权利的保护吗？

对这个问题做肯定性回答的一个众所周知的论点是，除非我们可以在道德共同体周围划出清晰的界限，否则我们会发现自己处于一个极易滑落的斜坡上。[10] 我们可以从否认斯克鲁顿的"植物人"，即那些被认为是不可逆转地丧失了意识的人的权利开始，但随后我们可能把没有权利的人的范围逐渐扩展到其他人，也许扩大到有智力障碍或精神障碍的人，或者还有只是因为对他们的照顾会成为家庭和社区负担的那些人，直到最后我们面临一种局面，要是我们预先知道我们的前面指向我们否认过的不可恢复的无意识的方向（如果我们此前知道自己正在朝这个方向走去，我们是不会接受这种说法的），即我们会不可逆转地否认丧失意识者的生命权利，我们当中还是没有人会接受的。这是由意大利动物权利活动家保拉·卡瓦列里在她的著作《动物问题——为什么非人类动物应该有人权》里严格加以论证的几个论点之一，这是一位欧洲大陆作家对英语辩论所做出的难得的贡献。卡瓦列里 ❶ 指出，在蓄奴社会能够轻而易举地在有权利的人类和没有权利的人类之间划出界限。

不论在古希腊还是在美国的蓄奴地区都承认奴隶是人。亚里士多德明确表示，野蛮人是人，他们的存在是为了服务于更理性的希腊人的利益，[11] 而（美国）南方的白人试图把被奴役的非洲人教化为基督徒，以拯救他们的灵魂。可是，奴隶和自由人之间的界限并未模糊，即使是有些野蛮人和有些非洲人获得了人身自由，或奴隶生下了混血族裔的子嗣之后。因此，卡瓦列里认为，没有理由怀疑我们有能力否认一些人有权利，同时又保持其他人一如既往的牢固的权利。但她肯定不主张我们这样做，而她所关注的则是打破按范围划分权利的论点，这种划分范围包括所有的人类而且只有人类。

卡瓦列里对这一论证也给出了回应，这个论证认为，由于人"正常"拥有的特征，而不是他们实际具有的特征，所有人（包括不可逆转地丧失了意识的人）都高于其他动物。这个论证似乎是求助于这样的观点：排除"偶然"不具有必要特征的人是一种不公平。卡瓦列里的回答是，如果"偶然"仅是统计意义上的，那就不带有道德意义；如果意在表明，缺乏必要特征不是那些重症智力障碍的人的过错，那么这便不是把人类与非人类动物分离的基础。

---

❶ 保拉·卡瓦列里（Paola Cavalieri）意大利哲学家。著作有与彼得·辛格合作的《类人猿计划：超越人道的平等》（*The Great Ape Project: Equality Beyond Humanity*）。曾任国际哲学期刊《伦理与动物》（*Etica & Animal*）的主编。

　　卡瓦列里根据权利，特别是她遵循罗纳德·德沃金 ❶ 的基本权利的立场，构成她所声称的"平等主义的平台"的基本权利来陈述她自己的立场。卡瓦列里坚持认为，我们需要确保所有人平等的一种基本形式，包括"非范式"的形式（她称为"边际案例"）。如果这个平等主义的平台需有一个可辩护的非武断性的界限，以保障所有人免于被推向边际，我们必须选择一个允许大量非人类动物也在这个界限之内的规定，作为这个界限的标准。因此，我们必须允许其智力和情感能力至少与所有的鸟类和哺乳类动物水平相近的动物进入平等主义的平台。

　　卡瓦列里并不认为鸟类和哺乳动物的权利可以来自不言自明的真正的道德前提。她的出发点是在我们对人权的普遍信念上。她试图证明所有接受这个信念的人也必须接受相似的权利适用于其他动物。她遵循德沃金的理念，把人权视为一个正当社会（体面社会）的基本政治框架的一部分。他们为国家可以有理由对他人做什么设定了界限。特别是像奴隶制或令人反感的其他形式的种族歧视等体制，这些体制是建立在国家对一部分人违反人权的统治基础上的，单从这一理由来说就是非法的。所以，我们接受的人权观念要求废除所有习以为常地忽视权利拥有者的根本利益的做法。因此，如果卡瓦列里的论点是合理的，我们的权利观念要求我们把权利延伸到非人类动物，接下来就要求我们废除习以为常地忽视非人类权利拥有者的基本利益的所有做法，像工业化饲养和使用

---

❶ 罗纳德·德沃金（Ronald Dworkin, 1931—2013），美国著名法学家和哲学家，被认为是"当今世界最伟大的思想家之一"。曾任牛津大学、纽约大学和伦敦大学等大学教授，著作有《认真对待权利》《至上的美德》等。

动物进行令其痛苦的和具有致命性的实验。

另一方面，卡瓦列里所认为的权利不应该被认为适用于解决利益或权利冲突时的所有情况。她那作为正当社会的基本政治框架一部分的权利观念，与特殊情况下的权利限制并不矛盾，例如，当发现"伤寒玛丽" ❶ 带有一种可以致命的疾病时，她被强制隔离。一个政府有权限制对社会大众构成危险的人或动物的活动，但由于他们是基本权利的拥有者，仍然必须表示对他们的关心和尊重。[12]

如前所述，我自己反对物种歧视不是建立在权利的基础上，而是认为由于物种差异给予一个具有感知力的动物的利益考虑，比给本物种成员的利益考虑要少，这在伦理上得不到辩护。戴维·德格拉齐亚 ❷ 在其著作《严肃对待动物》一书中，对所有有感知力的动物的利益以平等考虑的观点巧妙地加以辩护。这个观点无须依赖预先接受目前通行的人权的观点——虽然这一观点广为流传，但它可能被拒绝，特别是它一旦引发出来的对于动物的影响，如卡瓦列里的权利观点引发出来的。而平等考虑利益的原则比卡瓦列里的观点具有更坚实的基础，可是，根据利益而不是权利这一观点必须面对一些困难，是现在注意的焦点。这就要求我们在不胜枚举的情况下，评估什么是利益。

---

❶ 玛丽·马伦（Mary Mallon, 1869—1938）是美国的爱尔兰移民，以帮佣做厨子为生。她被发现是一个外观健康的伤寒带菌者，但她拒绝承认医学检查结果，断续以武力反抗卫生局对她采取隔离措施20多年，并指控当局侵犯人权，以致造成严重后果。她先后至少传染53人患伤寒，其中3人死亡。医学史上称玛丽·马伦为"伤寒玛丽"。

❷ 戴维·德格拉齐亚（David DeGrazia），美国道德哲学家，乔治·华盛顿大学哲学教授和美国国家卫生研究院生命伦理学高级研究员，研究生命伦理学和动物伦理。这本书的英文书名为 Taking Animals Seriously。

举一个有特定伦理意义的案例：一个生命有继续生活下去的利益——因而从利益的观点看，剥夺那个生命的错误，将部分取决于那个生命本身活下去的意愿，并能形成指向未来、给他一个特定的继续生活的利益的欲望。在这种程度上，斯克鲁顿关于我们对自身物种中缺乏这些特征的成员（人）的死亡的态度是对的。那些人的死亡，没有以未来为导向的人的死亡更让人扼腕，因为以未来为导向的人死了，他们的雄图伟略也就一起消逝了。[13] 但是，这不是对物种歧视的辩护，因为这意味着杀死一个像黑猩猩那样具有自我意识的生命，要比杀死一个对未来失去欲望的严重智力障碍的人所造成的损失要大。

那么我们要问还有什么生命能有这类生活到未来的利益。德格拉齐亚将哲学的洞见与科学研究相结合，帮助我们回答这个特别的物种的问题，但这常有置疑的余地，而要求应用同等考虑利益原则所做的计算值，如果能计算出来，也只能是粗略的近似值。或许这正是我们的伦理现状的实质，而建立在权利上的观点则避免了这样的计算，其代价是我们遗漏了我们应当做的某些相关的事情。

新近加入动物运动文库的一本书，作者来自一个令人惊讶的团体。这个团体极度敌视合理处死人类的可能性的任何讨论，无论这些人可能患有多么严重的残障。《统治：人的权力，动物的痛苦和呼吁怜悯》一书的作者马修·斯库利 ❶ 是一位保守的基督徒，曾任《国民评论》(Na-

---

❶ 马修·斯库利（Matthew Scully, 1959—　）美国作家、记者和演讲撰稿人。这本书的英文书名为：*Dominion: The Power of Man, the Suffering of Animals, and the Call to Mercy* , St. Martin's Press, 2002

tional Review）的文字编辑，其后成为美国总统乔治·W. 布什的演讲撰稿人。这本书用雄辩的语言声讨人类虐待动物的行为，最精彩的篇章当属对工厂化养殖场的具有颠覆性的描述。

由于在过去的30年里，动物运动一般是与左翼相关联的，奇怪的是现在斯库利作为一个案例，让人看到在基督教右翼的观点中有许多相同的目标，充满了上帝的文献，经文的解释，以及对"道德相对主义、自我为中心的物质主义、自由放纵和死亡文化"的攻击，[14] 但是这次，把目标定在谴责像同性恋或医生协助自杀的无受害人的犯罪，而没有针对工厂化养殖和现代化屠宰场对动物造成的不必要的痛苦。斯库利呼唤我们对动物展现怜悯，放弃不尊重动物天性地对待它们的方式。尽管这本书在哲学上尚欠严谨，但其效果是，在通常对动物（福利）倡导者进行嘲讽的保守的新闻界获得了显著数量的同情者。

三

现代动物运动的历史成为道德争论影响现实生活怀疑论的一个很好的反例。[15] 如詹姆斯·贾斯珀和多萝西·涅尔金在《动物权利运动：一种道德抗议的增长》一书中写道，"在20世纪70年代后期的动物权利运动中，哲学家起了助产士的作用"。[16] 在美国，抗议动物实验首次获得成功，是1976年至1977年（斯皮拉领导）的运动，反对美国自然史博物馆有关猫的去势或其他器官切除对其性行为影响的实验。亨利·斯皮拉有从事工会工作和公民权利运动的背景，那时他没有考虑过动物的事情。直到1973年他读了《纽约书评》上的那篇文章，其中说，对于关心受剥削的弱者的人，动物也是值得他们关注的对象，他才想到开展这项运动。后来斯皮拉继续瞄准更大的目标，如那些用动物实验化妆品的公司。他在化妆品运动中的策略是把使用动物测试的一家显赫的化妆品公司作为目标，首先对露华浓下手，要求他们采取合理的步骤来寻找替代动物实验的方法。他总是愿意参与对话，从来没有对滥用动物者抹黑，说他们是邪恶的虐待狂，他在激发公司开发不使用动物测试产品的方法或使用较少动物、痛苦较小的方法的兴趣上，取得了显著成功。[17]

用于实验的动物数量已经有相当大的减少，部分原因是由于斯皮拉的努力。英国官方的统计显示，现在使用的实验动物数量大约是1970年的一半。美国没有官方统计数据，预计情况与统计大致相似。从一个非物种歧视者的伦理角度来看，在用于研究的动物方面仍然有很长的路要走，但是，动物运动带来的变化，意味着每年被迫接受痛苦的实验并缓慢死亡的动物数已减少了数百万。

动物运动也还有其他方面的成就。尽管毛皮工业声称"皮草又流行了"，但毛皮的销售量仍然没有恢复到20世纪80年代的水平，当时动物运动刚开始把毛皮工业作为目标。自1973年以来，虽然饲养猫狗的数量翻了近一倍，但各种动物收容所里的流浪猫狗以及出生过多的猫狗被处死的数量也减少了一半以上。[18]

然而，这有限的成绩与美国的工厂化饲养场圈养的动物数量的巨大增长相比，便相形见绌了；其中很多动物的生活空间狭小，无法伸展翅膀或肢体，甚至连走动一两步都不行。由于这类动物的数量太大，是迄今人类令动物遭受痛苦的最大来源。每年用于实验的动物数以千万计，而去年仅在美国，作为食物就饲养和屠宰了上百亿只的家禽和家畜。与前一年相比，增加了约4亿只，超过美国动物收容所、实验研究和皮草所屠杀的动物的总和。这些工厂化饲养的动物绝大多数是在不见天日的室内圈养，直到它们被装上卡车送去屠宰，从来没有接触过新鲜空气、阳光或草地。

　　在美国，针对农场动物的圈饲和屠宰的动物运动，直到最近一直是无能为力的。1997年出版的盖尔·艾斯尼茨（Gail Eisnitz）著的《屠宰场》（*Slaughterhouse*）一书，揭露了美国各个大型屠宰场里令人震惊的真实情景，动物在仍然清醒时就被剥皮和肢解。[19] 这类事情要是在英国被记录下来，就会成为重大的新闻事件，英国政府都不得不出面做些工作。而在美国，除了在动物运动内部之外，这本书实际上没有引起注意。

　　在欧洲，情况非常不同。美国还常常看不起某些欧洲国家，特别是地中海周围的国家，认为那里容忍虐待动物的事发生。如今这种指责的目光却反过来指向美国。即使西班牙存在斗牛文化，但大多数农场动物的饲养条件都比美国好。到2012年，欧洲的蛋鸡场都要求每只母鸡所占面积至少有750平方厘米，装备有栖枝和产蛋箱，使超过2亿只母鸡的生活条件发生了很大改变。而美国的鸡蛋生产商甚至还没有开始考虑栖枝或产蛋箱，标准的做法是每只成年母鸡只有48平方英寸，大约是美国标准信纸（21.6 × 27.9厘米）面积的一半。[20]

在美国，小肉牛的牛犊仍然被刻意保持贫血，不给垫草，单个监禁在不能转身的狭窄的木板隔栏里。在英国，这种牛犊饲养方法已经废弃多年，到2007年在整个欧盟也将成为非法。妊娠母猪在整个孕期都被个别地饲养在限位栏里，也是美国的标准做法，而英国已于1998年禁止，在欧洲也在逐渐淘汰。这些变化在整个欧盟得到广泛支持，而居领先地位的欧洲农场动物福利专家们是其后盾。在过去30年里，动物（福利）倡导者们的主张，很多都得到了这些专家们的辩护。

难道只是因为美国人在关心动物的痛苦上逊于他们的欧洲同行吗？或许是，但在《政治动物：英国与美国的动物保护政策》一书中，罗伯特·加纳 ❶ 发现，对英美两国在动物福利标准上的差距逐渐扩大的现状有几种可能的解释。[21] 与英国相比，美国政治较为腐败。选举的费用较英国高出好几倍。2001年英国大选的全部费用，比2000年美国约翰·科津竞选一个参议员席位所花的钱还要少。由于金钱起了较大的作用，美国候选人对捐助人负有更大的义务。再者，欧洲的竞选筹款主要由政党进行，而非个别候选人，捐款更为公开，大众易于监督；要是发现捐款来自某个特别产业，则可能会对整个政党的竞选产生强烈影响。这些差别使得美国的农业综合企业对国会的控制力远比他们在欧洲的同行想控

---

❶ 罗伯特·加纳（Robert Garner, 1960— ），英国莱斯特大学政治学教授，专攻动物权利，重点是动物保护主义和非人类利益的政治代表。著有 *Political Animals: Animal Protection Policies in Britain and the United States*。

制政治过程的能力大得多。

与这个解释相一致的是，美国最成功的动物运动如斯皮拉领导的反对使用动物进行化妆品测试的运动，都是集中在与公司打交道过程中完成的，而不是由立法机构或政府发起。最近的一线希望是来自一个看似不可能产生变化的途径。由亨利·斯皮拉生前开始，然后由善待动物组织接手的，经过与动物福利倡导人士的旷日持久的讨论，麦当劳终于同意向肉品供应商的屠宰场提出执行较高标准的要求，然后又宣布将要求其鸡蛋供应商为每个母鸡提供至少72平方英寸的生活空间，使美国大多数母鸡的生活空间提高了50%，这还只是使这些蛋鸡场达到欧洲已经在改变的水平。汉堡王和温迪等快餐连锁店紧随其后。这些步骤是自现代动物运动开始以来，美国农场动物出现的第一个有希望改变的迹象。

去年11月取得的一项更大的胜利，是通过公民发起公投的途径，绕过立法障碍实现的。在许多全国性动物组织的支持下，一群动物运动人士在佛罗里达成功地收集到69万人的签名，提议修改州宪法，禁止怀孕母猪关在会令其动弹不得的限位栏里。在佛罗里达州，公民直接投票对议案进行表决是能够修改州宪法的唯一办法。反对采取这一办法的人，显然不愿意争辩猪是否需要能够转身或走动，而是试图说服佛罗里达的选民们，农场动物监禁不是州宪法的一个适当的主题。投票结果是以过半数胜出，55%的选民反对母猪使用限位栏，从而使佛罗里达州成为美国第一个在法律上禁止农场动物监禁的州。虽然佛罗里达州集约化饲养场很少，但投票结果支持这样的观点，即大众并非铁石心肠，或缺乏对动物的同情，而是由于民主的失败，导致美国迄今在废除工厂化养殖场最坏的特征上落后于欧洲。

四

我最初发表在《纽约书评》上那篇文章结尾的一段文字，看到了动物运动作为考验人性的一个挑战：

> 这种纯粹的道德要求能成功吗？胜算肯定不在这一边。这本书——《动物解放》了无诱惑。它并没有告诉我们，如果我们停止剥削动物，我们会变得更加健康，或更加享受生活。动物解放与其他任何解放运动相比，需要一部分人具有利他主义精神，因为动物没有能力要求解放自己，或者用投票、示威或炸弹抗议对它们的剥削。人能有这种真正利他的行动能力吗？谁知道呢？但是，如果这本书确实能产生一种显著的效果，这将是一个对所有认为人具有内在超越残忍和自私潜力的人的辩护。

那么我们做得怎么样呢？无论对人性的乐观主义者或是犬儒主义者也许都能从中找到证明各自观点的结果。在利用动物测试和其他一些虐待动物的方式上，已经发生了显著的变化。在欧洲，由于社会大众对农场动物福利的关注，整个饲养行业正在发生转变。令乐观主义者最受鼓舞的也许是，数以百万计的积极分子心甘情愿地花费自己的时间和金钱来支持动物运动，其中许多人为了避免支持虐待动物，改变了他们的饮食和生活方式。与30年前相比，素食者和不消费任何动物产品的全素主义者，在北美和欧洲的人数大大增加；虽然很难知道其中有多少是因为关心动物，但无疑有一部分是出于关注动物。

另一方面，尽管对动物的道德地位的哲学争论总体上处于有利的过程，但是，距离大众采纳对所有生命个体都应当平等考虑其利益，不管他／它们是什么物种的基本观点仍然很遥远。大多数人还是吃肉，而且买最便宜的，并不在意那肉是由遭受痛苦的动物而生产来的。今天，人类消费动物的数量大大超过30年前，而且由于东亚日益增长的经济繁荣，正在创造对肉类的需求，仍在推动这个数字大幅提高。同时，世界贸易组织的规则对动物福利的质疑，威胁到动物福利的进步，使得欧洲能够维持从低标准动物福利的国家进口动物产品。总之，迄今为止的结果表明，我们作为能够对其他生命个体做出利他主义关怀的一个物种，由于信息传播的不完全，强大的利益驱动，以及那种渴望掩盖令人不安的事实的倾向，会限制我们在动物运动中取得成就。

注释

[1] Taplinger, 1972.

[2] Peter Singer, *Animal Liberation*（New York Review/Random House, 1975; revised edition, New York Review/Random House, 1990; reissued with a new preface, Ecco, 2001）.

[3] Charles Magel, *Keyguide to Information Sources in Animal Rights*（McFarland, 1989）.

[4] See, for example, Carl Cohen, "The Case for the Use of Animals in Biomedical Research," *New England Journal of Medicine*, Vol. 315（1986）, pp.865-870; and Michael Leahy, Against Liberation: Putting Animals in Perspective（London: Routledge, 1991）.

[5] See Mary Midgley, *Animals and Why They Matter*（University of Georgia Press, 1984）; Jeffrey Gray, "On the Morality of Speciesism," *Psychologist*, Vol. 4, No. 5（May 1991）, pp.196-198, and "On Speciesism and Racism: Reply to Singer and Ryder," Psychologist, Vol. 4, No. 5（May 1991）, pp.202-203; and Lewis Petrinovich, *Darwinian Dominion: Animal Welfare and Human Interests*（MIT Press, 1999）.

[6] Petrinovich, *Darwinian Dominion*, p.29.

[7] Robert Nozick, "About Mammals and People," *New York Times Book Review*, November 27, 1983, p.11; I draw here on Richard I. Arneson, "What, If Anything, Renders All Humans Morally Equal?" in *Singer and His Critics*, edited by Dale Jamieson（Blackwell, 1999）, p.123.

[8] Peter Carruthers, *The Animals Issue: Moral Theory in Practice*（Cambridge University Press, 1992）.

[9] Daniel Dombrowski, *Babies and Beasts: The Argument from Marginal Cases*（University of Illinois Press, 1997）.

[10] See, for example, Peter Carruthers, *The Animals Issue*.

[11] Aristotle, *Politics*（London: J.M. Dent and Sons, 1916）, p.16.

[12] As Dworkin himself argued in regard to the detention of suspected terrorists; see The "Threat to Patriotism," *New York Review*, February 28, 2002.

[13] See my *Practical Ethics*（Cambridge University Press, 1993）, especially Chapter 4.

[14] Quoted from Kathryn Jean Lopez, "Exploring'*Dominion*': Matthew Scully on Animals," *National Review Online*, December 3, 2002.

[15] See, for example, See Richard A. Posner, *The Problematics of Moral and Legal Theory*（Belnap Press/Harvard University Press, 1999）.

[16] Free Press, 1992, p.90.

[17] See Peter Singer, *Ethics into Action: Henry Spira and the Animal Rights Movement*（Rowman and Littlefield, 1998）.

[18] *The State of the Animals 2001*, edited by Deborah Salem and Andrew Rowan（Humane Society Press, 2001）.

[19] *Prometheus*, 1997.

[20] See Karen Davis, *Prisoned Chickens, Poisoned Eggs: An Inside Look at the Modern Poultry Industry*（Book Publishing Company, 1996）.

[21] St. Martin's, 1998.

湖岸
Hu'an *publication*

出 品 人 _ 唐　奂

产品策划 _ 景　雁

责任编辑 _ 张　瑾　张慧芳

特约审校 _ 陈　宇

特约编辑 _ 姜霁松　李天济

封面设计 _ 裴雷思

封面摄影 _ 刘　竞

版式设计 _ 湖　岸

美术编辑 _ 崔　玥

@huan404

湖岸 Huan

www.huan404.com

联系电话 _ 010-87923806

投稿邮箱 _ info@huan404.com